U0388963

机器人工程专业培养方案

中国自动化学会教育工作委员会 编著

清华大学出版社
北京

内 容 简 介

《自动化专业培养方案》《机器人工程专业培养方案》《控制科学与工程 电子信息学科研究生培养方案》三本书是由中国自动化学会教育工作委员会集中全国自动化高校优势力量编撰，旨在为全国自动化方向高校本科生和研究生培养方案制定提供参考。本套书中的本科培养方案分为自动化和机器人工程两个专业。自动化专业按创新型、复合型、应用型三类高校分组，机器人工程专业按照创新型、应用型两类高校分组。研究生培养方案不区分高校类型，按学术型硕士、专业型硕士、学术型普博、本科直博、工程博士五类分组。本套书以培养方案模板、案例、大纲和调研报告结合的方式呈现给读者，以期起到一定的参考价值。

图书在版编目 (CIP) 数据

机器人工程专业培养方案 / 中国自动化学会教育工作委员会编著 . —北京：清华大学出版社，2024.5

ISBN 978-7-302-66300-3

Ⅰ . ①机…　Ⅱ . ①中…　Ⅲ . ①机器人工程－课程建设－教学研究－高等学校　Ⅳ . ① TP24

中国国家版本馆 CIP 数据核字 (2024) 第 098060 号

责任编辑：赵　凯
封面设计：刘　键
版式设计：方加青
责任校对：胡伟民
责任印制：杨　艳

出版发行：清华大学出版社
网　　址：https://www.tup.com.cn，https://www.wqxuetang.com
地　　址：北京清华大学学研大厦 A 座　　邮　　编：100084
社 总 机：010-83470000　　邮　　购：010-62786544
投稿与读者服务：010-62776969，c-service@tup.tsinghua.edu.cn
质 量 反 馈：010-62772015，zhiliang@tup.tsinghua.edu.cn
印 装 者：三河市铭诚印务有限公司
经　　销：全国新华书店
开　　本：185mm×230mm　　印　　张：17.5　　字　　数：440 千字
版　　次：2024 年 6 月第 1 版　　印　　次：2024 年 6 月第 1 次印刷
印　　数：1 ～ 1500
定　　价：79.00 元

产品编号：104776-01

编 委 会

前　言

为规范国内高校自动化专业和学科人才培养，中国自动化学会教育工作委员会（下面简称“教工委”）集中优势力量，着力编制了全国高校自动化方向相关专业和学科培养方案，为国内高校自动化方向制定本科和研究生培养方案提供参考。

2020 年 1 月，教工委启动了全国高校自动化方向培养方案编制工作，并明确了相关任务要求、工作目标、工作机制、工作方案、组织架构和实施计划。培养方案编制的工作任务：一是形成全国高校自动化方向本科和研究生培养方案标准化模板；二是培养方案构建涵盖 985、211 和一般高校，为不同层次高校的培养方案制定提供参考；三是培养方案编制既体现自动化方向的传统人才培养要求，又体现人工智能、大数据、机器人等方向的人才培养需求。

本科培养方案分为自动化和机器人工程两个专业。自动化专业按创新型、复合型、应用型三类高校分组，机器人工程专业按照创新型、应用型两类高校分组。研究生培养方案不区分高校类型，按学术型硕士、专业型硕士、学术型普博、本科直博、工程博士五类分组。本套书以培养方案模板、案例、大纲和调研报告结合的方式呈现给读者，期望能给相关高校提供一定的参考。

为了完成培养方案编制工作，教工委组织成立了指导委员会、总体组和专业组，专业组又分为本科生专业组和研究生专业组。指导委员会负责培养方案编制工作的决策和审议工作；总体组负责本方案实施过程中各项工作的组织和协调；专业组负责建设编写小组，制定小组工作方案，对全国高校自动化方向培养方案开展调查研究，提供培养方案模板以及核心课程内容简介等。

本科和研究生各成立四个专业组，共八个专业小组。每个专业组由教工委委员或教工委推荐的高校自动化专业负责人负责组建，并牵头整理相应的培养方案模板。每个专业组按照总体组的整体时间规划，在项目建设的不同阶段，向指导委员会和总体组汇报建设方案、建设成效。

期间，教工委多次邀请了自动化领域专家对培养方案进行审议，充分听取了专家意见和建议，然后根据专家意见和建议进行了多次修改，最终将呈现给读者《自动化专业培养方案》、《机器人工程专业培养方案》和《控制科学与工程 | 电子信息学科研究生培养方案》三本书。

应当指出的是，这毕竟是教工委第一次较大范围地组织编制全国高校自动化方向培养方案指导用书，不免存在问题，欢迎广大读者批评指正。

这套书的编辑出版得到了全国自动化相关高校的大力支持，由教工委主任委员张涛牵头，副主任委员魏海坤、张爱民组织编写，参加编写的包括于乃功、王小旭、朱文兴、刘娣、李世华、杨旗、佃松宜、张军国、张蕾、陈峰、罗家祥、金晶、周波、郑恩让、侯迪波、黄云志、黄海燕、潘松峰、戴波等专家学者（以姓氏笔画为序），都付出了大量的精力和辛勤劳动。在此，谨向他们表示最衷心的感谢！

中国自动化学会教育工作委员会

2024 年 5 月

目 录

上篇　机器人工程专业本科（创新型）

下篇 机器人工程专业本科（应用型）

上　篇
机器人工程专业
本科（创新型）

第1章 机器人工程专业本科培养方案（创新型）

专业名称：机器人工程　　专业代码：080803T　　专业门类：工学
标准学制：四年　　授予学位：工学学士　　制定日期：2023.05
适用类型：适用于机器人工程领域创新型人才培养专业

1.1 培养目标

说明：培养目标要体现培养德智体美劳全面发展的社会主义建设者和接班人的总要求，要能清晰反映毕业生可服务的主要专业领域、职业特征，以及毕业后经过5年左右的实践能够承担的社会与专业责任等能力特征概述（包括专业能力与非专业能力，职业竞争力和职业发展前景）。培养目标也要包括本专业人才培养定位类型的描述，要与学校人才培养定位、专业人才培养特色、社会经济发展需求相一致。

示例：

本专业面向机器人系统的工程设计、开发及应用，培养适应国家和区域经济、社会发展需要，信念执着，品德优良，掌握数学与自然科学基础知识、机器人工程的基础理论和专业知识，具有从事机器人领域工作的技能，具备终身学习能力和国际视野，实践能力突出、沟通能力强的高素质创新型技术人才。本专业毕业生能在科研院所、高校、高新技术企业等部门中从事机器人设计与控制、机器学习、人机交互、模式识别等方面的工程设计、技术开发、系统运行与维护，科学研究及管理等工作。

本专业预期学生毕业5年后，达到以下目标：

目标1：能够适应现代科技和经济发展，融会贯通数理基本知识、机器人工程基础知识和专业知识，能对机器人工程领域复杂工程问题提供系统性的解决方案。

目标2：能够跟踪机器人工程领域的前沿技术，具备一定创新能力，能熟练运用现代工具从事本领域相关产品的设计、开发和生产。

目标 3：具备健康的身心、良好的人文科学素养、强烈的民族使命感和社会责任感，德智体美劳全面发展。

目标 4：具有良好的表达和交流能力，能有效沟通、进行团队合作和工程项目管理。

目标 5：具有全球化意识和国际胜任力，能够积极主动适应不断变化的国内外形势和环境，具有自主学习和终身学习的能力。

1.2　毕业要求

说明：毕业要求是对机器人工程专业学生毕业时应该达成的知识结构、能力要求和职业素养的具体描述，应按照国家工程教育专业认证的相关标准制定，并能够支撑本专业培养目标的达成，毕业要求应可分解、可落实。

示例：

毕业要求 1：工程知识：掌握数学、自然科学、机器人工程基础和专业知识，并将其用于解决机器人工程相关领域的复杂工程问题。

毕业要求 2：问题分析：能够应用数学、自然科学和工程科学的基本原理，识别、表达、并通过文献研究分析机器人工程相关的复杂工程问题，以获得有效结论。

毕业要求 3：设计 / 开发解决方案：在综合考虑社会、健康、安全、法律、文化以及环境等因素的前提下，能够针对机器人工程领域复杂工程问题的解决方案，设计满足特定需求的机器人系统、单元（部件），并能够在设计环节中体现创新意识。

毕业要求 4：研究：能够基于科学原理并采用科学方法对机器人工程领域相关的复杂工程问题进行研究，包括设计实验、分析与解释数据、并通过信息综合得到合理有效的结论。

毕业要求 5：使用现代工具：能够针对机器人工程领域的复杂工程问题，开发、选择与使用恰当的技术、资源、现代工程工具和信息技术工具，包括对机器人工程领域相关复杂工程问题的预测与模拟，并能够理解其局限性。

毕业要求 6：工程与社会：能够基于机器人工程相关背景知识进行合理分析，评价专业工程实践和复杂工程问题解决方案对社会、健康、安全、法律以及文化的影响，并理解应承担的责任。

毕业要求 7：环境和可持续发展：在机器人工程领域复杂工程问题的工程实践中，能够理解和评价其对环境、可持续发展的影响。

毕业要求 8：职业规范：具有人文社会科学素养，能够在机器人工程实践中理解社会主义核心价值观和遵守职业道德规范，诚实守信，履行相应的责任。

毕业要求 9：个人和团队：具有团队合作意识和能力，能够在多学科背景下的团队中承担个体、团队成员以及负责人的角色。

毕业要求 10：沟通：能够就机器人工程领域的复杂工程问题与业界同行及社会公众进行有效沟通和交流，包括撰写报告和设计文稿、陈述发言、清晰表达或回应指令，并具备一定的国际视野，能够在跨文化背景下进行沟通和交流。

毕业要求 11：项目管理：理解并掌握工程管理原理与经济决策方法，并能在多学科环境中应用。

毕业要求 12：终身学习：具有自主学习和终身学习的意识，有不断学习和适应机器人工程领域发展的能力。

1.3 主干学科与相关学科

主干学科：控制科学与工程

相关学科：计算机科学与技术、机械工程、信息与通信工程

1.4 课程体系与学分结构

课程体系与学分结构见图 1-1。

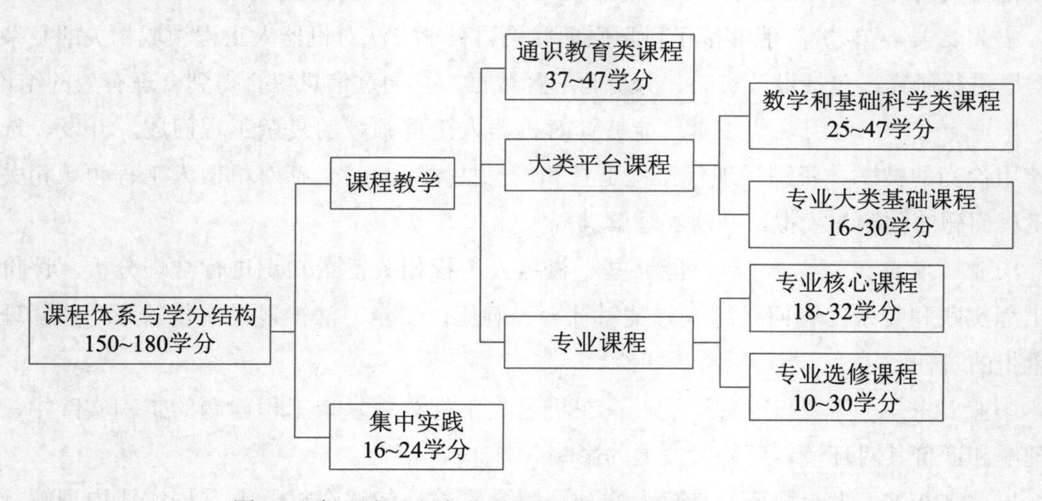

图 1-1 机器人工程专业课程体系与学分结构（创新型）

1. 通识教育类课程

说明：通识教育类课程旨在培养学生对社会及历史发展的正确认识，帮助学生确立正确的世界观和方法论，对学生未来成长具有基础性、持久性影响，是综合素质教育的核心内容。该类课程包括思想政治理论、国防教育、体育、外国语言文化、通识教育类核心课程（包括自然科学与技术、世界文明、社会与艺术、生命与环境、文化传承等）。

2. 大类平台课程

说明：大类平台课程旨在培养学生具有扎实、深厚的基本理论、基本方法及基本技能，具备今后在机器人工程领域开展科学研究的基础知识和基本能力。该类课程包括数学和基础科学类课程、专业大类基础课程。

示例：

1）数学和基础科学类课程（表 1-1）

表 1-1　数学和基础科学类课程设置（创新型）

序　　号	课 程 名 称	建 议 学 分	建 议 学 时
1	工科数学分析 I-II/ 高等数学 I-II	11	176
2	线性代数	3	48
3	复变函数	2	32
4	概率论与数理统计	3	48
5	离散数学	2	32
6	大学物理 I-1, 2	7	224
7	大学物理实验 I-1, 2	2	64

2）专业大类基础课程（表 1-2）

表 1-2　专业大类基础课程设置（创新型）

① 理论课程：			
序　　号	课 程 名 称	建 议 学 分	建 议 学 时
1	高级语言程序设计	3.5	56
2	数据结构与算法	2	32
3	工程图学基础	2	32
4	工程力学	2.5	40
5	电路与模拟电子技术	5.5	88
6	信号与系统	2	32
② 实验实践课程：			
1	电子技术实验	1	32
2	电子技术综合实践	1.5	48
3	机械工程训练 A	1	32
4	高级语言程序设计课设	1.5	48

3. 专业课程

说明：专业课程应既能覆盖本专业的核心内容，又能体现专业前沿，注重知识交叉融合，与国际接轨，增加学生根据自身发展方向选修课程的灵活度。专业课程分为专业核心课程和专业选修课程。

专业核心课程：是本专业最为核心且相对稳定的课程，该类型课程以必修课为主，旨在培养学生在机器人工程领域内应具有的主干知识和毕业后可持续发展的能力。

专业选修课程：旨在培养学生在机器人工程领域内某 1 ～ 2 个专业方向上具备综合分析、处理（研究、设计）问题的技能，按专业方向或模块设置，鼓励学生选择 2 个以上的专业方向或模块课程。专业选修课程要充分体现各学校专业特点和学生个性化发展需求，从而拓展学生自主选择的空间。

示例：

1）专业核心课程（表 1-3）

表 1-3　专业核心课程设置（创新型）

① 理论课程：			
序　号	课 程 名 称	建 议 学 分	建 议 学 时
1	自动控制原理	4	64
2	现代控制理论	2	32
3	机器人基础原理	4	64
4	嵌入式系统	4	64
5	机器人感知技术	2.5	40
6	电机驱动与运动控制	3.5	56
7	机器人智能交互技术	2	32
8	信息通信网络及应用	2	32
② 实验实践课程：			
序　号	课 程 名 称	建 议 学 分	建 议 学 时
1	电机驱动与运动控制实验	1	32
2	机器人感知技术实验	1	32
3	嵌入式系统综合设计	1	32
4	机器人系统综合设计	2	64

2）专业选修课程（表 1-4）

表 1-4　专业选修课程设置（创新型）

① 机器人设计与分析类课程：			
序　号	课 程 名 称	建 议 学 分	建 议 学 时
1	机器人机构设计	2.5	40

续表

序　号	课程名称	建议学分	建议学时
2	机器人系统仿真	2	32
3	多机器人系统建模与分析	2	32
4	工业机器人系统	2	32
②运动控制类课程：			
序　号	课程名称	建议学分	建议学时
1	智能控制技术	2	32
2	机器人动力学与控制	2.5	40
3	机器人导航技术	2	32
③计算机类课程：			
序　号	课程名称	建议学分	建议学时
1	机器人操作系统基础	2	32
2	数据库原理与应用	2	32
3	数据结构与算法	2	32
4	Python 高级程序设计	2	32
5	Java 高级程序设计	2	32
④人工智能类课程：			
序　号	课程名称	建议学分	建议学时
1	人工智能导论	2	32
2	机器人视觉	2.5	40
3	机器学习与智能优化	2.5	40
4	模式识别	2	32
⑤特种机器人案例解析类课程：			
序　号	课程名称	建议学分	建议学时
1	飞行机器人	2	32
2	水下机器人	2	32
3	无人驾驶汽车	2	32
4	安防与救援机器人	2	32
5	电力巡检机器人	2	32
6	农业机器人	2	32
7	建筑机器人	2	32
8	医用机器人	2	32

4. 集中实践

说明：集中实践旨在培养学生工程意识和社会意识，树立学以致用、以用促学、知行合一的认知理念，加强动手能力，熏陶科研素养。集中实践包括认知实习、工作实习、毕业设计、创新创业实践等环节。

1.5 专业课程先修关系

专业课程先修关系拓扑图示例见图 1-2。

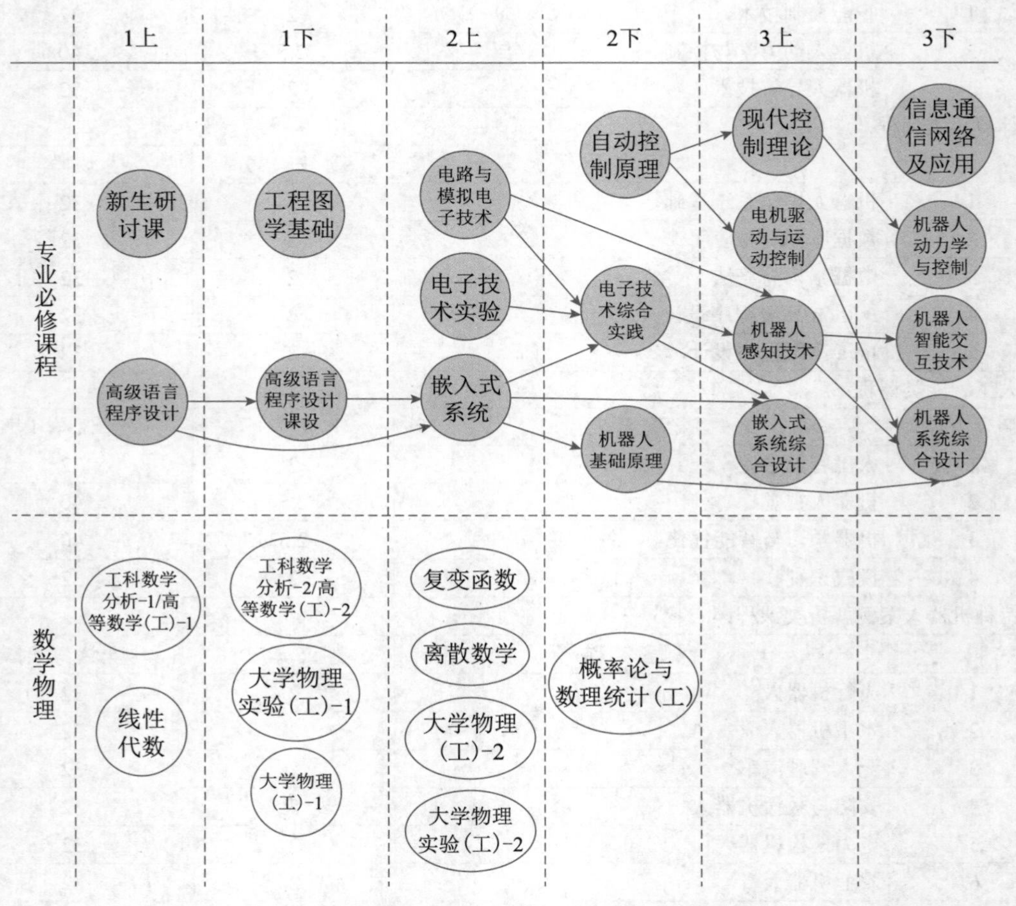

图 1-2 机器人工程专业课程先修关系（创新型）

1.6　建议学程安排

1. 第一学年（表 1-5）

表 1-5　第一学年学程安排（创新型）

秋季学期						
序　　号	课 程 名 称	学分	学时	讲课	实验 / 实践	说明
1	中国近现代史纲要	3	48	32	16	
2	大学英语（综合）	4	64	64	0	
3	工科数学分析 -1 / 高等数学（工）-1	5.5	88	88	0	
4	线性代数	3	48	48	0	
5	高级语言程序设计	3.5	56	32	24	
6	体育 -1	1	32	32	0	
7	新生研讨课	1	16	16	0	
	合计	21				
春季学期						
序　　号	课 程 名 称	学分	学时	讲课	实验 / 实践	说明
1	体育 -2	1	32	32	0	
2	思想道德修养与法律基础	3	48	32	16	
3	习近平新时代中国特色社会主义思想概论	2	32	28	4	
4	大学英语（高级）	4	64	64	0	
5	工科数学分析 -2 / 高等数学（工）-2	5.5	88	88	0	
6	大学物理（工）-1	3.5	56	56	0	
7	大学物理实验（工）-1	1	32	0	32	
8	高级语言程序设计课设	1.5	48	0	48	
9	工程图学基础	2	32	10	22	
	合计	23.5				

2. 第二学年（表 1-6）

表 1-6　第二学年学程安排（创新型）

秋季学期						
序号	课 程 名 称	学分	学时	讲课	实验 / 实践	说明
1	马克思主义基本原理	3	48	32	16	
2	复变函数	2	32	32	0	
3	离散数学	2	32	32	0	
4	大学物理（工）-2	3.5	56	56	0	
5	大学物理实验（工）-2	1	32	0	32	
6	电路与模拟电子技术	5.5	88	88	0	

续表

序号	课 程 名 称	学分	学时	讲课	实验 / 实践	说明
7	嵌入式系统	4	64	52	12	
8	体育 -3	1	32	32	0	
	合计	22				
春 季 学 期						
序号	课 程 名 称	学分	学时	讲课	实验 / 实践	说明
1	毛泽东思想和中国特色社会主义理论体系概论	3	48	48	0	
2	概率论与数理统计（工）	3	48	48	0	
3	自动控制原理	4	64	58	6	
4	机器人基础原理	4	64	48	16	
5	体育 -4	1	32	32	0	
6	“中国特色社会主义建设”实践	2	64	64	0	
7	电子技术实验	1	32	0	32	
8	电子技术综合实践	1.5	48	0	48	
9	信号与系统	2	32	32		二选一
10	数据结构与算法	2	32	32		
	合计	21.5				
说明：本学期含专业认知实习 1 学分，本学期总学分 22. 5 学分。						

3. 第三学年（表 1-7）

表 1-7　第三学年学程安排（创新型）

秋 季 学 期						
序号	课 程 名 称	学分	学时	讲课	实验 / 实践	说明
1	工程力学	2.5	40	40	0	
2	电机驱动与运动控制	3.5	56	56	0	
3	机器人感知技术	2.5	40	40	0	
4	现代控制理论	2	32	32	0	
5	电机驱动与运动控制实验	1	32	0	32	
6	机器人感知技术实验	1	32	0	32	
7	嵌入式系统综合设计	1	32	0	32	
8	数字信号处理	2.5	40	40	0	选修 7 学分
9	机器人机构设计	2.5	40	40	0	
10	机器人操作系统基础	2	32	24	8	
11	机器人视觉	2.5	40	32	8	
12	机器学习与智能优化	2.5	40	32	8	
	合计	20.5				
说明：本学期从专项英语课程中选修 2 学分，从校选专业课中选修 2 学分，本学期总学分 24. 5 学分。						

续表

春季学期						
序号	课程名称	学分	学时	讲课	实验 / 实践	说明
1	机器人智能交互技术	2	32	20	12	
2	信息通信网络及应用	2	32	26	6	
3	机器人系统综合设计	2	64	0	64	
4	机器人动力学与控制	2.5	40	32	8	选修 6 学分
5	人工智能导论	2	32	32	0	
6	多机器人系统建模与分析	2	32	24	8	
7	机器人系统仿真	2	32	20	12	
8	模式识别	2	32	32	0	
	合计	12				
说明：本学期含工作实习 4 学分，并从通识教育类课程中选修 4 学分，从学校选修专业课中选修 2 学分，本学期总学分 22 学分。						

4. 第四学年（表 1-8）

表 1-8　第四学年学程安排（创新型）

秋季学期						
序号	课程名称	学分	学时	讲课	实验 / 实践	说明
1	创新创业实践	4	128	0	128	
2	学术论文写作	1	16	16	0	
3	机器人前沿论坛	1	16	16	0	报告形式
4	智能控制技术	2	32	32	0	选修 6 学分
5	机器人导航技术	2	32	26	6	
6	工业机器人系统	2	32	32	0	
7	数据库原理与应用	2	32	16	16	
8	Python 高级程序设计	2	32	24	8	
9	Java 高级程序设计	2	32	24	8	
10	飞行机器人	2	32	32	0	各学校根据自身特点设置特种机器人案例解析类课程，选修 2 学分
11	水下机器人	2	32	32	0	
12	无人驾驶汽车	2	32	32	0	
13	安防与救援机器人	2	32	32	0	
14	电力巡检机器人	2	32	32	0	
15	农业机器人	2	32	32	0	
16	建筑机器人	2	32	32	0	
17	医用机器人	2	32	32	0	
	合计	14				

续表

<table>
<tr><td colspan="7">说明：本学期选修经济管理类课程 2 学分，从通识教育类课程中选修 2 学分，从学校选修专业课中选修 2 学分，本学期总学分不少于 20 学分。</td></tr>
<tr><td colspan="7">春季学期</td></tr>
<tr><td>序号</td><td>课程名称</td><td>学分</td><td>学时</td><td>讲课</td><td>实验 / 实践</td><td>说明</td></tr>
<tr><td>1</td><td>毕业设计（论文）</td><td>10</td><td>320</td><td>0</td><td>320</td><td></td></tr>
<tr><td></td><td>合计</td><td>10</td><td></td><td></td><td></td><td></td></tr>
</table>

第2章 机器人工程专业课程教学大纲（创新型）

2.1 “机器人基础原理”理论课程教学大纲

2.1.1 课程基本信息

<table>
<tr><td rowspan="2">课程名称</td><td colspan="3">机器人基础原理</td></tr>
<tr><td colspan="3">Fundamental principles of robotics</td></tr>
<tr><td>课程学分</td><td>4</td><td>总　学　时</td><td>64</td></tr>
<tr><td>课程类型</td><td colspan="3">□ 专业大类基础课程　■专业核心课程　□ 专业选修课程　□ 集中实践</td></tr>
<tr><td>开课学期</td><td colspan="3">□1-1　□1-2　□2-1　■ 2-2　□3-1　□3-2　□4-1　□4-2</td></tr>
<tr><td>先修课程</td><td colspan="3">线性代数、工程图学基础、高级语言程序设计、电机驱动与运动控制</td></tr>
<tr><td>教材、参考书及其他资料</td><td colspan="3">使用教材：
[1] John J. Craig . 贠超 等译 . 机器人学导论（第 4 版）. 机械工业出版社，2018
[2] Alonzo Kelly . 王巍 等译 . 移动机器人学 . 机械工业出版社，2020
参考教材：
[1] Saeed B. Niku . 孙富春 等译 . 机器人学导论——分析、系统及应用 . 电子工业出版社，2004
[2] 熊有伦 . 机器人学：建模、控制与视觉 . 华中科技大学出版社，2018
[3] Mark W. Spong 等 . 贾振中 等译 . 机器人建模与控制 . 机械工业出版社，2016
[4] Kevin M. Lynch 等 . 于靖军、贾振中 译 . 现代机器人学 . 机械工业出版社，2020
[5] R. Siegwart 等 . 李人厚 等译 . 自主移动机器人导论（第 2 版）. 西安交通大学出版社，2013
[6] 熊蓉等 . 自主移动机器人 . 机械工业出版社，2022</td></tr>
</table>

2.1.2 课程描述

机器人已广泛应用于电子、机械、汽车制造、核工业等众多领域，也正在逐步应用于服务、医疗、科学探测、军事等领域。机器人基础原理是机器人工程本科专业的必修专业基础课，是从事智能机器人及自动化科学研究与工程研发的人才需要熟悉和掌握的基本知识之一。围绕广泛应用于工业领域的工业机械臂和应用于服务、特种领域的移动机器人及无人自主平台系统，本课程系统地介绍机器人的基本概念、原理、理论与知识。通过本课程的学习，为学生学习后续课程和毕业后从事机器人工程与技术研究、智能机器人自动化系统与工程设计和开发打下坚实基础。

Robots have been widely used in electronics, machinery, automobile manufacturing, nuclear industry and many other fields, and are also gradually applied to service, medical treatment, scientific exploration, military and other fields. The fundamental principle of robotics is an essential basic major course for the undergraduate on robotic engineering. It is one of the basic knowledge that need to be familiar with and proficiency in for those engaged in scientific/engineering research and development of intelligent robots and automation. This course systematically introduces the basic concepts, principles, theories and knowledge of robots around industrial robots widely used in industrial fields, as well as mobile robots and unmanned autonomous platform systems used in service and field applications. This course will lay a solid foundation for students to study follow-up courses and engage in robot engineering and technology research, intelligent robot automation system and engineering design and development after graduation.

2.1.3 课程教学目标和教学要求

【教学目标】

课程目标 1：通过对机器人多学科知识的交叉运用，考查学生分析复杂问题的能力。

课程目标 2：培养学生具备基础机器人等复杂机电系统的分析能力。

课程目标 3：通过机器人实验加深学生对机器人原理的理解深度。利用实验环节考查学生对所学基本理论知识的理解。

课程目标 4：培养学生掌握机器人系统的描述建模方法。通过对机器人运动学、动力学建模方法的学习，考查学生运用自然科学知识解决机器人建模问题的能力。

课程目标 5：正确认知机器人对人类经济、社会和文化的影响，树立积极的学习观和科学观。

课程目标与专业毕业要求的关联关系

课程目标	毕业要求					
	工程知识 1	问题分析 2	设计 / 开发解决方案 3	研究 4	使用现代工具 5	工程与社会 6
1	H					
2		H				

续表

课程目标	毕业要求					
	工程知识 1	问题分析 2	设计 / 开发解决方案 3	研究 4	使用现代工具 5	工程与社会 6
3			H		M	
4				H		
5						M

注：毕业要求 1，2，3，4，5，…，分别对应毕业要求中各项具体内容。

【教学要求】

本课程结合课程内容的教学要求以及学生认知活动的特点，将采取包括课堂讲授、小组实验研讨、案例教学、线上线下混合等多种教学模式与方法，使学生具备以下能力：①掌握机器人及其应用的基本知识，初步理解机器人在当前生产和服务领域中的有力促进作用，了解机器人的发展过程和前沿技术，培养学生发现问题、解决问题的基本能力；②掌握机器人设计和操控的基本概念和一般方法，培养学生综合运用现代设计工具，以及通过网络化等各种方式的方案调研和评估，进行机器人分析、设计与控制、实现、应用的能力；③培养学生初步的机器人系统分析和研究应用能力，引导学生从应用实践的角度出发，对问题进行分析和分解，综合运用所学到的知识，完成对机器人需求分析、设计、实现和应用过程，培养学生的工程素养；④培养学生的沟通能力，分工协作意识和习惯，以及表达自己解决问题的思路和步骤的能力；⑤培养学生的自学能力，通过本课程的教学，培养和提高学生对所学知识进行整理、概括、消化吸收的能力，以及围绕课堂教学内容，阅读参考书籍和资料，自我扩充知识领域的能力；⑥培养学生的创新能力，培养学生独立思考、深入钻研问题的习惯，对问题提出多种解决方案、选择不同设计方法，以及对系统集成进行简化和举一反三的能力。

2.1.4　教学内容简介

章节顺序	章 节 名 称	知　识　点	参考学时
1	机器人学概论	机械臂主要概念、分类、发展历史、结构组成、性能指标、应用等概述	2
2	机械臂结构与驱动	机械臂设计中性能指标的分析、考量，几种常用的操作臂运动学构型、手爪的构型，机器人的驱动方式和驱动器介绍	2
3	空间描述与变换	空间描述与变换、基本概念、位姿描述、坐标变换、位姿的其他描述	5

续表

章节顺序	章节名称	知识点	参考学时
4	机械臂运动学	运动学、杆件变换的描述、建立运动学方程、运动学方程的可解性与重解、运动学方程正逆解法。以4轴机器人、PUMA560机器人为例讲解机器人运动学建模与求解	5
5	速度与静力学	微分运动模型、雅可比矩阵	4
6	机械臂动力学	力学基础、机器人静力分析，坐标系之间力与力矩变换，牛顿 - 欧拉法，以及拉格朗日方程	6
7	路径和轨迹规划	机械臂轨迹规划的基本原理，关节空间的三次、五次多项式轨迹规划、抛物线过渡的线性段、带中间点的抛物线过渡的线性段、高次多项式轨迹，以及直角坐标空间的轨迹规划	4
8	机械臂的控制	简要讲解机器人位置与力控制原理，控制规则分解，以及机器人控制系统硬软件的基本配置与结构、系统功能与通信方式	4
9	工业机器人实验	包括机器人认知、机器人运动学仿真、取 - 放轨迹规划、控制等	10
10	工业机器人设计研讨	机械臂乱序分拣系统综合设计	课外8学时
11	移动机器人绪论	移动机器人的发展史；移动机器人研究领域和内容（含移动作业机器人）	2
12	移动机器人的运动学建模	移动机器人的运动形式及举例分析；轮子的分类和运动；运动学模型和约束；移动机器人的机动性	5
13	移动机器人的感知基础	概述；传感器的分类；移动机器人常用的传感器	2
14	移动机器人的定位和建图	机器人定位技术概述；地图表示方法；基于概率地图的定位；自主地图的构建	4
15	移动机器人的导航	导航方法概述；移动机器人路径规划方法；移动机器人避障；移动机器人导航系统应用举例	3
16	移动机器人实验	基于ROS系统的移动机器人运动学建模、定位、轨迹规划和导航实验	6
17	移动机器人设计研讨	典型移动 / 服务机器人的系统分析和定位、导航功能仿真评估	课外6学时

2.1.5 教学安排详表

序号	教学内容	学时分配	教学方式（授课、实验、上机、讨论）	教学要求（知识要求及能力要求）
第1章	机器人定义、分类和发展	1	授课	本章重点：机器人的性能指标； 能力要求：了解机器人的定义和发展历史，掌握机器人的分类和性能指标
	机器人的性能指标	1	授课	

续表

序号	教 学 内 容	学时分配	教学方式（授课、实验、上机、讨论）	教学要求（知识要求及能力要求）
第 2 章	机械臂的构型	1	授课	本章重点：机械臂按臂部构型的分类及典型构型特征、应用；机械臂的三种主要的驱动方式； 能力要求：掌握常见的机械臂构型特征和应用案例；掌握机械臂的主要驱动方式及相关特点
	机械臂的驱动方式	1	授课	
第 3 章	位姿描述的概念	2	授课	本章重点：位置向量；姿态的旋转矩阵表示法；齐次变换矩阵；链乘法则；姿态的其他四种表示方法； 能力要求：掌握位姿（位置、姿态）的概念和基本表示方法；了解姿态的其他常见表示方法及区别，并实现相互之间的变换
	姿态的表示方法	3	授课	
第 4 章	机械臂正运动学	2	授课	本章重点：正运动学定义；连杆的几何描述；改进的 DH 参数法；逆运动学定义；逆运动学问题的可解性；逆运动学几何解法；逆运动学代数解法；三轴相交的 Pieper 解法； 能力要求：掌握正逆运动学的定义；掌握改进 DH 参数法的表示方法及正向运动学建模过程；掌握逆运动学的几何法、解析法和 Pieper 解等几种常见方法；了解迭代解方法；掌握重解和奇异解的处理方式
	机械臂逆运动学	3	授课	
第 5 章	微分运动学	2	授课	本章重点：刚体的线速度和角速度；机器人连杆的运动；机器人的雅可比矩阵；逆速度和奇异性分析；静力及力域中的雅可比；可操作度； 能力要求：掌握刚体线速度和角速度的表示和三种不同的角速度推导公式；了解机械臂连杆速度传递的 DH 递推推导过程；掌握雅可比矩阵的概念、定义及对奇异性的推导；掌握速度和静力的对偶性及相关公式推导；掌握雅可比矩阵的两个应用：奇异性分析和可操作性分析
	静力学	2	授课	
第 6 章	动力学基础	2	授课	本章重点：刚体的线加速度和角加速度；惯性张量；牛顿 - 欧拉方程；拉格朗日方程； 能力要求：掌握刚体线加速度和角加速度的表示和推导；掌握惯性张量的物理意义和推导公式；掌握牛顿 - 欧拉法的内外迭代推导过程；掌握拉格朗日法的动力学推导过程
	牛顿 - 欧拉方程	2	授课	
	拉格朗日方程	2	授课	
第 7 章	路径规划	2	授课	本章重点：路径和轨迹的概念；常见路径规划和轨迹规划的方法； 能力要求：了解路径规划和轨迹规划问题的区别；掌握路径的描述和全局、局部生成方法；掌握关节空间和笛卡儿空间内的常见轨迹规划方法
	轨迹规划	2	授课	

续表

序号	教学内容	学时分配	教学方式（授课、实验、上机、讨论）	教学要求（知识要求及能力要求）
第 8 章	单关节控制	1	授课	本章重点：机械臂的镇定控制和跟踪控制；常见机械臂控制方法实现； 能力要求：了解镇定和跟踪两种控制形式的区别；掌握前馈控制方法；掌握状态空间设计方法；了解其他常见的机械臂控制方法；掌握力位控制方法的概念和一般范式
	多变量控制	2	授课	
	力位混合控制	1	授课	
第 9 章	工业机器人实验	10	实验、研讨	实验要求：根据已经掌握的基础知识，使用给定构型的机械臂实现物体抓取与放置，具体构型和要求由教师提前布置。学生需要完成正、逆运动学求解、作业空间中的路径规划、关节轨迹规划等工作，并选择 ROS/MATLAB/Labview Robotics 等工具中的一种进行可视化仿真
第 10 章	工业机器人设计研讨	课外 8 学时	实验、讨论	设计要求：电商平台退回的货物要重新分类后才能重新出售，采用机器人替代人进行物品的识别、分选是一种趋势。要求学生根据所学的机器人学知识，如机构设计、运动学、轨迹生成和编程方法，设计电商退返货物的机器人分拣系统方案，并采用仿真和实验两种方式验证
第 11 章	移动机器人基本概念	1	授课	本章重点：移动机器人自主移动的关键问题；概率机器人学； 能力要求：了解我国移动机器人技术发展的重要突破和经典案例；掌握移动机器人的概率学表示方法，及最小二乘问题求解
	移动机器人预备知识	1	授课	
第 12 章	移动机器人的机构分析	2	授课	本章重点：移动机器人的运动形式及分析；运动学建模和约束；移动机器人的机动性； 能力要求：了解不同机构移动机器人的运动特点；掌握轮子的分类和运动；掌握平面运动的建模方法；掌握机动性和完整度的分析方法
	移动机器人运动学分析和建模	3	授课	
第 13 章	移动机器人的感知基础	2	授课	本章重点：移动机器人传感器的分类；常见视觉和激光传感器； 能力要求：了解传感器功能的分类，掌握表征传感器的特性指标，掌握移动机器人中常用的传感器的基本原理和应用
	地图表示及定位	2	授课	本章重点：地图表示方法；基于概率地图的定位；自主建图；

续表

序号	教 学 内 容	学时分配	教 学 方 式（ 授 课、实验、上机、讨论 ）	教学要求（ 知识要求及能力要求 ）
第 14 章	自主建图及 SLAM	2	授课	能力要求：了解机器人定位技术，熟悉机器人如何利用运动模型及感知模型实现机器人的定位；掌握 SLAM 的基本概念和主要视觉、激光雷达 SLAM 方法
第 15 章	移动机器人的路径规划	2	授课	本章重点：导航方法概述；移动机器人路径规划方法；移动机器人避障；移动机器人导航系统应用举例； 能力要求：了熟悉机器人导航系统的组成及其工作原理，掌握机器人全局路径规划和局部避障方法
	移动机器人的避障	2	授课	
第 16 章	移动机器人实验	6	实验	实验要求：理解掌握二轮式移动机器人的运动学建模、非完整性运动约束分析、典型环境地图构建与导航方法，完成典型室内 2D 环境内的仿真 / 实物移动机器人的自主建图和导航控制实验
第 17 章	移动机器人设计研讨	课外 6 课时	实验、讨论	设计要求：结合具体应用，如机场服务（导引）机器人、家庭服务机器人、清扫机器人应用为最终设计目标，展开深入的调研，对其基本组成结构进行分析讨论，对其基本定位方法、建图以及导航系统、决策系统进行设计，并可进一步对其性能进行一定的测试评估。要求学生查阅国内外相关文献，研究设计分析，制作 PPT 并汇报，所有人参与点评与讨论

2.1.6　考核及成绩评定方式

【考核方式】

平时考勤，课堂作业，课堂实验，课程研讨和设计，期末考试（笔试，闭卷）。

【成绩评定】

期末考试占 40%，课程设计占 30%，课程实验占 20%，平时成绩占 10%。

大纲制定者：贾子熙（东北大学）
周春琳（浙江大学）
大纲审核者：于乃功，周波
最后修订时间：2022 年 8 月 18 日

2.2 “电机驱动与运动控制”理论课程教学大纲

2.2.1 课程基本信息

<table>
<tr><td rowspan="2">课程名称</td><td colspan="3">电机驱动与运动控制</td></tr>
<tr><td colspan="3">Electric Machine and Motion Control</td></tr>
<tr><td>课程学分</td><td>3.5</td><td>总学时</td><td>56</td></tr>
<tr><td>课程类型</td><td colspan="3">□ 专业大类基础课程 ■专业核心课程 □ 专业选修课程 □ 集中实践</td></tr>
<tr><td>开课学期</td><td colspan="3">□1-1 □1-2 □2-1 □2-2 ■ 3-1 □3-2 □4-1 □4-2</td></tr>
<tr><td>先修课程</td><td colspan="3">电路分析基础、模拟电子技术、自动控制原理</td></tr>
<tr><td>教材、参考书及其他资料</td><td colspan="3">使用教材：
[1] 杨耕．电机与运动控制系统．清华大学出版社，2014
参考教材：
[1] 刘锦波．电机与拖动．清华大学出版社，2015
[2] 张兴．电力电子技术．科学出版社，2018
[3] 阮毅．运动控制系统．机械工业出版社，2016
[4] 王斌锐．运动控制系统．清华大学出版社，2020</td></tr>
</table>

2.2.2 课程描述

电机驱动与运动控制是为机器人工程专业本科生开设的专业核心课程。课程任务是使学生掌握机器人动力系统所必需的电机、电力电子及运动控制基础理论。教学内容包括直流电机、异步电机、同步电机的工作原理，电力电子器件、电力电子电路控制原理与实现方法，开环及闭环控制交流调速系统和直流调速系统结构组成、控制原理、性能分析、仿真方法和工程设计方法。教学内容重点难点是直流电机调速系统、异步电机调速系统和同步电机系统的理论与综合。

Electric Machine and Motion Control is a core course for undergraduate students majoring in robot engineering. The task of the course is to enable students to master the basic theories of motor, power electronics and motion control which are necessary for robot power system. The teaching content includes the working principle of DC motor, asynchronous motor and synchronous motor, the control principle and implementation method of power electronic devices and power electronic circuit, the structure composition, control principle, performance analysis and engineering design method of open-loop and closed-loop control AC speed regulating system and DC speed regulating system. The key and difficult points of the teaching content are the theory and synthesis of DC motor speed regulating system, asynchronous motor speed regulating system and synchronous motor system.

2.2.3 课程教学目标和教学要求

【课程目标】

课程目标1：使学生建立机电能量转换和运动控制系统概念。

课程目标2：掌握机器人工程所需电机、电力电子与运动控制的基础理论和基本方法。

课程目标3：具备面向实际工程需求的软件与机构、控制等硬件结合、本体与控制一体的分析问题和解决问题的能力。

课程目标4：通过介绍电机系统重要需求与应用现状，以及国内外技术进展和趋势，在电机系统学习方面，使学生既清楚技术差距，又看到前景希望，能够面向国家社会重要需求，树立不畏困难、勇于担当、积极进取、敢于超越的必要意识和信心。

课程目标与专业毕业要求的关联关系

课程目标	毕业要求							
	工程知识1	问题分析2	设计/开发解决方案3	研究4	使用现代工具5	工程与社会6	职业规范8	终身学习12
1	H							
2	H	M						
3			H	M	L			
4						H	L	M

注：毕业要求1，2，3，4，…，分别对应毕业要求中各项具体内容。

【教学要求】

以课堂讲授为主，引导学生主动思考，使学生掌握课程内容中的基本概念、基本理论和基本方法，部分内容要深入理解。从提出问题到分析问题，培养学生有序思考和解决问题的能力。综合分析比较各种电机系统，揭示其区别与联系，培养学生系统认识和能力。采用多媒体课件与板书相结合，并展示部分实物以增强学生感性认识。布置适当作业以促进学生复习并掌握课程知识。引导学生查阅相关书籍和资料，拓展视野并培养自学能力。

2.2.4 教学内容简介

章节顺序	章节名称	知识点	参考学时
1	绪论	课程性质与内容体系	2
2	电磁学基础	磁路；磁场；电磁力；安培环路定律；磁路欧姆定律；电磁感应定律；铁磁材料磁化特性	4
3	运动控制系统动力学	运动方程；负载特性；稳定运行条件	2
4	直流电机原理	结构；磁场；励磁；绕组；电动势与电磁转矩；稳态方程与功率关系；固有和人为机械特性；他励起动 / 调速 / 电动 / 制动	8
5	直流电机调速系统	电力电子器件；可控直流电源；调速系统性能指标；转速电流双闭环调速系统；直流伺服系统	14
6	交流电机原理	交流电机基本结构；交流电机绕组电动势；交流电机绕组磁动势；异步电机基本方程；异步电机等效电路与相量图；异步电机功率与转矩；异步电机机械特性	12
7	异步电机调速系统	可控 PWM 变频电源；变压变频调速系统	6
8	同步电机调速系统	电励磁同步电机原理；永磁同步电机调速系统；无刷直流电机调速系统；基于矢量控制的电机伺服控制原理与仿真	8
合计			56

2.2.5 教学安排详表

序号	教学内容	学时分配	教学方式（授课、实验、上机、讨论）	教学要求（知识要求及能力要求）
第 1 章	课程性质与内容体系	2	授课	本章重点：电机的作用、分类；电机常用基本定律和材料； 能力要求：了解课程性质，掌握电机的分类和用途
第 2 章	磁路；磁场；电磁力；安培环路定律；磁路欧姆定律	2	授课	本章重点：磁路和磁场的基本概念，磁路基本定律；电磁基本理论； 能力要求：掌握磁路、磁场的相关物理量，掌握磁路基本定律和电磁基本理论
	电磁感应定律；铁磁材料磁化特性	2	授课	
第 3 章	运动方程；负载特性；稳定运行条件	2	授课	本章重点：电机的负载特性和稳定运行条件； 能力要求：掌握电机的运动方程和负载特性，理解电机运行的基本原理

续表

序号	教学内容	学时分配	教学方式（授课、实验、上机、讨论）	教学要求（知识要求及能力要求）
第 4 章	结构；磁场；励磁；绕组	2	授课	本章重点：直流电机的结构和原理；直流电机的励磁方式；感应电动势、电磁转矩和电磁功率计算；直流电机工作特性； 能力要求：了解直流电机的结构和工作原理，掌握直流电机的励磁方式，掌握感应电动势和电磁功率等的计算，掌握直流电机的工作特性，了解电机起动、调速和制动方法
	电动势与电磁转矩	2	授课	
	稳态方程与功率关系；固有和人为机械特性	2	授课	
	他励起动 / 调速 / 电动 / 制动	2	授课	
第 5 章	电力电子器件	2	授课	本章重点：可控直流电源的基本原理；电机调速系统的组成；转速电流双闭环调速系统的基本概念；直流伺服电机的结构与原理； 能力要求：了解可控直流电源的基本原理，掌握电机调速系统的组成和性能指标计算方法，掌握转速电流双闭环调速系统的基本应用，了解直流伺服系统的基本结构与应用场景
	可控直流电源	3	授课	
	调速系统性能指标	3	授课	
	转速电流双闭环调速系统	3	授课	
	直流伺服系统	3	授课	
第 6 章	交流电机基本结构；交流电机绕组电动势	3	授课	本章重点：交流电机的基本结构与工作原理；交流电机的绕组电动势计算；异步电机的基本原理与方程表示；异步电机的功率与转矩计算； 能力要求：了解交流电机的工作原理，掌握交流电机的绕组电动势计算方法，掌握异步电机的方程表示和功率计算方法，了解异步电机的机械特性
	交流电机绕组磁动势；异步电机基本方程	3	授课	
	异步电机等效电路与相量图	3	授课	
	异步电机功率与转矩；异步电机机械特性	3	授课	
第 7 章	可控 PWM 变频电源	3	授课	本章重点：可控 PWM 变频电源的基本原理；变压变频调速系统的组成与应用； 能力要求：掌握可控 PWM 变频电源的基本原理，了解变压变频调速系统的组成结构与应用场景
	变压变频调速系统	3	授课	
第 8 章	电励磁同步电机原理	2	授课	本章重点：电励磁同步电机的基本原理；永磁同步电机调速系统的基本组成；无刷直流电机调速系统的应用； 能力要求：了解电励磁同步电机的基本原理与应用，了解永磁同步电机调速系统的基本组成与特性，了解无刷直流电机调速系统的应用途径
	永磁同步电机调速系统	3	授课	
	无刷直流电机调速系统	3	授课	
合计		56		

2.2.6 考核及成绩评定方式

【考核方式】

课程考核以考核学生对课程目标达成为主要目的，以检查学生对教学内容的掌握程度为重要内容。课程成绩包括平时成绩和考试成绩两部分。

【成绩评定】

平时成绩占 20%（作业等占 10%，其他占 10%），考试成绩占 80%。

平时成绩中的其他主要反映学生的课堂表现、平时的信息接收、自我约束。成绩评定的主要依据包括：课程的出勤率、课堂的基本表现（如课堂测验、互动等）；作业等主要是课堂作业和课外作业，主要考查学生对已学知识掌握的程度以及自主学习能力。

考试成绩为对学生学习情况的全面检验。强调考核学生对基本概念、基本方法、基本理论等方面掌握的程度，及学生运用所学理论知识解决复杂问题的能力。

大纲制定者： 王斌锐（中国计量大学），许家群（北京工业大学）

大纲审核者： 于乃功，周波

最后修订时间： 2022 年 8 月 18 日

2.3 "高级语言程序设计"理论课程教学大纲

2.3.1 课程基本信息

<table>
<tr><td rowspan="2">课 程 名 称</td><td colspan="3">高级语言程序设计</td></tr>
<tr><td colspan="3">High Level Language Programming</td></tr>
<tr><td>课 程 学 分</td><td>3.5</td><td>总 学 时</td><td>56</td></tr>
<tr><td>课 程 类 型</td><td colspan="3">■专业大类基础课 □ 专业核心课 □ 专业选修课 □ 集中实践</td></tr>
<tr><td>开 课 学 期</td><td colspan="3">■ 1-1 □1-2 □2-1 □2-2 □3-1 □3-2 □4-1 □4-2</td></tr>
<tr><td>先 修 课 程</td><td colspan="3">无</td></tr>
<tr><td>教材、参考书及其他资料</td><td colspan="3">使用教材：
[1] 廖湖声，叶乃文，周珺 . C 语言程序设计案例教程（第 3 版）. 人民邮电出版社，2018</td></tr>
</table>

续表

教材、参考书及其他资料	参考教材： [1] 李文新，等 . 程序设计导引及在线实践（第 2 版）. 清华大学出版社，2017 [2]（美）Brian W. Kernighan, Dennis M. Ritchie. C 程序设计语言（英文版）（第 2 版）. 机械工业出版社，2006 [3] P. J. Deitel, H. M. Deitel. C 大学教程（英文版）（第 5 版）. 电子工业出版社，2010

2.3.2 课程描述

本课程依托 C 语言对机器人工程专业学生进行计算机科学启蒙教育，初步培养学生计算思维能力，训练程序设计的基本方法和技巧，使学生能够编写程序解决简单的实际问题，为解决复杂工程问题打下坚实基础。本课程在传授知识的同时，还要训练学生动手能力、培养分析问题和解决工程问题的能力。课程主要内容包括 C 语言基础语法、基本程序控制结构、数据的组织结构、函数、模块化的程序设计思想与方法、文件操作以及程序的基本调试技巧等。

Programming ability is the basic skill of graduates from major computer disciplines and other related disciplines. This course relies on C language to provide enlightenment education of computer science for students majored in robotics engineering. It aims to cultivate the computational thinking ability, to train the basic design skills of programing, so that students can write programs to solve simple practical problems, and lay a solid foundation for solving complex engineering problems. Besides imparting knowledge, this course should also train students' practical ability, cultivate their ability to analyze and solve engineering problems. The main contents of the course include C language basic grammars, basic program control structures, data organization structure, function, program organization structure, modular programming ideas and methods, file operation and the debugging skills.

2.3.3 课程教学目标和教学要求

【教学目标】

使学生理解和掌握高级语言的基础语法，理解和掌握程序设计的基本概念、基本方法和基本技巧。熟悉运用 C 语言给出简单问题的解决方案，并初步建立学生的计算思维模式。该目标分解为以下子目标。

课程目标 1：掌握 C 语言的语法，理解和熟练运用程序基本的控制结构。

课程目标 2：理解和熟练运用 C 语言的数据组织结构和程序组织结构。

课程目标 3：理解和运用模块化的程序设计思想和方法，初步培养计算思维能力。

课程目标 4：培养学生编写和调试程序的基本技巧，规范代码编写习惯。

课程目标 5：使学生能够编程解决简单的实际问题。

课程目标 6：激发学生对程序设计的学习兴趣，培养自主学习和创新能力。

课程目标与专业毕业要求的关联关系

课程目标	毕业要求									
	工程知识 1	问题分析 2	设计 / 开发解决方案 3	研究 4	使用现代工具 5	工程与社会 6	环境和可持续发展 7	职业规范 8	沟通 10	终身学习 12
1	H									
2	H									
3	H	M			M					
4	M	H	M		H			H	M	
5	M	H	H	H	H	M	M		H	
6										H

注：毕业要求 1，2，3，4，5，6，…，分别对应毕业要求中各项具体内容。

【教学要求】

本课程围绕课堂教学为中心，通过结合课堂讨论、在线编程、阶段测试、实验上机、机器系统实践、自学等教学方式，完成课程教学任务和学生相关能力的培养与再塑造。较为全面地学习高级语言的基础架构、控制结构、算法设计及其应用，运用 C 语言的控制结构和算法概念，学会如何实现程序的调试以及算法的初步设计。同时，深度理解函数的调用以及数组和指针等重要知识的应用，学会如何实现简单系统操作的分析与过程编程。

在实验上机和阶段性测试教学环节中，采用讨论式、启发式教学，初步运用高级语言实现过程操作的编程以及实际问题的分析。充分提升学生的自主钻研、团队协作、动手实践、问题分析等能力，有效提高学生的道德情操、专业素养和工程素质，真正实现学生综合素质的培养。

在机器系统实践和自学环节中，对于课程中能够进一步发散学生思维、拓宽领域知识、培养学生兴趣等的内容，通过教师的指导，自学并实践完成。这些内容包括高级语言在机器人系统上的应用、高级语言在实际研发中的应用等，通过此种教学方式充分地将理论与实践结合到一起，不断提升学生的自主创新和实践学习能力。

2.3.4 教学内容简介

章节顺序	章节名称	知识点	参考学时
1	C语言基础知识	计算机与程序设计语言概述，C语言发展过程及特点，C程序的基本结构和运行过程，集成开发环境介绍，基本数据类型与数据表示，常量、变量、存储与赋值，基本输入输出，算术运算符和算术表达式，数学标准函数	6
2	C语言的基本控制结构	顺序结构，选择结构，if语句、多路选择和switch语句，关系运算和逻辑运算，循环语句，while语句、for语句、do while语句等，程序调试的基本方法	6
3	计算机算法初步	算法的概念，利用计算机求解问题的一般过程，流程图，穷举法，递推与迭代法	4
4	数据的组织结构（一）	数组的应用背景，一维数组类型的定义与初始化，数组元素的引用及基本操作，按照条件对一维数组数据进行筛选和统计，查找问题，排序问题，字符串的组织形式与初始化，字符串与字符数组，字符串的输入输出，字符串标准函数，二维数组	12
5	程序的组织结构	函数定义，函数的调用、返回值及参数传递，函数与面向过程的程序设计，随机数的产生与应用实例，递归算法与递归函数，变量的生存期和作用域，全局变量和局部变量、静态变量和自由变量	10
6	数据的组织结构（二）	结构体类型的概念、变量声明和引用，指针类型，指针与数组，指针与字符串，结构体类型指针，动态申请内存空间，一维指针数组与二维数组，指针型函数参数与函数返回值，文件的概念和文件的打开、关闭、字符读写、字符串读写、数据块读写和格式化读写等基本操作，链表、联合体与枚举类型	16

2.3.5 教学安排详表

序号	教学内容	学时分配	教学方式（授课、实验、上机、讨论）	教学要求（知识要求及能力要求）
第1章	C语言基础知识	4	授课	本章重点：基本数据类型与表示，基本输入输出语句； 能力要求：掌握基本的语法知识
	C语言基础知识	2	实验	
第2章	C语言的基本控制结构	4	授课	本章重点：程序的三种基本控制结构的理解，计算思维的培养； 能力要求：掌握三种基本控制结构，并且能够利用三种控制结构解决简单工程问题
	C语言的基本控制结构	2	实验	

续表

序号	教学内容	学时分配	教学方式（授课、实验、上机、讨论）	教学要求（知识要求及能力要求）
第 3 章	计算机算法初步	2	授课	本意重点：通过典型算法理解程序的三种基本控制结构运用，培养计算思维能力，用流程图描述算法； 能力要求：会使用流程图描述算法
	计算机算法初步	2	实验	
第 4 章	数据的组织结构（一）	6	授课	本章重点：一维数组操作，字符串处理； 能力要求：掌握一维数组的定义、初始化以及使用
	数据的组织结构（一）	6	实验	
第 5 章	程序的组织结构	6	授课	本章重点：函数的调用、返回值及参数传递，函数与模块化程序设计； 能力要求：掌握函数的定义及函数间参数传递的过程
	程序的组织结构	4	实验	
第 6 章	数据的组织结构（二）	8	授课	本章重点：结构体类型应用、指针，链表操作、文件的操作； 能力要求：能够熟练使用结构体数据类型，掌握链表的新建、插入、删除等操作，能熟练掌握文件的打开、读写、关闭操作
	数据的组织结构（二）	8	实验	
第 7 章	总结	2	授课	

2.3.6 考核及成绩评定方式

【考核方式】

课程成绩由平时成绩、阶段编程测验与期末考试三部分组成。

【成绩评定】

平时成绩占 10%，阶段编程测验占 40%，期末考试占 50%。

平时成绩主要反映学生的课堂表现、平时的信息接收、自我约束以及参加教学过程的主动性。成绩评定的主要依据包括：课程的出勤情况、课堂的基本表现、作业情况以及讨论的活跃程度及贡献。

阶段编程测验通过举行 2 ～ 5 次阶段性机考测验，反映学生阶段性的学习成果，发现问题，调整实验和讨论的内容。阶段编程测验可以安排在 C 语言的基本控制结构、计算机算法初步、数组、函数、结构体类型、指针等内容讲解之后，引导学生掌握编写程序解决简单问题的方法和技巧，挖掘潜力，总结经验，提高学习能力。

期末考试是对学生学习情况的全面检验，强调考核学生编程解决简单实际问题的能力。期末考试内容包括 C 语言语法要素、数据的基本组织结构、程序的基本组织结构、计算思维方法等，主要考核学生运用所学方法设计解决方案的能力。

大纲制定者：杜胜利（北京工业大学）
大纲审核者：于乃功，周波
最后修订时间：2022 年 8 月 18 日

2.4 "工程力学"理论课程教学大纲

2.4.1 课程基本信息

<table>
<tr><td rowspan="2">课程名称</td><td colspan="3">工程力学</td></tr>
<tr><td colspan="3">Engineering Mechanics</td></tr>
<tr><td>课程学分</td><td>2.5</td><td>总　学　时</td><td>40</td></tr>
<tr><td>课程类型</td><td colspan="3">■专业大类基础课　□专业核心课　□专业选修课　□集中实践</td></tr>
<tr><td>开课学期</td><td colspan="3">□1-1　□1-2　□2-1　□2-2　■3-1　□3-2　□4-1　□4-2</td></tr>
<tr><td>先修课程</td><td colspan="3">高等数学，大学物理</td></tr>
<tr><td>教材、参考书及其他资料</td><td colspan="3">使用教材：
[1] 唐静静，范钦珊．工程力学（静力学和材料力学）（第 3 版）．高等教育出版社，2017
参考教材：
[1] 张秉荣．工程力学（第 4 版）．机械工业出版社，2022</td></tr>
</table>

2.4.2 课程描述

本课程是一门与工程技术密切联系的技术基础课，在整个教学过程中起着承前启后的任务。通过向学生讲授理论力学和材料力学的基本理论与设计计算，使学生熟悉基本构件的受力分析，掌握构件强度和刚度的设计计算，了解构件的基本力学性能，具备对工程基本构件强度和刚度的设计能力，为后续有关专业课的教学打下良好的基础。通过对本课程的学习，培养学生的辩证唯物主义世界观及独立分析、解决问题的能力。

This course is a technical basic course closely related to engineering technology and plays a role of connecting the past and the future in the whole teaching process. By teaching students the basic theory and design calculation of theoretical mechanics and material mechanics, students will be familiar with the stress analysis of basic components, master the design calculation of strength and stiffness of components, understand the basic mechanical properties of components, and have the design ability of strength and stiffness of basic components of the project, thus laying a good foundation for the subsequent teaching of relevant professional courses. Through the study of this course, the students' dialectical materialist world outlook and the ability to independently analyze and solve problems are cultivated.

2.4.3 课程教学目标和教学要求

【教学目标】

课程目标1：使学生了解理论力学和材料力学的知识体系、主要任务；通过对基本概念和基本定理的讲解分析，使学生掌握理论力学和材料力学的基本概念、公理、定理，并能熟练地应用这些公理、定理解决后继课程的基础性力学问题。

课程目标2：通过课堂讲解、讨论和学生课下阅读、思考，使学生在掌握工程力学基本概念、定理的基础上，建立灵活的力学模型思维模式，熟练地运用工程力学的基本理论，对相应的工程问题能有一定的独立思考能力和解决实际问题的方法。

课程目标3：能运用工程力学的基本理论，独立地分析和解决基本工程力学问题。

课程目标与专业毕业要求的关联关系

课程目标	毕业要求			
	工程知识1	问题分析2	设计/开发解决方案3	研究4
1	H			
2		H		
3			H	M

注：毕业要求1，2，3，…，分别对应毕业要求中各项具体内容。

【教学要求】

通过本课程的学习，能够使学生熟练地对简单结构进行静力分析，对构件的强度、刚度和稳定性问题有明确的基本概念、必要的基础知识、一定的分析和计算能力以及初步的解决工程实际问题能力。

教师在本课程的教学活动中，应注意理论与实际相结合，注重培养学生分析问题和解决问题的能力，注意本课程与有关专业课之间的联系。

2.4.4　教学内容简介

章节顺序	章节名称	知　识　点	参考学时
1	静力学基础	刚体和力的概念；静力学公理；约束和约束反力；物体的受力分析和受力图	2
2	力系的等效与简化	力系等效与简化的概念；力偶的概念及其性质；力向一点平移定理；平面汇交力系合成的方法；固定端约束的约束力分析	4
3	静力学平衡问题	平面任意力系的平衡条件和平衡方程；刚体系统的平衡问题，考虑摩擦时的平衡问题，摩擦角和自锁概念；空间任意力系的简化与平衡条件	4
4	材料力学基本概念	材料力学的任务及研究对象；关于材料的基本假设；基本概念：内力、外力、正应力、切应力、正应变、切应变	2
5	轴向拉伸与压缩	拉（压）杆的应力与应变分析；强度设计：强度校核、尺寸设计、许可载荷；材料的力学性能基本知识；集中载荷附近应力分布，应力集中的概念	4+2
6	圆轴扭转	扭转的概念和实例；功率与扭力偶矩的计算；剪切虎克定律；剪应力互等定理；剪切弹性模量；圆轴扭转时的应力和变形；圆截面的极惯性矩；抗扭刚度；扭转截面系数；圆轴扭转时的强度条件和刚度条件	4+2
7	弯曲强度	平面弯曲的概念和实例；惯性矩的概念；移轴及转轴定理；弯曲时梁的正应力分析；提高梁弯曲强度的措施	4+2
8	弯曲刚度	梁的变形与位移；挠度和转角；梁的挠曲线近似微分方程；用积分法计算梁的挠度和转角；用叠加法求梁的位移；提高梁弯曲刚度的主要措施；用变形协调法解简单超静不定问题	4
9	应力状态分析和强度理论	一点处应力状态的概念；主应力和主平面；平面应力状态下的应力分析；复杂应力状态下的最大应力；强度理论的概念；四种常用的强度理论简介及应用，相应应力的表达式；组合变形时的强度计算	4
10	压杆的稳定性问题	压杆稳定的概念与实例；计算细长压杆临界力的欧拉公式；杆端不同约束的影响，长度系数；欧拉公式的适用范围；三种压杆临界应力公式；压杆的安全因数法稳定性设计，提高压杆稳定性的措施	2

2.4.5　教学安排详表

序号	教学内容	学时分配	教学方式（授课、实验、上机、讨论）	教学要求（知识要求及能力要求）
第 1 章	静力学基本概念和物体受力分析	2	授课	本章重点：力偶、约束和约束反力、受力图的画法；

续表

序号	教学内容	学时分配	教学方式（授课、实验、上机、讨论）	教学要求（知识要求及能力要求）
第1章	静力学基本概念和物体受力分析	2	授课	能力要求：要求学生了解力的作用，掌握静力学基本概念、静力学公理；掌握力的投影、力对点之矩、力偶；掌握约束和约束反力的概念；掌握物体的受力分析和受力图的画法
第2章	力系的等效与简化	4	授课	本章重点：力向一点平移定理，平面力系的简化，固定端约束与约束力； 能力要求：能熟练地掌握在平面上进行力的合成和分解，计算力的投影和力对点之矩；掌握各类平面力系的简化方法和结果，能计算平面一般力系的主矢和主矩
第3章	静力学平衡问题	4	授课	本章重点：平面力系平衡条件与平衡方程，简单刚体系统的平衡问题； 能力要求：能熟练地掌握应用各类平面力系的简单方程求解单个物体和简单物系的平衡问题
第4章	材料力学基本概念	2	授课	本章重点：关于材料的基本假设。基本概念：内力、外力、正应力、切应力、正应变、切应变； 能力要求：掌握材料力学的基本概念
第5章	轴向拉伸与压缩	4	授课	本章重点：截面法、轴力图的画法，强度条件及其应用； 能力要求：理解轴向拉伸与压缩的概念，低碳钢和铸铁的力学性能，掌握截面法、轴力图的画法，横截面和斜截面上的应力计算，胡克定律的应用，强度条件及其应用
	实验1：材料拉伸、压缩破坏实验	2	实验	了解低碳钢和铸铁两种典型材料在室温静载条件下轴向拉伸和压缩时表现出的力学性能，记录各项指标，课后写出实验报告
第6章	圆轴扭转	4	授课	本章重点：圆轴扭转时的应力和强度、刚度计算； 能力要求：了解纯剪切变形、剪应变、剪应力互等定理及剪切胡克定律，圆轴扭转时横截面上内力分析、应力和强度、刚度计算
	实验2：圆轴扭转实验	2	实验	掌握扭转试验机的工作原理及使用方法，测定低碳钢的剪切屈服极限和剪切强度极限
第7章	弯曲强度	4	授课	本章重点：梁弯曲时的强度计算； 能力要求：了解构件弯曲变形，横截面上正应力、剪应力的分布规律。掌握惯性矩的计算、平行移轴公式的应用，构件弯曲变形时横截面上正应力与剪应力的计算方法及强度条件

续表

序号	教学内容	学时分配	教学方式（授课、实验、上机、讨论）	教学要求（知识要求及能力要求）
第 7 章	实验 3：梁的弯曲正应力测定	2	实验	掌握电测法测定应力的基本原理和电阻应变仪的使用，验证平面弯曲梁的横截面上正应力的分布及正应力理论计算公式的正确性，以及推导该公式时所用假定的合理性
第 8 章	弯曲刚度	4	授课	本章重点：叠加法求梁的变形，梁的刚度校核； 能力要求：了解弯曲变形，横截面的挠度、转角及挠曲线等基概念。掌握积分法、叠加法计算梁的变形，梁的刚度校核，简单超静定梁计算
第 9 章	应力状态分析和强度理论	4	授课	本章重点：主平面、主应力的概念，解析法分析平面应力状态下一点处的应力，四种强度理论的应用； 能力要求：理解应力状态概念，主应力和主平面，掌握用解析法分析平面应力状态下一点处的应力，主应力和最大剪应力表达式，常用的四种强度理论，了解广义虎克定律
第 10 章	压杆的稳定性问题	2	授课	本章重点：压杆的稳定计算； 能力要求：理解压杆稳定性的概念；掌握压杆临界力的计算方法；会进行压杆的稳定性校核；了解提高压杆稳定性的措施

2.4.6　考核及成绩评定方式

【考核方式】

平时考勤、课堂提问、章节考试、期末考试（笔试，闭卷）、课程实验等。

【成绩评定】

课程成绩由平时成绩（20%）、课程实验成绩（10%）、期末考试成绩（70%）组成。

大纲制定者：刘相权（北京信息科技大学）

大纲审核者：于乃功，周波

最后修订时间：2022 年 8 月 18 日

2.5 “机器人操作系统基础”理论课程教学大纲

2.5.1 课程基本信息

<table>
<tr><td rowspan="2">课程名称</td><td colspan="3">机器人操作系统基础</td></tr>
<tr><td colspan="3">Fundamentals of Robot Operating System</td></tr>
<tr><td>课程学分</td><td>2</td><td>总学时</td><td>32</td></tr>
<tr><td>课程类型</td><td colspan="3">□ 专业大类基础课 □ 专业核心课 ■专业选修课 □ 集中实践</td></tr>
<tr><td>开课学期</td><td colspan="3">□1-1 □1-2 □2-1 □2-2 ■ 3-1 □3-2 □4-1 □4-2</td></tr>
<tr><td>先修课程</td><td colspan="3">机器人基础原理、高级语言程序设计、Python 编程基础</td></tr>
<tr><td>教材、参考书及其他资料</td><td colspan="3">使用教材：
[1] 胡春旭 . ROS 机器人开发实践 . 机械工业出版社，2018
参考教材：
[1] 陈金宝，韩冬，聂宏，陈萌 . ROS 开源机器人控制基础 . 上海交通大学出版社，2016
[2] Lentin Joseph. Robot Operating System for Absolute Beginners: Robotics Programming Made Easy. Apress Press, 2018
[3] YoonSeok Pyo, HanCheol Cho, RyuWoon Jung, et al. ROS Robot Programming: From the basic concept to practical programming and robot application. ROBOTIS Press, 2017
[4] Morgan Quigley, Brian Gerkey, William D. Smart. Programming Robots with ROS: A Practical Introduction to the Robot Operating System. O’Reilly Media. November, 2015</td></tr>
</table>

2.5.2 课程描述

机器人操作系统基础是为机器人工程专业本科生开设的专业选修课。本课程的任务是掌握使用机器人操作系统（ROS）进行机器人系统集成及功能开发的编程方法，实现快速搭建机器人原型应用系统的目的。本课程的教学内容重点是机器人操作系统（ROS）的核心通信框架、编程开发技术、实用功能库以及调试仿真工具等。本课程教学内容的难点主要包括在深刻理解机器人操作系统（ROS）基本分布式架构设计思想的基础上，建立关于机器人操作系统（ROS）基本概念的认知体系，同时强化机器人操作系统（ROS）编程操作流程。本课程注重理论基础与工程实践相结合，内容丰富、针对性强、注重实用性，为进一步学习后续机器人方向课程打下坚实的基础。

Fundamentals of Robot Operating System is one of the professional elective courses for undergraduate students Major in Robotics. The main target of this course is to master the programming method of robot system integration and function development by using Robot Operating System（ROS）, so as to realize the purpose of rapid construction of robot prototype application system. The teaching contents are mainly covered by the following aspects: the core communication framework, programming and development technology, practical function library and debugging simulation tools of ROS. The difficulties of teaching contents are described as followings: establishing a cognitive system about the basic concept of ROS, and strengthening the operation process of ROS programming, on the basis of a deep understanding of the basic distributed architecture design idea of ROS. This course focuses on the combination of theoretical basis and engineering practice, with rich content, strong pertinence and practicality, so as to lay a solid foundation for further learning of the follow-up courses.

2.5.3　课程教学目标和教学要求

【教学目标】

课程目标 1：掌握机器人软件开发技术领域的基本概念、基本理论、基本方法和基本能力，以及机器人操作系统（ROS）本身所体现的先进性、系统性和实践性。

课程目标 2：了解 ROS 的本质、组成、特征和主要概念的组织层级。

课程目标 3：明确 ROS 基础知识的同时，掌握基于 ROS 进行机器人建模与仿真的能力。

课程目标 4：增强理论结合实际能力，学习机器人系统设计与项目开发的技能，掌握使用 ROS 进行机器人系统集成及功能开发的编程方法。

课程目标 5：培养学生在机器人系统设计及开发过程的团队协作能力。

课程目标与专业毕业要求的关联关系

课程目标	毕业要求				
	设计 / 开发解决方案 3	研究 4	使用现代工具 5	工程与社会 6	个人和团队 9
1	H				
2		H			
3			H		
4		H		M	
5					M

注：毕业要求 1，2，3，4，5，6，…，分别对应毕业要求中各项具体内容。

【教学要求】

结合课程内容的教学要求以及学生认知活动的特点，引导学生动手完成一系列具体实例，采取包括讲授、项目驱动、线上线下混合等多种教学模式与方法，提高机器人系统设计、开发、应用的能力。

建议学生课前预习，并加强课后巩固，加强理论联系实际，要求独立认真完成开发例程实践操作，最终完成综合性的机器人设计与仿真实验。

2.5.4 教学内容简介

章节顺序	章节名称	知识点	参考学时
1	机器人编程及其软件平台概述	机器人编程基本概念及机器人软件平台的重要性和发展现状；理解 ROS 及其重要特性	2
2	认识 ROS	ROS 的起源与发展；ROS 本质；ROS 体系结构以及组成部分；ROS 的设计目标及主要特点；ROS 的基础理论与基本概念	2
3	ROS 的安装及使用	安装前的准备工作（如何选择合适的 ROS 版本）；安装 Ubuntu 操作系统以及 ROS 开发环境；运行 TurtleSim 仿真程序	2
4	ROS 文件和编译系统	ROS 文件系统的组织结构；Catkin 构建系统；ROS 功能包的结构及创建命令使用过程；运行用户功能包创建与修改例程	2
5	ROS 的通信架构	节点、节点管理器及其启动等基本概念；主题、服务、动作等通信机制的详解与使用；消息及类型；命名空间；运行通信机制测试例程	6
6	ROS 常用命令及工具	ROS 命令的实际应用；了解 Rqt 图形工具软件；Rviz 三维可视化工具及 Gazebo 三维物理仿真环境	2
7	ROS 编程基础	ROS 客户端库；ROS 编程的基本流程及准备；各种类型节点的创建与运行等	4
8	ROS 的坐标变换	ROS 坐标变换 TF 工具包的简介；TF 树与 TF 消息；TF 的数据结构及其工作原理；TF 命令行工具以及使用 C++ 语言运行	4
9	机器人建模与仿真	机器人统一建模语言（URDF）；创建机器人系统的三维模型；使用 Rviz 和 Gazebo 等工具进行仿真	6
10	ROS 机器人综合应用	ROS 社区丰富的功能包和机器人案例；介绍几种支持 ROS 的真实机器人系统	2

2.5.5 教学安排详表

序号	教学内容	学时分配	教学方式（授课、实验、上机、讨论）	教学要求（知识要求及能力要求）
第 1 章	机器人时代的到来；IT 产品的生态系统及四大要素；机器人硬件平台；机器人编程及机器人软件平台；典型的机器人软件平台	2	授课	本章重点：机器人产业的生态系统及其发展；掌握机器人编程的概念和特点；掌握机器人软件平台的基本概念和必要性； 能力要求：掌握机器人软件开发技术领域的基本概念、基本理论、基本方法和基本能力
第 2 章	ROS 的起源与发展；ROS 的本质；ROS 的系统架构；ROS 的总体组成；ROS 的总体设计；ROS 的组织层级；ROS 的优缺点	2	授课	本章重点：ROS 的本质、系统架构及总体组成；ROS 的总体设计目标、设计思想及特点；ROS 的组织层级； 能力要求：了解 ROS 的本质、组成、特征和主要概念的组织层级
第 3 章	安装前的准备工作；Ubuntu 安装过程详解；ROS 安装过程详解；集成开发环境（IDE）；ROS 运行测试——第一个 ROS 例程	2	授课	本章重点：ROS 的发行版本及选择；ROS 功能包的两种安装方法；ROS 的实际运行过程； 能力要求：增强理论结合实际能力，学习机器人系统设计与项目开发的技能
第 4 章	ROS 文件系统的组织结构；Catkin 编译系统；ROS 功能包（Package）；ROS 元功能包（Metapackage）；Hello World 例程	2	授课	本章重点：ROS 工作空间以及 ROS 文件系统的组织形式；ROS 功能包：内部构成以及所需要的核心文件；Catkin 编译系统； 能力要求：增强理论结合实际能力，学习机器人系统设计与项目开发的技能
第 5 章	通信架构的核心概念；ROS 通信方式简介；ROS 通信流程详解及使用；ROS 消息的接口定义文件；ROS 命名空间解析及重映射；使用 ROS 命令行测试小海龟	6	授课，实验	本章重点：节点与节点管理器；话题、服务及参数；消息类型及接口定义文件；命名空间； 能力要求：掌握机器人软件开发技术领域的基本概念、基本理论、基本方法和基本能力
第 6 章	ROS 命令行工具；launch 启动文件；Rqt 图形工具套件；Rviz 三维可视化工具；Gazebo 三维物理仿真环境	2	授课	本章重点：对各种工具全面了解：了解启动或运行的方式；在以后的使用中，不断加深各种命令与工具的理解和使用； 能力要求：增强理论结合实际能力，掌握机器人系统设计与项目开发的技能

续表

序号	教学内容	学时分配	教学方式（授课、实验、上机、讨论）	教学要求（知识要求及能力要求）
第 7 章	Client Library 与 rospy；ROS 项目开发流程及相关总结；ROS Topic 的通信编程；ROS Service 的通信编程；ROS 参数的编程方法	4	授课	本章重点：ROS 客户端库的概念和简介；rospy 的主要部分与基本函数；ROS 项目开发流程；面向不同通信方式的各节点代码实现的不同流程；使用自定义话题消息和服务数据时，各节点代码调用的不同细节； 能力要求：增强理论结合实际能力，掌握机器人系统设计与项目开发的技能
第 8 章	认识 ROS TF；TF 树及相关概念；TF 的数据格式；TF 命令行工具；TF in C++	4	授课	本章重点：TF 树及相关概念；TF 的数据结构；TF in C++； 能力要求：增强理论结合实际能力，掌握机器人系统设计与项目开发的技能
第 9 章	基于 URDF 的机器人建模；基于 Xacro 的 URDF 模型优化；ros_control；Gazebo 物理仿真；传感器仿真与应用	6	授课，实验	本章重点：机器人建模 : URDF, Xacro, ros_control；机器人仿真 : Gazebo； 能力要求：增强理论结合实际能力，掌握机器人系统设计与项目开发的技能
第 10 章	ROS 社区丰富的功能包和机器人案例；介绍几种支持 ROS 的真实机器人系统	2	讨论	本章重点：让学生了解国内在机器人方面的技术进步和发展机遇，引领学生为实现中国由机器人大国转变为强国而努力学习、贡献青春力量； 能力要求：理论联系实际，提升机器人领域的认知

2.5.6 考核及成绩评定方式

【考核方式】

课程考核以考核学生对课程目标达成为主要目的，以检查学生对教学内容的掌握程度为重要内容。课程成绩包括平时成绩和考试成绩两部分。

【成绩评定】

考核方式及成绩评定分布：平时成绩 10%，实验成绩 70%，报告成绩 20%。

平时成绩主要反映学生的课堂表现、平时的信息接收、自我约束。成绩评定的主要依据包括：课程的出勤率、课堂的基本表现。

实验成绩主要是课程的实验例程，主要考查学生对已学知识掌握的程度以及自主学习的能力。

报告成绩为对学生学习情况的全面检验，强调考核学生对基本概念、基本方法、基本理论等方面掌握的程度，及学生运用所学理论知识解决复杂问题的能力。

本课程各考核环节的比重，考核方式及成绩评定分布详见下表。

考核方式	所占比例 /%	主要考核内容
平时成绩	10	出勤及课堂参与的情况
实验成绩	70	主要考核学生掌握核心通信框架、编程开发技术、实用功能库以及调试仿真工具等教学内容的情况，实现基于 ROS 进行机器人设计与开发的深入理解
报告成绩	20	在熟练运用 ROS 核心模块和工具的基础上，实现综合性机器人系统集成与应用的设计与开发；面向机器人行业发展前沿深入思考不断发展的机器人对于人类社会的促进作用

大纲制定者：辛乐（北京工业大学）
大纲审核者：于乃功，周波
最后修订时间：2022 年 8 月 18 日

2.6 “机器人动力学与控制”理论课程教学大纲

2.6.1 课程基本信息

课程名称	机器人动力学与控制		
	Robot Dynamics and Control		
课程学分	2.5	总学时	40
课程类型	□ 专业大类基础课　□ 专业核心课　■ 专业选修课　□ 集中实践		
开课学期	□1-1　□1-2　□2-1　□2-2　□3-1　■ 3-2　□4-1　□4-2		
先修课程	机器人学基础		
教材、参考书及其他资料	使用教材： [1] 雷扎 N. 贾扎尔 . 应用机器人学：运动学、动力学与控制技术 . 周高峰 等译 . 机械工业出版社，2019 参考教材： [1] 霍伟 . 机器人动力学与控制 . 高等教育出版社，2005 [2] 马克 W. 斯庞 等 . 机器人建模和控制 . 贾振中 等译 . 机械工业出版社，2019		

2.6.2 课程描述

机器人动力学与控制是一门机器人工程专业的专业选修课，主要讲述机器人动力学的基本理论、分析方法、建模技术，以及基本的控制方法、常用的控制器构成。通过本课程的教学，使学生掌握机器人动力学与控制方面的基本概念、基本理论、基本方法，了解该领域的新技术、新发展、新方法；使学生具有运用数学、力学知识建立机器人动力学模型并对机器人动力学特性进行分析的基本能力，掌握机器人系统的控制技术，能够利用自动控制原理的知识设计出满足要求的机器人控制系统；使学生具有一定的工程实践能力，能够使用常见仿真软件调试并验证机器人动力学模型及控制系统，初步具备实验研究的能力，为后续攻读研究生或从事相关专业工作奠定基础。

Robot Dynamics and Control is one of the fundamental optional courses for undergraduate students Major in robot engineering. The main target of this course is to clarify the basic analytical and design method to model and control a practical robot. This course is focus on the dynamic modelling and control system design of a robot. The teaching contents are mainly covered by the following aspects: dynamics foundation, dynamic modeling, robot control methods, ground mobile robot, aerial robot, modern control technology. The difficulties of teaching contents are described as followings: Establishment of robot dynamics equations and realization of robot control system.

2.6.3 课程目标和教学要求

【课程目标】

课程目标 1：掌握机器人控制的基本知识，了解机器人技术的发展过程和前沿技术，培养学生发现问题、解决问题的基本能力。

课程目标 2：掌握机器人系统建模的基本理论和方法，熟练掌握机器人动力学与控制中的基本思想、基本工具、基本方法，能够对不同移动机器人进行动力学建模分析。

课程目标 3：能够针对实际工程对机器人的具体工程需求建立机器人的动力学模型，具备机器人系统的分析求解和控制综合能力，提升分析问题与解决问题的能力，体验实现不同机器人控制目标的乐趣。

课程目标 4：具备机器人控制系统初步设计与实现的能力，能够使用 MATLAB 等现代仿真分析工具对机器人位置、速度、姿态、控制量作出计算、仿真、分析，具备机器人系统的建模、分析能力，能够完成机器人控制系统的选型与配置，培养学生的实践能力。

课程目标与专业毕业要求的关联关系

课程目标	毕业要求					
	工程知识 1	问题分析 2	设计 / 开发解决方案 3	研究 4	使用现代工具 5	工程与社会 6
1	H	H				
2		H				
3			H		M	M
4			H	M	M	

注：毕业要求 1，2，3，4，5，6，…，分别对应毕业要求中各项具体内容。

【教学要求】

以课堂讲授和学生实验为主，适当安排研讨与实践环节，根据学生需求组织集中答疑和网络答疑。在课堂教学中，推崇研究型与启发式教学，以机器人动力学与控制知识为载体，传授相关的机器人动力学与控制的思想和方法，引导学生复现经典机器人控制系统。实验教学则提出基本要求，引导学生独立完成典型机器人控制系统的分析与仿真。

（1）在教学手段上，结合多媒体、板书、网络等多种形式。

（2）在教学方法上，融合启发、探讨、讲授等多种方式。

（3）在教学内容上，兼顾基础经典、发展前沿和实际应用。

（4）在教学管理上，营造和谐、有序、健康的教学氛围。

2.6.4　教学内容简介

章节顺序	章节名称	知识点	参考学时
1	绪论	课程简介、机器人动力学与控制的发展与常用方法	2
2	动力学基础	刚体力学、拉格朗日力学	8
3	机器人动力学	机器人拉格朗日动力学、机器人动力学方程的性质	10
4	机器人的控制	PID 控制、机器人的位置控制、力和位置混合控制、现代控制技术	8
5	移动机器人的建模与控制	常见的移动机器人的建模、姿态控制、轨迹跟踪	6
6	机器人控制系统仿真	机器人控制系统的仿真、MATLAB Simulink 的应用	6

2.6.5 教学安排详表

序号	教学内容	学时分配	教学方式（授课、实验、上机、讨论）	教学要求（知识要求及能力要求）
第 1 章	1.1 课程简介 1.2 机器人动力学与控制的发展 1.3 机器人动力学与控制的常用方法	2	授课	本章重点：机器人动力学与控制的发展； 能力要求：了解机器人动力学与控制的概念及常用方法，为后续内容学习作好铺垫
第 2 章	2.1 刚体力学基础 1）力和力矩 2）牛顿 - 欧拉方程 3）刚体移动动力学 4）刚体旋转动力学	4	授课	本章重点：拉格朗日方程； 能力要求：理解并掌握拉格朗日力学的基本方法
	2.2 拉格朗日力学 1）完整约束与非完整约束 2）虚功原理、广义坐标 / 广义力 3）动力学基本方程、达朗贝尔原理 4）动能、势能和惯性矩 5）拉格朗日方程	4	授课	
第 3 章	3.1 机器人拉格朗日动力学 1）常见位形的动力学 2）*n*- 连杆机器人的动力学	8	授课	本章重点：常见机器人位形的动力学模型； 能力要求：熟练掌握机器人动力学建模的方法
	3.2 机器人动力学方程的性质	2	授课	
第 4 章	4.1 机器人的基本控制原则 4.2 机器人的位置控制	4	授课	本章重点：机器人基本控制结构与控制算法； 能力要求：能够设计出基本的机器人力控制、位置控制算法
	4.3 机器人的力和位置混合控制 4.4 机器人的现代控制技术	4	授课、实验	
第 5 章	5.1 常见的移动机器人构型与机动性	2	授课	本章重点：移动机器人控制系统； 能力要求：能够设计出移动机器人位置与轨迹控制算法
	5.2 移动机器人的建模 1）移动机器人的运动学 2）移动机器人的动力学	2	授课	
	5.3 移动机器人的姿态控制 5.4 移动机器人的轨迹跟踪	2	授课、实验	
第 6 章	6.1 机器人控制系统的仿真设计架构	2	授课	本章重点：机器人控制系统的仿真设计； 能力要求：熟练应用 MATLAB Simulink 对机器人控制系统进行仿真分析
	6.2 MATLAB Simulink 的应用	4	实验	

2.6.6　考核及成绩评定方式

【考核方式】

课程考核以考核学生对课程目标达成为主要目的，以检查学生对教学内容的掌握程度为重要内容。课程成绩包括平时成绩和考试成绩两部分。

【成绩评定】

平时成绩占 50%（课堂表现占 20%，实验占 30%），考试成绩占 50%。

大纲制定者：张祥银（北京工业大学）
大纲审核者：于乃功，周波
最后修订时间：2022 年 8 月 18 日

2.7　“机器人感知技术”理论课程教学大纲

2.7.1　课程基本信息

课程名称	机器人感知技术 Robot Sensing Technology		
课程学分	2.5	总学时	40
课程类型	□ 专业大类基础课　■ 专业核心课　□ 专业选修课　□ 集中实践		
开课学期	□1-1　□1-2　□2-1　□2-2　■ 3-1　□3-2　□4-1　□4-2		
先修课程	大学物理，概率论与数理统计，机器人基础原理，高级语言程序设计		
教材、参考书及其他资料	使用教材： 讲义 参考教材： [1] 郭彤颖，张辉 . 机器人传感器及其信息融合技术 . 化学工业出版社，2016 [2] 王耀南，梁桥康，朱江 . 机器人环境感知与控制技术 . 化学工业出版社，2018		

2.7.2　课程描述

课程内容包括感知系统中传感器数据不确定性评价的基本概念和处理方法；机器人自身感知系统，包括自身感知模型和传感器，比如力 / 加速度、位置 / 角位移 / 速度、加速度、温湿度、接近度等感知；讨论机器人环境感知系统，典型应用场景下的感知模型与传感器，包括视觉、触觉、听觉等传感器及融合感知基本方法；从常用融合感知模型和典型机器人应用场景两个角度，分别梳理机器人感知系统的应用现状。

The course content includes the basic concepts and processing methods of sensor data uncertainty evaluation in perceptual system; Robot self-sensing system, including self-sensing model and sensors, such as force/acceleration, position/angular displacement/velocity, acceleration, temperature and humidity, proximity perception. Next, the robot environment sensing system, sensing models and sensors in typical application scenarios, including visual, tactile, auditory sensors, and fusion sensing methods are discussed. Finally, the application status of the robot sensing system is summarized from the perspectives of common fusion sensing models and typical robot application scenarios.

2.7.3 课程目标和教学要求

【课程目标】

课程目标1：使学生掌握“机器人感知技术”的基本概念、基本原理、基本设计理念和方法以及感知系统的评价方法，包括系统的组成、分类和建模，误差分析理论，各类传感器数据融合基本模型和传感器校准基本方法。

课程目标2：让学生利用模型思维，了解和比较机器人工程相关复杂问题的解决方法，锻炼学生把应用需求转化为感知系统指标的分析能力。

课程目标3：让学生掌握各类机器人应用场景下自身状态感知和环境感知方法，从而增强学生借助文献调研洞察复杂工程问题的影响因素，借助不同工具研究工程问题的能力。

课程目标4：通过对机器人感知技术的学习，让学生了解中国科技发展的弯道超车能力，坚定学生的理想信念，培养家国情怀和民族自信；同时，也要看到中国科技发展的短板，激发学生的责任担当，通过对学习行为的规范，培养他们的职业素养、行为规范。

课程目标与专业毕业要求的关联关系

课程目标	毕业要求							
	工程知识 1	问题分析 2	设计 / 开发解决方案 3	研究 4	使用现代工具 5	工程与社会 6	职业规范 8	终身学习 12
1	H							
2		H	M					L
3				H	M			
4						H	L	

注：毕业要求 1，2，3，4，5，6，…，分别对应毕业要求中各项具体内容。

【教学要求】

结合本课程内容的教学要求以及学生认知活动的特点，采取包括讲授、小组讨论、探究教学、案例教学、线上、线上线下混合等多种教学模式与方法，引导学生主动思考，使学生掌握课程内容中的基本概念、基本理论和基本方法，部分内容要深入理解。从提出问题到分析问题，培养学生有序思考和解决问题的能力。综合分析比较各种电机系统，揭示其区别与联系，提高学生对系统的认识。采用多媒体课件与板书相结合方式，展示部分实物以增强学生感性认识。布置适当作业以促进学生复习并掌握课程知识。引导学生查阅相关书籍和资料，拓展视野并培养自学能力。

2.7.4　教学内容简介

章节顺序	章节名称	知识点	参考学时
1	机器人感知技术概述	机器人感知系统的组成、描述、分类、性能指标	2
2	感知系统不确定性评价	感知系统不确定性分类、评价指标、评价方法和相关的计量知识	4
3	感知数据的基本融合模型	多传感器数据融合基本模型，包括信息融合系统架构，卡尔曼滤波模型、贝叶斯模型等及其应用	8
4	机器人自身感知	加速度 / 力 / 振动感知模块，位置 / 倾角 / 速度感知模块，温湿度感知模块	8
5	机器人环境感知	机器人视觉感知、触觉感知和多模态感知	16
6	机器人应用场景	机器人在智能交通中的应用模型	2
合计			40

2.7.5　教学安排详表

序号	教学内容	学时分配	教学方式（授课、实验、上机、讨论）	教学要求（知识要求及能力要求）
第 1 章	机器人感知系统的组成、描述、分类、性能指标	2	授课	本章重点：机器人感知技术的发展趋势及应用、机器人感知系统的组成、描述、分类、性能指标； 能力要求：掌握机器人感知系统的组成、描述、分类、性能指标
第 2 章	感知系统不确定性分类	2	授课	本章重点：感知系统不确定性分类、评价指标和评价方法，包括误差基本概念、数据不确定性及一致性，误差的传递和传感器模型； 能力要求：能够清楚描述误差基本概念、数据不确定性及一致性，误差的传递和传感器模型
	感知系统评价指标和评价方法	2	授课	

续表

序号	教学内容	学时分配	教学方式（授课、实验、上机、讨论）	教学要求（知识要求及能力要求）
第 3 章	多传感器数据融合基本模型	4	授课	本章重点：多传感器数据融合基本模型，包括信息融合系统架构，卡尔曼滤波模型、贝叶斯模型等及其应用； 能力要求：理解并掌握多传感器数据融合基本模型的组成；熟练掌握并运用信息融合系统架构，卡尔曼滤波模型、贝叶斯模型等
	信息融合系统架构，卡尔曼滤波模型、贝叶斯模型等及其应用	4	授课	
第 4 章	加速度 / 力感知模块	2	授课	本章重点：多加速度 / 力 / 振动感知模块（包括应变式传感器和压电式传感器的原理 - 转换电路及应用），位置 / 倾角 / 速度感知模块（包括编码器、陀螺仪、霍尔传感器和电容式传感器原理、转换电路及应用），温湿度感知模块，听觉感知模块，以及典型应用的感知模型； 能力要求：熟练掌握常见的机器人自身感知模块的模型、组成及原理
	振动感知模块	2	授课	
	位置 / 倾角 / 速度感知模块	2	授课	
	温湿度感知模块	2	授课	
第 5 章	机器人视觉感知	5	授课	本章重点：多机器人视觉感知中成像几何学基础，视觉图像的基本处理方法及用途，主要分类（单目视觉、双目视觉以及视觉深度传感器），相机标定原理，三维物体位姿及类别的机器视觉识别典型方法；机器人触觉感知的分类，深入理解机械手在触摸不同材质物体时，基于触觉数据的典型物体材质识别算法；多模态感知数据融合包括多模态数据的典型融合方法，结合具体原理，理解数据融合的方法； 能力要求：理解并掌握机器人环境感知中视觉图像的基本处理方法及用途
	机器人触觉感知	5	授课	
	机器人多模态感知	6	授课	
第 6 章	机器人在智能交通中的应用模型	2	授课	本章重点：多机器人感知系统的基本设计方法，感知设备的选型原则，多模态感知数据的采集、处理及融合的编程方法；陆地、天空、水下机器人等不同类型机器人，医疗康复、智能交通、智能制造、智慧城市等典型应用场景的研究成果和现状； 能力要求：了解机器人在智能交通中的应用模型并能够熟练讲解与阐述
合计		40		

2.7.6　考核及成绩评定方式

【考核方式】

平时表现和期末闭卷考试。

【成绩评定】

平时成绩占 30%（作业等占 10%，其他占 20%），期末闭卷考试成绩占 70%。

平时成绩中的其他 20% 主要反映学生的课堂表现、平时的信息接收、自我约束。成绩评定的主要依据包括：课程的出勤率、课堂的基本表现（如课堂测验、课堂互动等）；作业等主要是课堂作业和课外作业，主要考查学生对已学知识掌握的程度以及自主学习的能力。

期末闭卷考试成绩为对学生学习情况的全面检验，强调考核学生对基本概念、基本方法、基本理论等方面掌握的程度，及学生运用所学理论知识解决复杂问题的能力。

大纲制定者：王斌锐（中国计量大学）
刘春芳（北京工业大学）

大纲审核者：于乃功，周波

最后修订时间：2023 年 6 月 15 日

2.8　“机器人机构设计”理论课程教学大纲

2.8.1　课程基本信息

课程名称	机器人机构设计 Mechanical Design of Robotics		
课程学分	2.5	总学时	40
课程类型	□ 专业大类基础课　□ 专业核心课　■专业选修课　□ 集中实践		
开课学期	□1-1　□1-2　□2-1　□2-2　■ 3-1　□3-2　□4-1　□4-2		
先修课程	工程图学基础、机器人基础原理、自动控制原理		
教材、参考书及其他资料	使用教材： [1] 李慧，马正先，等 . 工业机器人及零部件结构设计 . 化学工业出版社，2017 参考教材： [1] 龚振邦，汪勤悫，等 . 机器人机械设计 . 电子工业出版社，1995		

2.8.2 课程描述

机器人机构设计是在机器人基础原理等课程的基础上，以当前国内外研发的先进机器人为背景，系统地讲解机器人机构设计相关的知识。本课程通过对机器人总体方案设计、驱动与传动、肢体与躯干设计、典型运动机构设计、机构设计工具与设计流程的讲授，以及机构设计实践训练，使学生从理论和实践上掌握机器人基本机构的设计原理和设计方法，了解机器人机构的基本构成与特点，为后续从事机器人相关的科学研究和技术工作奠定基础。

Mechanical Design of Robotics is based on the courses of Basic Principles of Robots and the state-of-art of advanced robots over the world, this course's aim is to explain the knowledge of robot mechanism design. Through the teaching of robot overall scheme design, drive and transmission, limb and trunk design, typical motion mechanism design, design tools and process, and the practical training for students, students can master the design principles and design methods of basic mechanisms of robots in theory and practice, understand the basic structure and characteristics of robot mechanism, and lay a foundation for students to engage in robot related scientific research and technical work.

2.8.3 课程目标和教学要求

【课程目标】

本课程由机器人机构的基本概念、机器人关节与传动部件的设计与计算、机器人机构系统的分析与优化等内容组成。通过本课程学习，系统掌握机器人机构设计的理论知识和系统分析方法，同时培养科学精神以及辩证思维能力。

课程目标 1：掌握机器人工程基础和专业知识，结合当前先进机器人的实例，对机器人系统的应用背景、研究目的及基本概念、问题和解决方法建立基本的认识，并将其用于解决机器人机构设计问题。

课程目标 2：提高机器人机构设计问题的分析能力。针对机器人不同的设计需求，能够应用数学、工程科学的基本原理，并通过文献调研分析机器人的复杂设计问题，能够依据电机特性、减速器特性选择并计算关节的输出力、力矩与速度，确定关节配置方案。

课程目标 3：能够根据实际需求提供设计方案。针对所确定的关节配置方案，建立关节 3D 模型，同时设计机器人传动机构，设计满足特定需求的机器人系统、部件，并能够在设计环节中体现创新意识。

课程目标 4：能够对设计的机器人机构提出验证方法。搭建实验平台装置，提出所设计的机器人机构的验证方法；进行创新实验的设计，提高动手能力和创新能力。

课程目标 5：掌握使用现代工具进行机器人系统仿真的能力与沟通表达能力。能够利用 ADAMS 与 ANSYS 等仿真工具，对关节及连接件进行系统的分析与优化，通过仿真结果验证机构设计的合理有效。通过撰写设计报告和设计文稿、陈述发言、讨论，掌握有效沟通交流的能力。

课程目标与专业毕业要求的关联关系

课程目标	毕业要求					
	工程知识 1	问题分析 2	设计 / 开发解决方案 3	研究 4	使用现代工具 5	工程与社会 6
1	H	M				
2		H				
3			H		M	
4				M	H	M
5					H	M

注：毕业要求 1，2，3，4，5，6，…，分别对应毕业要求中各项具体内容。

【教学要求】

本课程以课堂教学为主，结合讨论、测验、慕课、实验等教学手段，完成课程教学任务和相关能力的培养。比较全面地学习机器人机构设计理论及其工程分析、设计的方法和手段，运用机器人机构设计学的基本架构和基本概念，学会如何依据设计需求选用传动方式及关节配置方法设计机器人机构系统。

在实践教学环节中，采用启发式、讨论式教学，初步运用机器人机构设计理论分析实际机器人机构特性，提高解决实际问题的能力。提高自主学习能力、实际动手能力、团队合作能力、获取和处理信息的能力、准确运用语言文字的表达能力，激发学生的创新思维。

2.8.4 教学内容简介

章节顺序	章节名称	知识点	参考学时
1	机器人机构设计概述	1. 机器人机构设计简介 2. 机器人系统主要组成结构概述 3. 机器人机构当前发展现状	2

续表

章节顺序	章节名称	知识点	参考学时
2	机器人机构设计基础	1. 机器人机构的基本概念、基本原理、结构与特性 （1）机器人驱动部件的设计 （2）机器人结构部件的设计 2. 通用零件的设计原理、特点、应用 （1）机器人通用零件选用原则 （2）机器人通用零件设计计算方法	12
3	机器人的典型机械结构	1. 腿足式移动机器人 2. 其他运动方式机器人	6
4	机器人机构的传动误差与检测	1. 机器人机构的加工方法 2. 机器人机构的装配工艺 3. 传动机构的摩擦与回差 4. 关节检测方法	6
5	机构设计建模与仿真工具	1.3D 模型建立常用方法（以 Solidworks 为例） 2. 运动学与动力学仿真方法 3. 机构构型减重等优化方法	10
6	关节机构设计技术实践	1. 机构设计流程简介 2. 机构参数化计算 3. 机构设计与优化 4. 仿真分析	4

2.8.5 教学安排详表

序号	教学内容	学时分配	教学方式（授课、实验、上机、讨论）	教学要求（知识要求及能力要求）
第 1 章	机器人系统主要组成结构概述	1	授课	本章重点：机器人机构基本概念； 能力要求：机器人工程专业知识掌握能力
	机器人机构当前发展现状	1	授课	
第 2 章	机器人关节部件的设计	4	授课	本章重点：机器人机构设计方法； 能力要求：分析、设计与计算能力
	机器人结构部件的设计	4	授课	
	通用零件的设计原理、特点、应用	4	授课	
第 3 章	腿足式运动机器人	4	授课	本章重点：机器人系统设计方法； 能力要求：整体设计与分析能力
	其他运动方式机器人	2	授课	
第 4 章	机构加工与装配方法	4	授课	本章重点：机器人加工与装配方法； 能力要求：动手实践能力
	机器人关节检测方法	2	授课	

续表

序号	教学内容	学时分配	教学方式（授课、实验、上机、讨论）	教学要求（知识要求及能力要求）
第 5 章	3D 模型建立常用方法	8	授课	本章重点：3D 模型建立方法； 能力要求：3D 软件设计与操作
	仿真与优化方法	2	实践	
第 6 章	机构设计流程与参数化计算实践	3	设计实践	本章重点：机构设计流程与计算； 能力要求：机器人基本原理掌握能力
	仿真分析与优化实践	1	实践	

2.8.6　考核及成绩评定方式

【考核方式】

本课程的考核将以考核学生对课程目标达成为主要目的，以设计实践作业与课程论文结合的考核方式。

【成绩评定】

平时成绩占 30%（课堂表现占 10%、课堂实践作业占 20%），课程报告占 70%。

大纲制定者：黄高（北京工业大学）

大纲审核者：于乃功，周波

最后修订时间：2022 年 8 月 18 日

2.9　“机器人智能交互技术”理论课程教学大纲

2.9.1　课程基本信息

课程名称	机器人智能交互技术		
	Technologies on Human-Robot Intelligent Interaction		
课程学分	2	总学时	32
课程类型	□ 专业大类基础课　■ 专业核心课　□ 专业选修课　□ 集中实践		
开课学期	□1-1　□1-2　□2-1　□2-2　□3-1　■ 3-2　□4-1　□4-2		
先修课程	机器人感知技术，图像处理与机器视觉		

续表

教材、参考书及其他资料	使用教材： [1] 蒋再男，王珂 . 机器人交互技术（新工科机器人工程专业规划教材）. 清华大学出版社，2020 [2] 马楠，徐歆恺，张欢 . 智能交互技术与应用 . 机械工业出版社，2019 参考教材： [1] 杜广龙，张平 . 机器人自然交互理论与方法 . 华南理工大学出版社，2017

2.9.2 课程描述

机器人智能交互技术是为机器人工程专业本科生开设的一门自主课程。本课程重点介绍人与智能机器人之间前沿交互的概念、理论与技术，以视觉、语音、触觉等方式为重点。通过学习和训练环节，培养学生创新思维和实践能力，达到能够根据具体的应用场景，设计技术方案并付诸实现的目的。该课程为学生从事机器人领域的专业技术工作打下坚实的理论基础。教学内容重点包括基于人体动作、手势的视觉交互，以及语音交互等。

Technology on Human-Robot Intelligent Interaction is one of the self-regulated courses for undergraduate students majoring in Robotics Engineering. The main target of this course is to clarify basic concept, theories and techniques in advancing interaction approaches between human and intelligent robotics. This course is mainly focus on visual, verbal and tactile methods. With the learning and training in this course, students are expected to develop creative thinking and practical ability, which enable them to deal with project design and implementation for engineering applications. This course can lay theoretical and practical foundations for students engaged in developing engineering applications in intelligent robot related fields. The teaching contents are mainly covered by visual interaction routines, which are based on detection and recognition of human actions, postures, and speech interaction techniques.

2.9.3 课程目标和教学要求

【课程目标】

通过本课程的学习，要求学生达到以下课程目标。

课程目标 1：熟悉主流的视觉和语音检测与识别算法的理论框架和数学模型，理解各主流算法模型的适用对象与应用环境。

课程目标 2：能够针对应用场景和需求，选取合适的硬件搭建基本的交互系统，编程实现软件系统。

课程目标 3：能够针对交互系统实现过程中遇到的问题，通过查阅文献和调研，设计与改进技术方案，做到理论与实践相结合。

课程目标 4：通过对现有交互方案进行分析，提出将来的改进技术方案。

课程目标与专业毕业要求的关联关系

课程目标	毕业要求			
	工程知识 1	设计 / 开发解决方案 3	研究 4	终身学习 12
1	H			
2		H		
3			H	
4				H

注：毕业要求 1，2，3，4，…，分别对应毕业要求中各项具体内容。

【教学要求】

主体上采用项目驱动的教学方式，包括教师理论讲授和学生项目设计实践两大环节，突出“学生为主体，教师为主导”。

课程初期即向学生明确学习和考核目标，目标导向有利于学生带着问题探究学习，从而提升学习动机和提高学习效率。理论讲授聚焦于实践环节的技术重点与难点问题，为学生后续的项目设计实践提供理论方法的指导。在项目设计实践环节，学生自行分组，可以从老师发布的题目中选题，也可以自行选题（必须限定于“机器人智能交互”的范围，并得到教师认可），鼓励个性化和创造性学习。项目设计实践环节要充分发挥学生的积极性和主动性，在学生遇到难以解决的问题时，教师给予一定的建议、启发和帮助。

2.9.4　教学内容简介

章节顺序	章节名称	知　识　点	参考学时
1	机器人交互技术概述	机器人交互技术的概念与发展，机器人交互技术的前沿问题与应用领域	2
2	视觉交互	视觉交互的基本原理（2D/3D），体感与手势交互，符合社交规范的交互原理及方法，眼球凝视与表情识别交互	21
3	语音交互	命令语言识别交互，自然语言识别交互	4
4	力觉与触觉交互	机器人遥操作，可穿戴设备交互，灵巧手触觉系统	3
5	多模态交互	视觉与听觉信息融合的多模态交互，视觉与可穿戴设备感知融合的多模态交互	2

2.9.5 教学安排详表

<table>
<tr><th>序号</th><th>教学内容</th><th>学时分配</th><th>教学方式（授课、实验、上机、讨论）</th><th>教学要求
（知识要求及能力要求）</th></tr>
<tr><td rowspan="2">第 1 章</td><td>机器人交互技术的概念与发展</td><td>1</td><td>授课</td><td rowspan="2">本章重点：机器人交互技术的前沿问题与应用领域；
能力要求：能列举出至少三个应用</td></tr>
<tr><td>机器人交互技术的前沿问题与应用领域</td><td>1</td><td>授课</td></tr>
<tr><td rowspan="5">第 2 章</td><td>视觉交互的基本原理（2D/3D）</td><td>0.5</td><td>授课</td><td rowspan="5">本章重点：体感与手势交互；
能力要求：掌握原理，并通过自主选题与动手实践，完成某一交互系统的设计与开发</td></tr>
<tr><td>体感与手势交互</td><td>3</td><td>授课</td></tr>
<tr><td>符合社交规范的交互原理及方法</td><td>0.5</td><td>授课</td></tr>
<tr><td>眼球凝视与表情识别交互</td><td>1</td><td>授课</td></tr>
<tr><td>实践环节大作业（也可从第 3 章语音交互选题）</td><td>16</td><td>实验、讨论</td></tr>
<tr><td rowspan="2">第 3 章</td><td>命令语言识别交互</td><td>2</td><td>授课</td><td rowspan="2">本章重点：命令语言识别交互；
能力要求：掌握原理，并通过自主选题与动手实践，完成某一交互系统的设计与开发</td></tr>
<tr><td>自然语言识别交互</td><td>2</td><td>授课</td></tr>
<tr><td rowspan="3">第 4 章</td><td>机器人遥操作</td><td>1</td><td>授课</td><td rowspan="3">本章重点：灵巧手触觉系统；
能力要求：掌握原理</td></tr>
<tr><td>可穿戴设备交互</td><td>1</td><td>授课</td></tr>
<tr><td>灵巧手触觉系统</td><td>1</td><td>授课</td></tr>
<tr><td rowspan="2">第 5 章</td><td>视觉与听觉信息融合的多模态交互</td><td>1</td><td>授课</td><td rowspan="2">本章重点：视觉与听觉信息融合的多模态交互；
能力要求：掌握原理</td></tr>
<tr><td>视觉与可穿戴设备感知融合的多模态交互</td><td>1</td><td>授课</td></tr>
</table>

2.9.6 考核及成绩评定方式

【考核方式】

项目设计实践大作业，根据研讨与实验报告综合评定考核。

【成绩评定】

平时成绩（如出勤）占 10%，项目设计实践大作业占 90%。

大纲制定者：李秀智（北京工业大学）

大纲审核者：于乃功，周波

最后修订时间：2022 年 8 月 18 日

2.10 “机器学习与智能优化”理论课程教学大纲

2.10.1 课程基本信息

<table>
<tr><td rowspan="2">课程名称</td><td colspan="3">机器学习与智能优化</td></tr>
<tr><td colspan="3">Machine Learning and Intelligent Optimization</td></tr>
<tr><td>课程学分</td><td>2.5</td><td>总学时</td><td>40</td></tr>
<tr><td>课程类型</td><td colspan="3">□ 专业大类基础课　■专业核心课　□ 专业选修课　□ 集中实践</td></tr>
<tr><td>开课学期</td><td colspan="3">□1-1　□1-2　□2-1　□2-2　■ 3-1　□3-2　□4-1　□4-2</td></tr>
<tr><td>先修课程</td><td colspan="3">高等数学、概率论与数理统计、线性代数、高级语言程序设计</td></tr>
<tr><td>教材、参考书及其他资料</td><td colspan="3">使用教材：
[1] Miroslav Kubat. An Introduction to Machine Learning（2nd）. Springer International Publishing, 2017
[2] Gopinath Rebala, et al. An Introduction to Machine Learning. Springer International Publishing, 2019
[3] Rishal Hurbans. Artificial Intelligence Algorithms. Manning Publications Co. ,2020
参考教材：
[1] 李航 . 统计学习方法（第 2 版）. 清华大学出版社，2019
[2] 周志华著 . 机器学习 . 清华大学出版社，2016
[3] 罗伯托・巴蒂蒂 毛罗・布鲁纳托 . 机器学习与优化 . 王彧戈译 . 人民邮电出版社，2018
[4] Tom Mitchell. Machine Learning. McGraw Hill, 1997</td></tr>
</table>

2.10.2 课程描述

机器学习与智能优化是开发智能系统、分析科技数据的关键技术。本课程面向现代机器学习及智能优化方法的核心原理、技术进行讲授，内容覆盖监督学习、非监督学习、强化学习及智能优化的理论基础及重要算法。除理论教学外，本课程还设置了实验教学环节，并会对机器学习、智能优化的最新应用，如机器人控制、自主导航、区块链安全监管以及文本及网络数据处理等进行讨论。

Machine Learning and Intelligent Optimization are keys to develop intelligent systems and analyze data in science and engineering. This course provides an introduction to the fundamental methods at the core of modern machine learning and intelligent optimization. It covers theoretical foundations as well as essential algorithms for supervised learning,unsupervised learning, reinforcement learning, as well as intelligent optimization. Classes on theoretical and algorithmic aspects are complemented by practical lab sessions. The course will also discuss recent applications of machine learning and intelligent optimization, such as to robotic control, data mining, autonomous navigation, blockchain safety supervision, and text and web data processing.

2.10.3 课程目标和教学要求

【教学目标】

系统掌握机器学习及智能优化领域的基本理论、基本概念和基本技术，能够运用课程知识解决智能机器人相关的技术问题，设计可满足特定需求的智能服务机器人，最终达到拓宽专业视野、增强跨文化交流能力、培养创新意识的目的，为培养机器人工程专业应用型高级人才奠定基础。

课程目标 1：理解相关领域基本概念、基本理论，熟练掌握有关监督学习、非监督学习、强化学习和智能优化的代表性方法。

课程目标 2：能够运用机器学习及智能优化的基本原理、基本方法分析复杂工程问题。

课程目标 3：在分析问题的基础上，能够正确选择机器学习及智能优化算法，形成综合解决方案，并具有一定创新意识。

课程目标 4：培养良好的工作习惯，遵守职业道德规范，具有团队合作意识和能力，在团队中能承担不同角色的任务。

课程目标 5：熟悉相关的英文术语，具备一定的英语科技论文阅读及撰写的能力，能完成学术报告。

课程目标与专业毕业要求的关联关系

课程目标	毕业要求								
	工程知识 1	问题分析 2	设计 / 开发解决方案 3	研究 4	使用现代工具 5	工程与社会 6	职业规范 8	个人和团队 9	沟通 10
1	H								
2		H							
3			H	M	M	M			
4							H	H	
5									H

注：毕业要求 1，2，3，4，5，…，分别对应毕业要求中各项具体内容。

【教学要求】

（1）教学中强调各知识点的内在逻辑联系，通过不同级别的抽象和问题的分治，引导学生形成完整系统的知识体系。

（2）积极探索尝试研究型教学。一是采用问题引领的方法，引导学生带着问题去学习各知识点，形成“提出问题 - 分析问题 - 解决问题”的基本思维素养。二是鼓励学生开展科研实践，将课堂讲授内容作为科学研究的基础，引导学生从文献调研开始逐步熟悉科学研究的一般规律，初步掌握科技论文的写作方法，以科研实践提升课程的广度和深度。采用双语教学，为研究型教学奠定基础。构建由英文课件、英文教材、英文论文及其他资料组成的内容丰富的参考文献体系，探索双语教学的适用方法，引导学生逐步适应英语语境下完成专业知识学习的模式，熟悉课程相关的专业术语，初步尝试使用英语撰写科技论文及完成学术报告，具备跨文化交流的语言能力和书面表达能力。

2.10.4　教学内容简介

章节顺序	章节名称	知　识　点	参考学时
1	机器学习简介	机器学习的定义，机器学习的分类，机器学习的研究与应用领域	2
2	线性回归模型	线性回归模型原理，最小二乘法，梯度下降法，回归问题指标，机器学习工程一般流程	2
3	逻辑回归模型	逻辑回归模型原理，分类问题指标，过拟合及欠拟合概念，正则化方法	2
4	人工神经网络	多层感知器，深度学习及卷积神经网络，循环神经网络，人工神经网络应用	8
5	贝叶斯分类器	条件概率与极大似然估计，朴素贝叶斯分类器，贝叶斯分类器的应用	3
6	决策树	决策树的构造，划分选择，剪枝处理，决策树应用	3
7	K 最近邻算法	距离计算公式，K 最近邻算法，K 最近邻算法应用	2
8	聚类算法	K 均值算法，层次聚类，聚类算法应用	4
9	强化学习	强化学习基础知识，Qlearning 算法，深度强化学习算法，强化学习的应用	6
10	智能优化	智能优化概述，蚁群算法，粒子群算法，遗传算法，智能优化的应用	6
11	机器学习与智能优化前沿讲座	介绍机器学习与智能优化的综合应用	2

2.10.5 教学安排详表

序号	教学内容	学时分配	教学方式（授课、实验、上机、讨论）	教学要求（知识要求及能力要求）
第 1 章	机器学习简介	2	授课	本章重点：机器学习的定义、分类； 能力要求：了解机器学习领域的基本概念
第 2 章	线性回归模型	2	授课	本章重点：线性回归模型原理，梯度下降算法； 能力要求：理解梯度下降算法，能运用线性回归模型解决回归问题
第 3 章	逻辑回归模型	2	授课	本章重点：逻辑回归模型原理； 能力要求：理解逻辑回归模型算法思想，能运用逻辑回归模型解决分类问题
第 4 章	人工神经网络	6	授课	本章重点：多层感知器，卷积神经网络； 能力要求：理解误差反传思想，能运用人工神经网络解决分类及预测问题
		2	上机	
第 5 章	贝叶斯分类器	3	授课	本章重点：贝叶斯公式，贝叶斯分类模型； 能力要求：理解条件概率、先验概率及贝叶斯公式，能运用贝叶斯分类器解决分类问题
第 6 章	决策树	3	授课	本章重点：决策树构造，决策树剪枝； 能力要求：理解信息熵概念及决策树算法，能运用决策树解决分类问题
第 7 章	K 最近邻算法	2	授课	本章重点：K 最近邻算法思想，样本间距离计算方法； 能力要求：掌握 K 最近邻算法，能运用其解决分类问题
第 8 章	聚类算法	2	授课	本章重点：K 均值算法； 能力要求：理解聚类算法的基本思想，能运用 K 均值算法解决聚类问题
		2	上机	
第 9 章	强化学习	4	授课	本章重点：强化学习基础知识，Qlearning 算法； 能力要求：理解强化学习中各要素概念，能运用 Qlearning 解决实际应用问题
		2	上机	
第 10 章	智能优化	4	授课	本章重点：蚁群算法； 能力要求：了解智能优化与传统优化方法的异同，能运用至少一种智能优化方法解决实际应用问题
		2	上机	
第 11 章	机器学习与智能优化前沿讲座	2	授课	本章重点：机器学习与智能优化领域前沿发展； 能力要求：了解相关领域的最新进展及成果，开阔专业视野，通过翻转课堂等灵活多样的形式提高学生创新实践能力及科研素养

2.10.6 考核及成绩评定方式

【考核方式】

平时表现（课堂提问、日常出勤、课程作业）及课程论文。

【成绩评定】

平时成绩占 30%（课堂表现占 15%，作业占 15%），课程论文成绩占 70%。

大纲制定者： 黄静（北京工业大学）
大纲审核者： 于乃功，周波
最后修订时间： 2022 年 8 月 18 日

2.11 "人工智能导论"理论课程教学大纲

2.11.1 课程基本信息

课程名称	人工智能导论 Introduction to Artificial Intelligence		
课程学分	2	总学时	32
课程类型	□ 专业大类基础课 □ 专业核心课 ■ 专业选修课 □ 集中实践		
开课学期	□1-1 □1-2 □2-1 □2-2 □3-1 ■ 3-2 □4-1 □4-2		
先修课程	高等数学（工），概率论与数理统计，离散数学，高级语言程序设计		
教材、参考书及其他资料	使用教材： [1] 马少平，朱小燕．人工智能．清华大学出版社，2004 参考教材： [1] 蔡自兴，刘丽钰，蔡京峰，等．人工智能及其应用（第 5 版）．清华大学出版社，2016 [2] Stephen Lucci，Danny Kopec. 人工智能（第 2 版），林赐译．中国工信出版集团，人民邮电出版社，2018		

2.11.2 课程描述

人工智能导论课程对于构建机器人工程专业学生的知识体系和拓宽学生的理论基础具有重要作用。通过该课程学习，学生初步掌握人工智能的一般性原理和主要技术，对符号主义、联结主义、行为主义三个主要技术流派具有清晰的认识；学生能够针对具体应用问题创新性地运用人工智能技术的基本原理和基础方法，形式化描述机器人智能行为、设计机器人智能规划与推理方案、解决实际工程领域的机器人自主智能行为规划与推理问题。

For the students majoring in robotics engineering, the course Introduction to Artificial Intelligence plays an important role in building their knowledge system and broadening their theoretical foundation. Through the course study, the students initially master the general principles and main technologies of artificial intelligence, and have a clear understanding of the three main technical schools including symbolism, connectionism and behaviorism. Students can creatively apply the basic principles and methods of artificial intelligence technology to specific application problems, formally describe robot intelligent behavior, design robot intelligent planning and reasoning scheme, and solve robot autonomous intelligent behavior planning and reasoning problems in practical engineering fields.

2.11.3 课程目标和教学要求

【课程目标】

课程目标 1：了解人工智能的发展历史及趋势，理解人工智能的基本思想，熟练掌握有关知识表示、搜索策略、知识推理、专家系统、计算智能和机器学习的代表性方法。

课程目标 2：对于面临的实际问题，通过提炼和分析，能够判别是否适合采用人工智能方法进行处理，并能够正确界定属于搜索、推理、优化、学习等人工智能领域中的哪类问题。

课程目标 3：对实际问题进行界定后，能够选择合适的人工智能算法和工具软件，并结合领域知识，形成综合的解决方案。

课程目标 4：在熟练掌握课程基本内容的基础上，保持科研好奇心，能够对现有人工智能方法进行思辨性讨论，并给出改进建议。

课程目标 5：正确认知人工智能对人类经济、社会和文化的影响，树立积极的学习观和科学观。

课程目标与专业毕业要求的关联关系

课程目标	毕业要求					
	工程知识 1	问题分析 2	设计 / 开发解决方案 3	研究 4	使用现代工具 5	工程与社会 6
1	H			M		
2	M	H		H		
3	M	M	H		M	
4		M		M		M
5			M			H

注：毕业要求 1，2，3，4，5，…，分别对应毕业要求中各项具体内容。

【教学要求】

教授方法：课程以讲授为主，使用多媒体课件，配合板书和范例演示讲授课程内容。注意采用启发式、讨论式教学方法调动学生的积极性，教师在对问题的求解中教，学生在对未知的探索中学。结合应用（旅行商问题、棋类游戏、积木世界等）介绍智能算法的基本原理，注意理论联系实际。积极探索和实践研究型教学，鼓励学生课后查阅文献跟踪问题或算法的最新进展、课下讨论、实践课堂讲授的算法，培养学生自学和创新能力。

学习方法：养成思考的习惯，提倡追踪最新研究进展。明确学习各阶段的重点任务，做到课前预习，课中认真听课、积极思考，课后认真复习。仔细研读教材，广泛阅读参考文献，深入理解概念，掌握方法的精髓，不要死记硬背。利用程序设计语言编程实现算法，进一步巩固和理解课内知识，参考题目如下：①基于回溯搜索求解 N 皇后问题；②基于 A* 算法求解 N 城市旅行商问题；③基于极大极小搜索算法求解五子棋问题；④基于演绎推理求解猴子摘香蕉问题。

2.11.4　教学内容简介

章节顺序	章节名称	知　识　点	参考学时
1	绪论	人工智能发展历史及趋势、图灵测试	2
2	知识表示	知识表示方法	4
3	搜索技术	状态空间的搜索方法、解空间的搜索方法	13
4	基本推理技术	基于逻辑的推理技术、不确定性推理	10
5	自动规划	任务规划、路径规划	3

2.11.5　教学安排详表

<table>
<tr><th>序号</th><th>教学内容</th><th>学时分配</th><th>教学方式（授课、实验、上机、讨论）</th><th>教学要求
（知识要求及能力要求）</th></tr>
<tr><td rowspan="2">第 1 章</td><td>人工智能的定义与主要技术流派；人类智能与人工智能；图灵测试；人工智能发展历史</td><td>1</td><td>授课 / 讨论</td><td rowspan="2">本章重点：人工智能定义与主要技术流派，图灵测试；
能力要求：理解概念</td></tr>
<tr><td>人工智能研究目标与内容；人工智能研究与计算方法；人工智能系统的分类；人工智能应用</td><td>1</td><td>授课 / 讨论</td></tr>
<tr><td rowspan="3">第 2 章</td><td>知识表示的概念和含义；状态空间表示；问题归约表示</td><td>1</td><td>授课 / 讨论</td><td rowspan="3">本章重点：状态空间表示，问题归约表示，谓词逻辑表示，产生式；
能力要求：理解概念</td></tr>
<tr><td>谓词逻辑表示</td><td>2</td><td>授课 / 讨论</td></tr>
<tr><td>产生式系统；本体技术</td><td>1</td><td>授课 / 讨论</td></tr>
</table>

续表

序号	教学内容	学时分配	教学方式（授课、实验、上机、讨论）	教学要求（知识要求及能力要求）
第 3 章	盲目搜索（不可撤回方式搜索，回溯搜索，深度优先搜索，广度优先搜索，图搜索）	2	授课 / 讨论	本章重点：启发式搜索策略与估价函数，A* 算法，AO* 算法，α-β 剪枝搜索算法，局部优先搜索算法，遗传算法； 能力要求：理解概念、算法，编程实现算法
	启发式搜索（启发式搜索策略与估价函数，最佳优先搜索，A* 算法）	5	授课 / 讨论	
	博弈搜索（解图的基本概念，AO* 算法，极大极小搜索算法，α-β 剪枝搜索算法）	3	授课 / 讨论	
	高级搜索（局部优先搜索算法，遗传算法）	3	授课 / 讨论	
第 4 章	归结推理（归结原理的基本概念和方法，一阶谓词逻辑公式化成子句集，置换与合一，各种不同搜索策略的归结过程）	6	授课 / 讨论	本章重点：归结原理，一阶谓词逻辑公式化成子句集方法，置换与合一，面向归结的搜索策略，基于规则的演绎推理方法； 能力要求：理解概念、算法，编程实现算法
	基于规则的演绎推理	3	授课 / 讨论	
	不确定性推理	1	授课 / 讨论	
第 5 章	自动规划概述；任务规划（积木世界的机器人规划，STRIPS 规划系统）	2	授课 / 讨论	本章重点：任务规划算法，路径规划算法； 能力要求：理解概念、算法，编程实现算法
	机器人路径规划（路径规划主要方法和发展趋势，基于模拟退火算法的局部路径规划）	1	授课 / 讨论	

2.11.6 考核及成绩评定方式

【考核方式】

课堂表现，包括出勤情况、如课堂测验、课堂互动等；平时作业，包括课堂作业和课外作业；期末考试，开卷考试。

【成绩评定】

平时作业占 20%；课堂表现占 10%；期末考试占 70%。

大纲制定者：王立春（北京工业大学）

大纲审核者：于乃功，周波

最后修订时间：2022 年 8 月 18 日

2.12 “数据结构与算法”理论课程教学大纲

2.12.1 课程基本信息

<table>
<tr><td rowspan="2">课 程 名 称</td><td colspan="3">数据结构与算法</td></tr>
<tr><td colspan="3">Data Structure and Algorithm</td></tr>
<tr><td>课 程 学 分</td><td>2</td><td>总　学　时</td><td>32</td></tr>
<tr><td>课 程 类 型</td><td colspan="3">□ 专业大类基础课　□ 专业核心课　■专业选修课　□ 集中实践</td></tr>
<tr><td>开 课 学 期</td><td colspan="3">□1-1　□1-2　■ 2-1　□2-2　□3-1　□3-2　□4-1　□4-2</td></tr>
<tr><td>先 修 课 程</td><td colspan="3">高级语言程序设计，高级语言程序设计课设</td></tr>
<tr><td>教材、参考书及其他资料</td><td colspan="3">使用教材：
[1] 严蔚敏，李冬梅，吴伟民 . 数据结构（C 语言版）. 人民邮电出版社，2015
参考教材：
[1] 严蔚敏 . 数据结构（C 语言版）. 清华大学出版社，2007
[2] 汪友生等 . 计算机软件基础 . 清华大学出版社，2016
[3] 邓玉洁 . 算法与数据结构（C 语言版）. 北京邮电大学出版社，2017
[4] 马克 • 艾伦 • 维斯（Mark Allen Weiss）. 数据结构与算法分析：C 语言描述（英文版原书第 2 版）. 机械工业出版社，2019</td></tr>
</table>

2.12.2 课程描述

数据结构与算法是机器人工程本科专业的学科基础选修课。课程的主要目的是使学生掌握数据结构与算法的基础理论和基本方法，提高学生对各种数据结构与算法的程序设计能力以及实际运用能力。课程主要内容包括线性表、栈和队列、二叉树、树、图、排序和查找。课程既包括基础概念、基本方法的理论学习，也包括数据结构与算法的 C 语言实现，理论与和实践并重。学生通过该课程的学习和实践，能够全面培养数据处理的基础理论和实践能力。

Data Structure and Algorithm is a basic elective course of robotics engineering. The main purpose of this course is to enable students to master the basic theories and methods of data structures and algorithms, and improve students’ programming ability and practical application ability of various data structures and algorithms. The main contents include linear table, stack and queue, binary tree, tree, graph, sorting and searching. The course not only includes the theoretical study of basic concepts and methods, but also the C language implementation of data structures and algorithms. Both theory and practice are emphasized. Through the study and practice of this course, students can comprehensively cultivate the basic theory and practical ability of data processing.

2.12.3 课程目标和教学要求

【课程目标】

课程目标1：掌握常用数据结构的基本概念及其不同的实现方法，能够在不同存储结构上实现不同的运算，并对算法设计的方式和技巧有所体会，能够利用数据结构组织数据、设计高效的算法、完成高质量的程序。

课程目标2：对于面临的实际问题，通过提炼和分析，能够选择合适数据结构组织数据，以解决本专业所涉及的工程问题和数据处理问题。

课程目标3：对实际问题涉及的数据进行组织后，结合领域知识，设计高效的算法，并利用集成开发环境完成高质量程序，形成综合的解决方案。

课程目标4：介绍各种经典的数据结构算法，增强学生的理想信念和职业素养，介绍算法在国内优秀软件企业的成功应用，增强学生的民族自信和家国情怀，严格要求学习纪律和增强学生的行为规范，提高学生的自学能力。

课程目标与专业毕业要求的关联关系

课程目标	毕业要求					
	工程知识 1	问题分析 2	设计 / 开发解决方案 3	使用现代工具 5	工程与社会 6	终身学习 12
1	H					
2		H				
3			H	M		
4					M	M

注：毕业要求 1，2，3，4，…，分别对应毕业要求中各项具体内容。

【教学要求】

课程以讲授为主（24 学时），配合实验课程（8 学时）。课内讲授推崇研究型教学，以知识为载体，传授相关的思想和方法，引导学生理解并掌握基本理论知识，设计适当的案例教学，积极采用线上线下混合教学等多种教学模式与方法。实验教学则提出基本要求，引导学生独立完成各数据结构的设计与实现。

引导学生养成探索的习惯，特别是对基本理论的钻研，在理论指导下进行实践；注意从实际问题入手，归纳和提取各种数据结构的基本特性，设计算法。明确学习各阶段的重点任务，做到课前预习，课中认真听课、积极思考，课后认真复习，不放过疑点，充分利用好教师资源和同学资源。仔细研读教材，适当选读参考书的相关内容，深入理解概念，掌握方法的精髓和算法的核心思想，不要死记硬背。积极参加实验，在实验中加深对数据结构以及相关基础算法的理解。

2.12.4　教学内容简介

章节顺序	章节名称	知　识　点	参考学时
1	绪论	1.1 数据结构的研究内容 1.2 基本概念和术语 1.3 抽象数据类型的表示与实现 1.4 算法和算法分析	2
2	线性表	2.1 线性表的定义和特点 2.2 线性表的类型定义 2.3 线性表的顺序表示和实现 2.4 线性表的链式表示和实现	7
3	栈和队列	3.1 栈和队列的定义和特点 3.2 栈的表示和操作的实现 3.3 栈与递归 3.4 队列的表示和操作的实现	4
4	串、数组和广义表	4.1 串的定义 4.2 串的类型定义、存储结构及其运算 4.3 数组	1.5
5	树和二叉树	5.1 树和二叉树的定义 5.2 树和二叉树的抽象数据类型定义 5.3 二叉树的性质和存储结构 5.4 遍历二叉树和线索二叉树 5.5 树和森林 5.6 哈夫曼树及其应用	5.5
6	图	6.1 图的定义和基本术语 6.2 图的类型定义 6.3 图的存储结构 6.4 图的遍历	2
7	查找	7.1 查找的基本概念 7.2 线性表的查找 7.3 树表的查找 7.4 哈希表的查找	5
8	排序	8.1 概述 8.2 插入排序 8.3 交换排序 8.4 选择排序 8.5 归并排序	5

2.12.5 教学安排详表

序号	教学内容	学时分配	教学方式（授课、实验、上机、讨论）	教学要求（知识要求及能力要求）
第 1 章	1.1 数据结构的研究内容 教学内容：数据结构产生的背景、发展简史以及在计算机科学中所处的地位	0.5	授课	本章重点：数据结构基本概念，算法复杂度分析； 能力要求：理解数据结构的基本概念，掌握算法复杂度分析方法
	1.2 基本概念和术语 教学内容：数据、数据元素、数据项，运算的概念，逻辑结构和数据结构在概念上的联系与区别，存储结构及其三个组成部分	0.5	授课	
	1.3 抽象数据类型的表示与实现 教学内容：抽象数据类型和数据抽象	0.5	授课	
	1.4 算法和算法分析 教学内容：评价算法优劣的标准及方法，算法的时间复杂度分析	0.5	授课	
第 2 章	2.1 线性表的定义和特点 教学内容：线性表的基本概念、基本运算及逻辑上的特点，线性表与线性结构的联系与区别	1	授课	本章重点：线性表的逻辑特点，顺序表的运算实现，单链表的运算实现； 能力要求：理解线性表的基本概念和逻辑特点；掌握线性表的基本运算，包括顺序表和链表两种表示方式下的运算
	2.2 线性表的类型定义 教学内容：顺序存储结构（顺序表）和链式存储结构（链表）	1	授课	
	2.3 线性表的顺序表示和实现 教学内容：顺序表上插入、删除和定位运算的实现	2	授课、实验	
	2.4 线性表的链式表示和实现 教学内容：单链表的结构特点及类型说明，头指针和头结点的作用及区别，指针操作，定位、删除、插入运算在单链表上的实现，循环链表、双向链表的结构特点及其删除与插入运算的实现	3	授课、实验	
第 3 章	3.1 栈和队列的定义和特点 教学内容：栈的定义、特征及在其上所定义的基本运算，栈的顺序存储结构和链式存储结构及其运算实现，入栈、出栈等运算在链栈上的实现，顺序栈的溢出判断条件	0.5	授课	本章重点：栈的顺序存储和链式存储结构及其运算实现，队列的顺序存储和链式存储结构及其运算实现；
	3.2 栈的表示和操作的实现 教学内容：顺序栈和链栈的进栈出栈	1.5	授课、实验	

续表

序号	教学内容	学时分配	教学方式（授课、实验、上机、讨论）	教学要求（知识要求及能力要求）
第 3 章	3.3 栈与递归 教学内容：递归算法执行过程中栈的状态变化	0.5	授课	能力要求：理解栈和队列两种特殊的线性表；掌握栈的顺序存储和链式存储结构及其运算实现；掌握队列的顺序存储和链式存储结构及其运算实现
	3.4 队列的表示和操作的实现 教学内容：队列的定义及逻辑特点，队列上的基本运算，队列的顺序存储结构及其上的运算实现，队列的链式存储结构，入队、出队等运算在链队列上的实现，循环队列的队空、队满判断条件；循环队列上的插入、删除操作	1.5	授课、实验	
第 4 章	4.1 串的定义 教学内容：串的基本概念、基本运算	0.5	授课	本章重点：串的定长顺序存储表示，串的模式匹配算法，数组的存储方式以及特殊矩阵的表示方法； 能力要求：了解串的存储表示、模式匹配算法；了解数据的存储方式以及特殊矩阵的表示方法
	4.2 串的类型定义、存储结构及其运算 教学内容：串的定长顺序存储表示、堆分配存储表示和块链存储表示、串的模式匹配算法	0.5	授课	
	4.3 数组 教学内容：逻辑结构，两种顺序存储方式、计算给定元素在存储区中的地址，对称矩阵、三角矩阵的压缩存储方式，稀疏矩阵的三元组表表示方法，稀疏矩阵的压缩存储表示下的运算实现	0.5	授课	
第 5 章	5.1 树和二叉树的定义	0.2	授课	本章重点：二叉树的抽象数据类型定义，二叉树的性质和存储结构，二叉树的遍历； 能力要求：理解二叉树的抽象数据类型定义，熟练掌握二叉树的性质和存储结构，熟练掌握二叉树的遍历
	5.2 树和二叉树的抽象数据类型定义 教学内容：二叉树的定义、基本术语及五个重要性质，树和二叉树之间的区别，二叉树的顺序存储结构、二叉链表存储结构的概念及实现方式，二叉树的三叉链表存储结构，二叉排序树查找的方法及过程描述	0.3	授课	
	5.3 二叉树的性质和存储结构 教学内容：二叉树按深度优先的先序、中序及后序三种遍历方式，二叉树中序遍历的非递归算法，二叉树按层次优先遍历的方法	2	授课、实验	
	5.4 遍历二叉树和线索二叉树 教学内容：树的遍历策略，先序和后序遍历序列	2	授课、实验	
	5.5 树和森林 教学内容：树和森林的定义，存储结构和遍历树和二叉树之间、森林和二叉树之间的转换方式及其图示转换过程	0.5	授课	

续表

<table>
<tr><th>序号</th><th>教学内容</th><th>学时分配</th><th>教学方式（授课、实验、上机、讨论）</th><th>教学要求（知识要求及能力要求）</th></tr>
<tr><td>第 5 章</td><td>5.6 哈夫曼树及其应用
教学内容：哈夫曼树的定义及相关概念，哈夫曼树的构造方法，哈夫曼编码方式及其图示编码过程</td><td>0.5</td><td>授课</td><td></td></tr>
<tr><td rowspan="4">第 6 章</td><td>6.1 图的定义和基本术语</td><td>0.5</td><td>授课</td><td rowspan="4">本章重点：图的存储结构和遍历；
能力要求：理解图的定义，掌握图的存储结构和遍历</td></tr>
<tr><td>6.2 图的类型定义
教学内容：图的定义、术语及其含义，理解与区别图的常用术语</td><td>0.5</td><td>授课</td></tr>
<tr><td>6.3 图的存储结构
教学内容：各种图的邻接矩阵表示法及其类型说明，图的两种存储结构的不同点及其应用场合</td><td>0.5</td><td>授课</td></tr>
<tr><td>6.4 图的遍历
教学内容：图的按深度优先搜索遍历方法和按广度优先搜索遍历方法</td><td>0.5</td><td>授课</td></tr>
<tr><td rowspan="4">第 7 章</td><td>7.1 查找的基本概念
教学内容：查找表的基本概念及查找原理、顺序存储结构、顺序表及其类型说明，查找运算在查找表和有序表上的实现</td><td>1</td><td>授课</td><td rowspan="4">本章重点：查找的基本概念，线性表的查找，二叉排序树，哈希表查找；
能力要求：理解查找的基本概念，熟练掌握线性表的查找，掌握二叉排序树和哈希表查找，能够进行查找算法复杂度分析</td></tr>
<tr><td>7.2 线性表的查找
教学内容：顺序表和有序表的查找方法及其实现</td><td>2</td><td>授课、实验</td></tr>
<tr><td>7.3 树表的查找
教学内容：二叉排序树的定义、性质及各结点间的键值关系，查找算法和基本思想，二叉排序树上的插入算法</td><td>1</td><td>授课</td></tr>
<tr><td>7.4 哈希表的查找
教学内容：散列表及散列存储和散列查找的基本思想，各种散列表的组织、解决冲突的方法，在散列表上实现查找、插入和删除运算的算法</td><td>1</td><td>授课</td></tr>
<tr><td rowspan="2">第 8 章</td><td>8.1 概述
教学内容：排序基本概念及内排序和外排序、稳定排序和非稳定排序的区别</td><td>0.5</td><td>授课</td><td rowspan="2">本章重点：排序的概念，插入排序，交换排序，选择排序；</td></tr>
<tr><td>8.2 插入排序
教学内容：直接插入排序的基本思想、基本步骤和算法</td><td>0.5</td><td>授课</td></tr>
</table>

续表

序号	教学内容	学时分配	教学方式（授课、实验、上机、讨论）	教学要求（知识要求及能力要求）
第 8 章	8.3 交换排序 教学内容：冒泡排序的基本思想、基本步骤和算法，快速排序的基本思想、基本步骤和算法	1	授课	能力要求：理解排序的概念，熟练掌握插入排序，交换排序以及选择排序算法，能够进行排序算法复杂度分析
	8.4 选择排序 教学内容：简单选择排序的基本思想、基本步骤和算法	1	授课	
	8.5 归并排序 教学内容：2- 路归并排序的基本思想、基本步骤和算法，各种排序算法的比较和移动次数，时间复杂度和空间复杂度的分析	2	授课、实验	

2.12.6　考核及成绩评定方式

【考核方式】

平时表现、实验考核和期末闭卷考试。

平时表现的考核包括：课程的出勤率、课堂的基本表现（如课堂测验、课堂互动等）及作业等，主要考查学生对已学知识掌握的程度以及自主学习的能力。

实验考核包括实验过程表现及实验报告完成情况。

期末闭卷考试是对学生学习情况的全面检验，强调考核学生对基本概念、基本方法、基本理论等方面掌握的程度，及学生运用所学理论知识解决复杂问题的能力。

【成绩评定】

课堂表现（课堂出勤、测验、互动等）占 10%，作业占 10%，实验占 20%，期末考试占 60%。

大纲制定者：王亮（北京工业大学）

大纲审核者：于乃功，周波

最后修订时间：2022 年 8 月 18 日

2.13 “现代控制理论”理论课程教学大纲

2.13.1 课程基本信息

课程名称	现代控制理论		
	Modern Control Theory		
课程学分	2	总学时	32
课程类型	□ 专业大类基础课 ■专业核心课 □ 专业选修课 □ 集中实践		
开课学期	□1-1 □1-2 □2-1 □2-2 ■ 3-1 □3-2 □4-1 □4-2		
先修课程	高等数学、线性代数、复变函数、电路分析、自动控制原理		
教材、参考书及其他资料	使用教材： [1] 王划一，杨西侠 . 现代控制理论（第 3 版）. 国防工业出版社 参考教材： [1]（美）Richard C. Dorf，Robert H. Bishop. Modern Control Systems. 电子工业出版社 [2]（美）Katsuhiko Ohata. Modern Control Engineering. 电子工业出版社 [3] 刘豹 . 现代控制理论 . 机械工业出版社 [4] 谢克明 . 现代控制理论基础 . 北京工业大学出版社 [5] 郑大钟 . 线性系统理论 . 清华大学出版社		

2.13.2 课程描述

现代控制理论是自动化、电气工程与自动化、测试技术与仪器等专业的一门重要专业课，为必修主干课程。

现代控制理论是研究现代控制规律方法的技术科学，通过本课程的学习，要求学生掌握现代控制理论的基础知识，掌握系统的分析方法和设计方法，为进一步学习和研究控制理论创造一定的条件。同时培养学生的辩证思维能力，树立理论联系实际的科学观点，提高综合分析问题的能力，为进一步进行深造以及从事相关专业技术工作、科学研究工作、管理工作提供重要的理论基础。

Modern Control Theory is an important major course for the students in the major of automation, electrical engineering and automation, test technology and instruments.

Modern Control Theory study the method of modern control. Through the studying of this course, students should master the basic knowledge of modern control theory, analysis method and designing method. The knowledge will be the bases for the further studying. Students will have the abilities of dialectical thinking, linking theory with practice, analyzing and solving problem. This course will be the foundation for their further research.

2.13.3　课程目标和教学要求

【课程目标】

本课程由控制系统的状态空间模型、控制系统的状态方程求解、控制系统的状态空间分析、控制系统的状态空间综合、控制系统的李雅普诺夫稳定性分析、现代控制理论的 MATLAB 仿真与系统实验等内容组成。通过本课程教学，不仅使学生在现代控制理论和方法方面树立正确的概念，同时培养学生科学抽象、逻辑思维能力，进一步强化实践是检验理论的唯一标准的认识观。

课程目标 1：系统建模。培养学生针对自动化复杂工程问题建立数学模型的能力，使学生能够在古典控制理论模型的基础上完成状态空间表达式模型的建立。

课程目标 2：系统分析。针对所建立的模型选择合理的系统分析方法，能够对系统的状态解、能控性、能观性、稳定性等进行分析和研究。

课程目标 3：系统设计。培养学生针对不同的性能指标，在完成系统分析的基础上，采用状态反馈的方法或动态输出反馈等方法设计控制规律，实现对系统的综合设计，改善系统的性能指标，设计出满足性能要求的控制系统技术方案。建立良好的思维能力、科学精神以及辩证思维能力，提升创新能力。

课程目标 4：实验、仿真及实时系统控制。针对现代控制理论课程的课程目标 1 ～ 3，培养学生运用 MATLAB 软件进行数据处理、系统建模、特性分析、控制算法和系统仿真的编程实现。基于仿真的学习过程，面向实际复杂控制系统——一级倒立摆系统，进行系统的实时控制。学习利用先进的仿真工具提高解决问题的能力，并提高终身学习的能力。

课程目标与专业毕业要求的关联关系

课程目标	毕业要求			
	工程知识 1	设计 / 开发解决方案 3	使用现代工具 5	职业规范 8
1	H			
2		H		
3				H
4			H	

注：毕业要求 1，2，3，4，5，6，…，分别对应毕业要求中各项具体内容。

【教学要求】

本课程以课堂教学为主，结合讨论、讲座、雨课堂、自学、实验等教学手段，完成课程教学任务和相关能力的培养。比较全面地学习现代控制理论的基本思想及其工程分析、设计的方法和手段，基于古典控制理论的数学模型及相关分析设计方法，学会利用现代控制理论中的状态空间表达式、状态轨迹、能控性能观性及李雅普诺夫第二方法分析系统性能，学会基于状态反馈和输出反馈的状态空间综合设计方法，满足控制系统性能指标要求。

在实验教学环节中，基于实验室仿真平台，面向自动化领域的复杂工程问题，采用启发式教学、讨论式教学，运用计算软件（如 MATLAB 等），通过编程进行系统的建模、特性的分析、控制算法的设计和仿真实现。提高自主学习能力、实际动手能力、团队合作能力、获取和处理信息的能力、学习利用先进的仿真工具提高解决问题的能力，激发学生的创新思维并培养终身学习的意识。

在自学环节中，对课程中某些有助于进一步拓宽控制理论知识的内容，通过教师的指导，由学生自主完成。这些内容包括控制系统降维状态观测器设计、非线性系统的李雅普诺夫稳定性分析、实例分析等。通过自学这一教学手段提高学生的自主学习能力。

2.13.4 教学内容简介

章节顺序	章节名称	知识点	参考授课学时
1	控制系统的状态空间模型	1.1 控制系统的状态空间表达式 1.2 建立状态空间表达式的直接方法 1.3 单变量系统线性微分方程转换为状态空间表达式 1.4 单变量系统传递函数转换为状态空间表达式 1.5 结构图分解法建立状态空间表达式 1.6 状态方程的线性变换 1.7 多变量系统的传递函数阵	8
2	控制系统的状态方程求解	2.1 线性定常系统状态方程的求解 2.2 线性定常连续系统状态转移矩阵的几种算法 2.3 线性离散系统的状态空间表达式及连续系统离散化 2.4 线性定常离散系统状态方程求解	6
3	控制系统的状态空间分析	3.1 线性控制系统能控性和能观测性概述 3.2 线性连续系统的能控性 3.3 线性连续系统的能观测性 3.4 线性离散系统的能控性和能观测性 3.5 对偶性原理	8

续表

章节顺序	章节名称	知识点	参考授课学时
3	控制系统的状态空间分析	3.6 系统的能控性和能观测性与传递函数阵的关系 3.7 系统的能控标准型和能观测标准型 3.8 实现问题	8
4	控制系统的状态空间综合	4.1 状态反馈和输出反馈 4.2 极点配置 4.3 解耦控制 4.4 状态观测器设计 4.5 带状态观测器的状态反馈闭环系统设计	6
5	控制系统的李雅普诺夫稳定分析	5.1 李雅普诺夫稳定性定义 5.2 李雅普诺夫稳定性分析 5.3 线性系统的李雅普诺夫稳定性分析 5.4 非线性系统的李雅普诺夫稳定性分析 5.5 李雅普诺夫第二方法在系统设计中的应用	4

2.13.5　教学安排详表

序号	教学内容	学时分配	教学方式（授课、实验、上机、讨论）	教学要求（知识要求及能力要求）
第 1 章	1.1 控制系统的状态空间表达式 1.2 建立状态空间表达式的直接方法	2	授课	本章重点：高阶微分方程、传递函数，结构图到状态空间表达式的转换以及组合系统的状态空间表达式的建立； 能力要求：通过本章节的学习，能够在正确理解状态、状态变量、状态空间、线性变换等基本概念的基础上，完成古典控制理论数学模型到现代控制理论数学模型的转换，理解和掌握多变量系统的传递函数阵的计算及组合系统的状态空间表达式的建立及传递函数阵计算，完成由拉普拉斯变换到矩阵理论研究工具的转变； 教学和学习建议：采用示例教学、递进式教学，理论联系实际，讲清现代控制理论数学模型建立的思想及过程、古典控制理论几种数学模型到状态空间表达式的转换方法；多练习，体会做题的思路与步骤，提高分析问题及解决问题的综合能力
	1.3 单变量系统线性微分方程转换为状态空间表达式 1.4 单变量系统传递函数转换为状态空间表达式 1.5 结构图分解法建立状态空间表达式	3	授课	
	1.6 状态方程的线性变换 1.7 多变量系统的传递函数阵	3	授课	
第 2 章	2.1 线性定常系统状态方程的求解	2	授课	本章重点：状态转移矩阵的概念及几种求解方法；

续表

序号	教学内容	学时分配	教学方式（授课、实验、上机、讨论）	教学要求（知识要求及能力要求）
第 2 章				能力要求：通过本章节的学习，能够完成线性定常系统状态方程的求解，理解状态转移矩阵的基本概念及求解方法，完成线性定常连续系统状态空间表达式到线性定常离散系统状态空间表达式的转换； 教学和学习建议：采用示例教学、对比式教学，完成线性定常连续系统及线性定常离散状态转移矩阵的求解；多练习，体会做题的思路与步骤，特别是系统矩阵为某些特殊类型矩阵时的解题方法，提高分析问题及解决问题的综合能力
	2.2 线性定常连续系统状态转移矩阵的几种算法	2	授课	
	2.3 线性离散系统的状态空间表达式及连续系统离散化 2.4 线性定常离散系统状态方程求解	2	授课	
第 3 章	3.1 线性控制系统能控性和能观测性概述 3.2 线性连续系统的能控性 3.3 线性连续系统的能观测性	2	授课	本章重点：能控性和能观测性的判定方法以及标准型的实现； 能力要求：通过本章节的学习，能够掌握能控性和能观测性的基本概念以及线性定常系统状态能控性和能观测性的判定方法，完成线性定常连续系统能控标准型及能观测标准型的实现； 教学和学习建议：采用示例教学、对比式教学和递进式教学，完成线性定常连续系统及线性定常离散能控性及能观性的判断；多练习，体会做题的思路与步骤，特别是系统矩阵为某些特殊类型矩阵时的判定方法；通过能控性、能观测性与传递函数的关系，体会现代控制理论相对于古典控制理论对系统描述及分析的全面性和深刻性，提高分析问题及解决问题的综合能力
	3.4 线性离散系统的能控性和能观测性	1	授课	
	3. 5 对偶性原理 3.6 系统的能控性和能观测性与传递函数阵的关系	2	授课	
	3.7 系统的能控标准型和能观测标准型	2	授课	
	3.8 实现问题	1	授课	
第 4 章	4.1 状态反馈和输出反馈	2	授课	本章重点：带状态观测器的状态反馈闭环系统设计； 能力要求：通过本章节的学习，能够在对系统完成分析的基础上，采用状态反馈的方法或动态输出反馈的方法设计控制方法，并采用 MATLAB 等编程工具，实现对系统的综合设计，改善系统的性能指标，设计出满足性能要求的控制系统技术方案
	4.2 极点配置 4.3 解耦控制	2	授课	
	4.4 状态观测器设计	2	授课	

续表

序号	教学内容	学时分配	教学方式（授课、实验、上机、讨论）	教学要求（知识要求及能力要求）
第 4 章	4.5 带状态观测器的状态反馈闭环系统设计	2	授课	教学和学习建议：采用示例教学、对比式教学和仿真式教学，完成线性定常连续系统基于非优化性能指标的状态空间综合设计；多练习，体会系统设计的思路及控制算法的设计；基于实验室平台，针对某些工程问题，能够运用计算软件（如 MATLAB 等），通过编程进行系统的建模、特性的分析、控制算法的设计和仿真实现；学习利用先进的仿真工具提高解决问题的能力，并培养终身学习的意识
第 5 章	5.1 李雅普诺夫稳定性定义 5.2 李雅普诺夫稳定性理论	2	授课	本章重点：李雅普诺夫第二方法的定理及应用； 能力要求：通过本章节的学习，能够通过构造李雅普诺夫函数实现基于状态轨迹的系统稳定性判定；了解古典控制方法中稳定性与现代控制方法中稳定性的不同之处，更加深化理解古典控制与现代控制的不同； 教学和学习建议：采用示例教学、对比式教学和仿真式教学，完成基于李雅普诺夫第二方法的系统稳定性分析；多练习，加深对线性系统的李雅普诺夫稳定性判定方法的掌握，特别是能量函数的一阶导数小于或等于 0 的情况
	5.3 线性系统的李雅普诺夫稳定性分析 5.4 非线性系统的李雅普诺夫稳定性分析 5.5 李雅普诺夫第二方法在系统设计中的应用	2	授课	

2.13.6 考核及成绩评定方式

【考核方式】

考核方式包括过程考核，如课堂提问、考勤、慕课、作业、章节考试（笔试，闭卷）、仿真实验报告和期末考试（笔试，闭卷）。

【成绩评定】

过程考核，各项均按百分制打分，取平均分作为最终平时成绩，占总成绩的 30%；期末考试百分制打分，占总成绩的 70%。

大纲制定者： 路飞（山东大学）
王新立（山东大学）
大纲审核者： 于乃功，周波
最后修订时间： 2022 年 8 月 18 日

2.14 “信号与系统”理论课程教学大纲

2.14.1 课程基本信息

课 程 名 称	信号与系统 Signals and Systems		
课 程 学 分	2	总 学 时	32
课 程 类 型	■专业大类基础课 □ 专业核心课 □ 专业选修课 □ 集中实践		
开 课 学 期	□1-1 □1-2 □2-1 ■ 2-2 □3-1 □3-2 □4-1 □4-2		
先 修 课 程	高等数学（工）、线性代数、电路分析基础		
教材、参考书及其他资料	使用教材： [1] 张延华，刘鹏宇 . 信号与系统（第 2 版），机械工业出版社，2017 参考教材： [1] 奥本海姆 . 信号与系统 . 电子工业出版社，2013 [3] 郑君里，应启珩，杨为理 . 信号与系统（第 3 版）. 高等教育出版社，2011		

2.14.2 课程描述

信号与系统是机器人工程专业的专业大类基础课，课程的主要内容是讨论信号的分析方法以及线性时不变系统对信号的各种求解方法，通过一定的实例分析，向学生介绍一些工程应用中非常重要的概念、理论和方法。通过本课程的学习，要求学生能够掌握信号分析的基本理论和方法，掌握线性时不变系统的时域和频域分析方法，掌握有关系统的线性、时不变性、因果性等工程应用中的一些重要结论的判别方法，提高学生分析和解决实际问题的能力。

Signals and Systems is one of the professional courses for undergraduate students major in Robot Engineering. The main target of this course is to discuss signal analysis methods and various solutions of linear time invariant system to signals. Through certain case analysis, some very important concepts, theories and methods in engineering application are introduced to students. Key teaching content: students should be able to master the basic theory and method of signal analysis, various description methods of linear time invariant system, time-domain and frequency-domain analysis methods of linear time invariant system, and some important conclusions in engineering applications such as system stability, frequency response and causality. Through the study of this course, improve the students' ability to analyze and solve practical problems.

2.14.3　课程教学目标和教学要求

【教学目标】

课程目标 1：掌握信号分析的基本概念、理论和方法，学会分析和计算信号、系统及其相互之间约束关系的问题。

课程目标 2：掌握有关系统稳定性、因果性、频率响应等工程应用中的一些重要的基本结论和专业基础知识，提高学生解决机器人工程专业相关问题的基础知识和能力。

课程目标 3：通过引用工程实例，利用数学分析与建模工具，解决实际工程应用中的各种问题，并学会对结论进行分析。

课程目标 4：在本课程中，要求学生补充阅读信号与系统相关参考资料和文献，锻炼学生拓展文献查阅与阅读的能力。

课程目标与专业毕业要求的关联关系

课程目标	毕业要求				
	工程知识 1	问题分析 2	设计 / 开发解决方案 3	研究 4	使用现代工具 5
1	H				
2		H			
3			H		M
4				M	

注：毕业要求 1，2，3，4，5，6，…，分别对应毕业要求中各项具体内容。

【教学要求】

根据课程特点和学生学习能力，本课程以课堂讲授为主，适当安排习题课和讨论环节，辅以课程微信群实时讨论及答疑，完成课程教学目标和相关能力的培养，使学生能够比较全面地掌握信号分析的基本概念、基本理论和方法，学会利用线性时不变系统的时域和频域分析方法解决工程应用中的实际问题。

本课程的特点之一是涉及的数学知识比较多，因此要求学生课前做好充分预习，回顾所需知识储备；二是涉及的概念、公式和定理较多，逻辑性强，因此，要求学生在学习过程中注重对基本概念、基本理论和方法的理解，不死记硬背，掌握各种理论和方法的核心思想，抓住其本质，做到灵活运用。本课程所选教材习题丰富，选择典型的概念题、计算题和综合分析等题型作为课外作业，可以更好地使学生检验课堂学习效果，练习运用所学理论和方法解决问题的能力。另外，要求学生不局限于教材及课堂讲授，要善于利用网络资源，了解信号与系统分析相关的最新研究成果，培养自学能力。

2.14.4 教学内容简介

章节顺序	章节名称	知识点	参考学时
1	绪论	信号的概念，信号的分类；系统的概念，系统的分类；信号与系统分析的应用领域	2
2	连续时间信号与系统	信号的基本运算，信号的特性；奇异信号；常用工程信号；连续时间系统的特性，卷积积分及性质，LTI 系统的微分方程描述；LTI 微分方程的求解	8
3	离散时间信号与系统	离散时间序列的基本概念，序列的基本运算，卷积和及其性质；离散时间系统的特性；差分方程及其求解；单位样值响应	8
4	傅里叶分析	三角级数；傅里叶级数，傅里叶级数的收敛；频谱概念；傅里叶级数的性质；从傅里叶级数到傅里叶变换；傅里叶变换与傅里叶级数的比较；傅里叶变换的性质；傅里叶逆变换，信号的采样与重构	14

2.14.5 教学安排详表

序号	教学内容	学时分配	教学方式（授课、实验、上机、讨论）	教学要求（知识要求及能力要求）
第 1 章	信号的基本概念	1	授课	本章重点：信号、系统的基本概念； 能力要求：掌握信号与系统的基本概念与分类，信号分析与系统分析的概貌及应用领域，明确本课程研究的对象及本课程的性质、目的和任务
	系统的基本概念	1	授课	
第 2 章	信号的基本运算、信号的特性	2	授课	本章重点：信号的基本运算、奇异信号的特性、卷积积分； 能力要求：掌握连续信号的描述方法；理解信号自变量变换对信号的影响；掌握奇异函数族的性质及应用，掌握常用工程信号的定义和性质；掌握卷积积分的计算方法及其性质；理解 LTI 系统的性质，掌握线性、时不变性、因果性的判定；掌握单位冲激响应的定义、作用及求解方法；理解单位阶跃响应与单位冲激响应的关系；掌握微分方程的框图模拟
	奇异信号、工程信号	2	授课	
	连续时间系统特性	2	授课	
	卷积积分及其性质	2	授课	

续表

序号	教学内容	学时分配	教学方式（授课、实验、上机、讨论）	教学要求（知识要求及能力要求）
第 3 章	序列的基本运算	2	授课	本章重点：序列的基本运算、卷积和及其性质、单位样值响应； 能力要求：掌握离散信号的描述方法；信号自变量变换对信号的影响；了解典型离散信号及其特性，掌握离散系统的线性、时不变性、因果性的判定；掌握卷积和的计算方法及其性质；理解离散系统的自由响应、强迫响应、零输入响应、零状态响应的定义，掌握零状态响应与单位样值响应的关系；掌握差分方程的框图模拟
	卷积和及其性质	2	授课	
	离散时间系统特性	2	授课	
	差分方程及求解	2	授课	
第 4 章	三角函数、傅里叶级数	2	授课	本章重点：傅里叶级数、傅里叶变换、采样信号的傅里叶变换； 能力要求：掌握傅里叶级数的定义、性质和周期信号的傅里叶变换，理解傅里叶变换的性质、应用及物理含义，能灵活运用傅里叶变换的性质求解信号的频谱，并画频谱图；理解信号带宽的概念；掌握采样信号的频谱特点，理解采样定理，会计算采样频率
	频谱、傅里叶级数的性质	2	授课	
	傅里叶变换及性质	2	授课	
	信号的采样与重构	2	授课	
	采样定理	2	授课	
	信号与系统的傅里叶分析	2	授课	

2.14.6　考核及成绩评定方式

【考核方式】

课堂表现、平时作业、期末考试（笔试，闭卷）。

【成绩评定】

课堂表现占 10%，平时作业占 20%，期末考试占 70%。

大纲制定者：代桂平（北京工业大学）

大纲审核者：于乃功，周波

最后修订时间：2022 年 8 月 18 日

2.15 “信息通信网络及应用”理论课程教学大纲

2.15.1 课程基本信息

课程名称	信息通信网络及应用 Information Communication Network and Application		
课程学分	2	总学时	32
课程类型	□ 专业大类基础课 □ 专业核心课 ■专业选修课 □ 集中实践		
开课学期	□1-1 □1-2 □2-1 □2-2 □3-1 ■ 3-2 □4-1 □4-2		
先修课程	高级语言程序设计，微机原理与接口技术		
教材、参考书及其他资料	使用教材： [1] 陈熙源，祝雪芬，汤新华 . 信息通信网络概论 . 北京：清华大学出版社，2018 参考教材： [1] 谢希仁 . 计算机网络（第 8 版）. 电子工业出版社，2021 [2]（美）詹姆斯 ·F. 库罗斯，（美）基思 ·W. 罗斯 . 计算机网络：自顶向下（原书第 7 版）. 陈鸣，译 . 机械工业出版社，2018		

2.15.2 课程描述

信息通信网络及应用是为机器人工程专业本科生开设的专业任选课程。本课程的任务是讲述信息通信网络的基本原理、技术和方法。主要内容包括信息通信网络的发展与应用、数据通信基础、计算机网络体系结构、局域网、TCP/IP 协议、无线网络技术、网络互连设备和广域网技术等。通过本课程的学习和计算机网络实验训练，学生可以掌握信息通信网络的基本原理和主要通信技术，为从事机器人工程研究和应用打下基础。教学重点内容包括数据通信基础、计算机网络体系结构、局域网、TCP/IP 协议、无线网络技术。教学难点内容包括数据通信基础、计算机网络体系结构、TCP/IP 协议。

Information Communication Network and its Application is an optional course for undergraduates majoring in robotics engineering. The target of this course is to introduce the basic principles, technologies and methods of information communication network. The main contents include the development and application of information communication network, data communication foundation, computer network architecture, local area network, TCP/IP protocol, wireless network technology, network interconnection equipment, wide area network technology, etc. Through the study and the computer network experimental training of this course, students can master the basic principles and related technologies of information communication network, laying a foundation for the research and application of robotics engineering. Key contents of the course include data communication foundation, computer network architecture, local area network, TCP/IP protocol, wireless network technology. Teaching difficulties include data communication foundation, computer network architecture, TCP/IP protocol.

2.15.3　课程教学目标和教学要求

课程目标 1：了解信息通信网络技术的发展概况，熟悉信息通信网络的基本概念与基础理论，掌握数据通信协议、局域网的组建、无线网络技术以及广域网技术。

课程目标 2：对于信息通信网络中面临的问题，能够运用所掌握的网络通信理论与技术进行分析，界定问题的类型，并能够提出相应解决方法。

课程目标 3：具备一定的动手实操能力，能够运用信息通信网络技术解决实际通信网络中出现的问题，并能够对信息通信网络进行日常的管理与维护。

课程目标 4：通过对信息通信网络技术的学习与实践，提高学生的动手能力与团队合作能力，激发学生的创新思维与自主学习能力。

课程目标 5：认识信息通信网络技术对社会发展的作用与重要性，激发学生爱国热情与崇尚科学的精神。

课程目标与专业毕业要求的关联关系

课程目标	毕业要求					
	工程知识 1	问题分析 2	设计 / 开发解决方案 3	研究 4	使用现代工具 5	工程与社会 6
1	H					
2		H				
3			H		H	
4				M		
5						H

注：毕业要求 1，2，3，4，5，6，…，分别对应毕业要求中各项具体内容。

【教学要求】

本课程课堂教授结合计算机多媒体、板书以及慕课等方式，通过动画、图表等手段，帮助学生理解、消化和掌握教学内容。在教学过程中，注重问题驱动，结合学生在使用计算机网络过程中遇到的问题，引出信息通信网络的相关理论和技术，促进学生对信息通信网络知识的掌握；注重培养学生的自主学习能力，安排学生通过自我备课、课堂报告等方式，加深学生对知识的理解；采用启发式或研究型教学方法，以知识为载体，重点传授获取知识的方法。

在实验教学环节，按照实验目的和要求，组织学生分组设计实验方案，完成实验任务，使学生具备一定的计算机网络操作、日常管理和维护、无线局域网组建、Internet 应用等实践能力，提高学生的动手实操能力、团队合作能力以及解决实际问题的能力，激发学生的创新思维。

在自我学习环节，引导学生注重理论与实践相结合，通过解决实际问题，了解、理解、掌握相关理论和技术；通过学习信息通信网络理论和技术，提高对信息通信网络的应用水平。通过了解信息通信网络理论及应用的发展过程，加深知识理解并掌握，同时学会研究。仔细阅读教材和相关参考书，深入理解概念、理论和技术。重视实验，通过实验加深对理论的理解。

2.15.4 教学内容简介

章节顺序	章节名称	知识点	参考学时
1	信息通信网络发展	信息通信网络发展，网络的组成和功能，网络拓扑结构和分类，因特网发展趋势等，并介绍机器人的通信方式	2
2	数据通信基础	数据通信系统，数据传输原理，数据交换技术，移动通信技术	4
3	计算机网络体系结构	网络体系结构及网络协议，物理层，数据链路层，网络层，传输层，高层协议	6
4	局域网	局域网概述，局域网的体系结构，以太网和 IEEE 802.3 标准，令牌环网和 IEEE 802. 5 标准，令牌总线型网络，FDDI 网络，工业以太网	4
5	TCP/IP 协议	TCP/IP 概述，IP 协议，TCP 和 UDP，应用层协议，VPN 和 NAT，IPv6	6
6	无线网络技术	无线网络技术，无线网络的分类、协议以及通信方式	6
7	互连设备	互连设备概述，互连设备	1
8	广域网	广域网的基本概念，X.25 协议，帧中继，ATM 异步传输模式	1
9	考试	课程关键知识点总结	2

2.15.5　教学安排详表

序号	教学内容	学时分配	教学方式（授课、实验、上机、讨论）	教学要求（知识要求及能力要求）
第 1 章	信息通信网络发展，网络的组成和功能，网络拓扑结构和分类，因特网发展趋势等，并介绍机器人的通信方式	1.5	授课	本章重点：网络的组成和功能，网络拓扑结构和分类； 能力要求：理解数据通信原理
	机器人的通信方式	0.5	讨论	
第 2 章	数据通信系统，数据传输原理，数据交换技术，移动通信技术	3.5	授课	本章重点：数据传输原理，数据交换技术； 能力要求：理解数据通信原理，掌握无线网技术
	数据传输原理及交换技术	0.5	讨论	
第 3 章	网络体系结构及网络协议，物理层，数据链路层，网络层，传输层，高层协议	5.5	授课	本章重点：网络体系结构及网络协议，物理层，数据链路层，网络层，传输层，高层协议； 能力要求：理解数据通信原理，掌握计算机网络的体系结构及工作原理
	网络体系结构及网络协议	0.5	讨论	
第 4 章	局域网概述，局域网的体系结构，以太网和 IEEE 802. 3 标准，令牌环网和 IEEE 802. 5 标准，令牌总线型网络，FDDI 网络，工业以太网	3.5	授课	本章重点：局域网的体系结构，以太网和 IEEE 802. 3 标准； 能力要求：掌握计算机网络的体系结构及工作原理，掌握局域网工作原理、TCP/IP 协议，并能组建局域网
	局域网体系结构	0.5	讨论	
第 5 章	TCP/IP 概述，IP 协议，TCP 和 UDP，应用层协议，VPN 和 NAT，IPv6	2.5	授课	本章重点：IP 协议，TCP 和 UDP，应用层协议； 能力要求：掌握计算机网络的体系结构及工作原理，掌握局域网工作原理、TCP/IP 协议，并能组建局域网，掌握无线网技术
	IP 协议	0.5	讨论	
	WireShark 网络数据包捕获和分析	3	实验	
第 6 章	无线网络技术，无线网络的分类、协议以及通信方式	2.5	授课	本章重点：无线网络技术； 能力要求：掌握计算机网络的体系结构及工作原理，掌握无线网技术
	无线网络通信方式	0.5	讨论	
	路由器基本配置和路由规划	3	实验	
第 7 章	互连设备概述，互连设备	1	授课	本章重点：互连设备； 能力要求：了解网络互连设备
第 8 章	广域网的基本概念，X. 25 协议，帧中继，ATM 异步传输模式	1	授课	本章重点：广域网； 能力要求：了解广域网技术
考试	期末考试	2	随堂考试	

2.15.6 考核及成绩评定方式

【考核方式】

课堂提问、章节作业、实验、期末考试。

【成绩评定】

课堂提问占 10%，章节作业占 10%，实验报告占 10%，期末考试占 70%。

大纲制定者： 高学金（北京工业大学）
韩华云（北京工业大学）

大纲审核者： 于乃功，周波

最后修订时间： 2022 年 8 月 18 日

2.16 “自动控制原理”理论课程教学大纲

2.16.1 课程基本信息

<table>
<tr><td rowspan="2">课程名称</td><td colspan="3">自动控制原理</td></tr>
<tr><td colspan="3">Automatic Control Theory</td></tr>
<tr><td>课程学分</td><td>4</td><td>总学时</td><td>64（包含 6 学时实验）</td></tr>
<tr><td>课程类型</td><td colspan="3">□ 专业大类基础课 ■专业核心课 □ 专业选修课 □ 集中实践</td></tr>
<tr><td>开课学期</td><td colspan="3">□1-1 □1-2 □2-1 ■ 2-2 □3-1 □3-2 □4-1 □4-2</td></tr>
<tr><td>先修课程</td><td colspan="3">高等数学、工程数学、电路、电子学、电机拖动</td></tr>
<tr><td>教材、参考书及其他资料</td><td colspan="3">使用教材：
[1] 王划一 . 自动控制原理（修订版）. 国防工业出版社 .
参考教材：
[1]（美）Richard C. Dorf，Robert H. Bishop. Modern Control Systems . 电子工业出版社 .
[2]（美）Katsuhiko Ohata. Modern Control Engineering . 电子工业出版社 .
[3]（美）Gene F. Franklin，J. David Powell，Abbas Emami-Naeini. Feedback Control of Dynamic Systems. 电子工业出版社 .
[4] 胡寿松 . 自动控制原理（修订版）. 科学出版社 .
[5] 李友善 . 自动控制原理（修订版）. 国防工业出版社 .</td></tr>
</table>

2.16.2　课程描述

自动控制原理是自动化、机器人工程、测试技术与仪器等专业的一门重要专业基础课，为必修主干课程。

自动控制原理是研究自动控制规律的技术科学，通过本课程的学习，应用自动控制的基本原理，具备对复杂自动控制系统进行模型建立、定性分析、定量计算的能力，初步具备对系统进行设计和仿真研究的技能，为进一步学习后续课程以及从事相关专业技术工作、科学研究工作、管理工作提供重要的理论基础。

The Automatic Control Theory is a compulsory course which belongs to an important professional basic course for the majors of automation, robot engineering, measurement and control technology and instruments program and so on.

The Automatic Control Theory is a technology science that studies the laws of automatic control. Through the study of this course, it is supposed to possess the ability to model, qualitatively analyze and quantitatively calculate for complex automatic control systems, and to preliminarily master the skills for system design and simulation, by applying the basic principles of automatic control. This course provides a significant theoretical foundation for further study of subsequent courses and engaging in related professional and technical work, scientific research and management operation.

2.16.3　课程教学目标和教学要求

【教学目标】

本课程由自动控制的基本概念、控制系统数学模型的建立、控制系统的系统分析方法，控制系统的设计等内容组成。通过本课程教学，系统掌握自动控制原理的理论知识和系统分析方法，同时具有科学精神以及辩证思维能力。

课程目标 1：控制系统的基本概念。结合实际生产生活中的实例，学习控制系统的基本概念。对自动控制系统的工程应用背景、研究目的及基本概念、问题和解决方法建立基本的认识。

课程目标 2：系统建模。针对自动化复杂工程问题，能够利用牛顿定律、基尔霍夫定律等建立系统的数学模型。

课程目标 3：系统分析。针对所建立的模型选择合理的系统分析方法，能够对系统的稳定性、准确性和快速性等进行分析和研究。

课程目标 4：系统设计。能够利用校正环节，改善系统的性能指标，设计出满足性能要求的控制系统技术方案。建立良好的思维能力、科学精神以及辩证思维能力，提升创新能力。

课程目标 5：模拟实验。能够利用实验平台装置搭建系统，验证理论结果；进行创新实验的设计，提高动手能力和创新能力。

课程目标 6：系统仿真。能够利用 MATLAB 仿真工具，通过编程进行系统的分析；通过 Simulink 去搭建系统，进行系统的分析与校正。学习利用先进的仿真工具提高解决问题的能力，并提高终身学习的能力。

课程目标与专业毕业要求的关联关系

课程目标	毕业要求					
	工程知识 1	问题分析 2	设计 / 开发解决方案 3	研究 4	使用现代工具 5	工程与社会 6
1	H					M
2		H		M		
3		H			M	
4			H		M	
5			H			M
6			M		H	

注：毕业要求 1，2，3，4，5，6，…，分别对应毕业要求中各项具体内容。

【教学要求】

本课程以课堂教学为主，结合讨论、测验、慕课、雨课堂、自学、实验等教学手段，完成课程教学任务和相关能力的培养。比较全面地学习自动控制的经典理论及其工程分析、设计的方法和手段，运用线性反馈系统的基本架构和基本概念，学会利用经典控制理论中的时域分析法、频域分析法和根轨迹法分析系统性能，学会如何选择控制方式及设计控制系统。

在实验教学环节中，采用启发式教学、讨论式教学，初步运用自动控制理论分析实际系统特征和解决实际问题的能力。提高自主学习能力、实际动手能力、团队合作能力、获取和处理信息的能力、准确运用语言文字的表达能力，激发学生的创新思维。

在自学环节中，对课程中某些有助于进一步拓宽控制理论知识的内容，通过教师的指导，自学完成。这些内容包括控制系统实例分析、高阶系统动态响应、广义根轨迹的绘制、相位超前 - 滞后校正、反馈校正等。通过自学这一教学手段提高自主学习能力。

2.16.4 教学内容简介

章节顺序	章节名称	知识点	参考授课学时
1	自动控制系统的基本概念	1.1 自动控制系统发展概况 1.2 自动控制的基本知识 1.3 自动控制系统的基本控制方式 1.4 自动控制系统的分类及基本组成 1.5 对控制系统的要求和分析设计	4
2	控制系统的数学模型	2.1 引言 2.2 系统微分方程的建立 2.3 线性系统的传递函数 2.4 典型环节及其传递函数 2.5 系统的结构图 2.6 信号流图及梅森公式	8
3	线性系统的时域分析法	3.1 线性输入信号和时域性能指标 3.2 一阶系统时域分析 3.3 二阶系统时域分析 3.4 高阶系统分析 3.5 控制系统的稳定性分析 3.6 控制系统的稳态误差分析	8
4	线性系统的根轨迹法	4.1 根轨迹的基本概念 4.2 根轨迹绘制的基本法则 4.3 广义根轨迹	4
5	系统的频域分析法	5.1 频率特性 5.2 典型环节的频率特性 5.3 控制系统的开环频率特性 5.4 奈奎斯特稳定判据 5.5 开环频域指标 5.6 闭环频域特性	10
6	控制系统的校正	6.1 校正的基本概念 6.2 典型校正装置 6.3 频率法串联校正 6.4 频率法反馈校正 6.5 控制系统的复合校正	10
7	非线性控制系统	7.1 典型非线性特性 7.2 描述函数法 7.3 相平面法	4
8	线性离散系统	8.1 引言 8.2 采样过程和采样定理	10

续表

章节顺序	章节名称	知识点	参考授课学时
8	线性离散系统	8.3 信号恢复 8.4 z 变换 8.5 离散系统的数学模型 8.6 离散系统的时域分析	10

2.16.5 教学安排详表

序号	教学内容	学时分配	教学方式（授课、实验、上机、讨论）	教学要求（知识要求及能力要求）
第 1 章	1.1 自动控制系统发展概况 1.2 自动控制的基本知识	2	授课	本章重点：概念学习； 能力要求：对自动控制系统工程应用背景、研究目的及基本概念、问题和解决方法建立基本认识，为后续内容学习作好铺垫； 教学和学习建议：示例法教学；通读本章的所有内容
	1.3 自动控制系统的基本控制方式 1.4 自动控制系统的分类及基本组成 1.5 对控制系统的要求和分析设计	2	授课	
第 2 章	2.1 引言 2.2 系统微分方程的建立	2	授课	本章重点：传递函数，结构图的等效变换； 能力要求：建立线性系统的时域分析法的概念及方法，能从动态性能、稳态性能及稳定性三个方面对系统进行分析和评价；学习一阶、二阶系统的阶跃响应，参数变化对系统性能的影响，尤其是二阶系统参数与特征根、系统响应的对应关系；系统稳定性的概念及判据；控制精度即稳态误差的分析计算方法；提升正确的科学思维方法和科学研究方法； 教学和学习建议：递进式教学，理论联系实际，讲清楚原理与概念；学习用多种方法分析解决问题的思路与过程。多练习，体会做题的思路与步骤，提高分析问题及解决问题的综合能力
	复习拉氏变换及其性质 2.3 线性系统的传递函数	2	授课	
	2.4 典型环节及其传递函数 2.5 系统的结构图	2	授课	
	2.6 信号流图及梅森公式 第 2 章总结及习题课	2	授课 讨论	
第 3 章	3.1 典型输入信号和时域性能指标 3.2 一阶系统时域分析	2	授课	本章重点：二阶系统参数与特征根、性能指标的关系，控制系统的稳定性分析，控制系统的稳态误差计算； 能力要求：建立线性系统的时域分析法的概念及方法，能从动态性能、稳态性能及稳定性三个方
	3.3 典型二阶系统的时域分析	2	授课	

续表

<table>
<tr><th>序号</th><th>教学内容</th><th>学时分配</th><th>教学方式（授课、实验、上机、讨论）</th><th>教学要求
（知识要求及能力要求）</th></tr>
<tr><td rowspan="3">第 3 章</td><td>3.4 高阶系统的时域分析
3.5 线性系统的稳定性分析</td><td>2</td><td>授课</td><td rowspan="3">面对系统进行分析和评价；学习一阶、二阶系统的阶跃响应，参数变化对系统性能的影响，尤其是二阶系统参数与特征根、系统响应的对应关系；系统稳定性的概念及判据；控制精度即稳态误差的分析计算方法；提升正确的科学思维方法和科学研究方法；
教学和学习建议：在课堂上理论结合实际，把重点难点讲解清楚、思路清晰；学习过程中吃透本章内容，然后在理解的基础上，适当记忆响应形式以及性能指标的公式，多练习，开拓做题思路，提高分析问题及解决问题的综合能力</td></tr>
<tr><td>3.6 线性系统的稳态误差分析
第 3 章总结及习题课</td><td>2</td><td>授课
讨论</td></tr>
<tr><td>控制系统的时域分析</td><td>2</td><td>实验</td></tr>
<tr><td rowspan="3">第 4 章</td><td>4.1 根轨迹
4.2 绘制根轨迹的基本法则</td><td>2</td><td>授课</td><td rowspan="3">本章重点：根轨迹的相角和幅值条件，八个绘制根轨迹的基本法则；
能力要求：能够理解根轨迹的概念，熟悉根轨迹方程、根轨迹的相角和幅值条件及根轨迹的绘制法则，能够应用绘制法则绘制出相应系统的根轨迹图，并且能够根据根轨迹法图分析系统的性能；进一步学习参变量根轨迹、零度根轨迹的概念及绘制方法；
教学和学习建议：过程步骤与图形相结合；在理解的基础上，学会根轨迹的绘制法则，多练习，开阔眼界，并总结各类典型问题的根轨迹</td></tr>
<tr><td>4.3 广义根轨迹
第 4 章总结及习题课</td><td>2</td><td>授课
讨论</td></tr>
<tr><td>控制系统的根轨迹分析</td><td>2</td><td>实验</td></tr>
<tr><td rowspan="6">第 5 章</td><td>5.1 频率特性
5.2 典型环节的频率特性</td><td>2</td><td>授课</td><td rowspan="6">本章重点：极坐标图和 Bode 图的绘制，开环幅值穿越频率，相角裕度；
能力要求：能够理解频率特性的定义及其物理意义，体会与传递函数的关系，频率特性的几何表示方法；通过典型环节的频率特性曲线，学习开环幅相曲线与开环对数频率特性曲线的绘制方法；根据开环极坐标图及 Bode 图，利用奈氏判据判断闭环稳定性的理论及方法；理解幅值裕度与相角裕度的物理意义和计算方法，体会频域性能指标和时域性能指标之间的关系；
教学和学习建议：建议采用循序渐进的教学方法，注重物理意义，讲明绘制频率特性曲线的方法；学习时应在理解的前提下，学习绘制频率特性曲线的技巧，多做练习，多研讨，提高分析问题及解决问题的综合能力</td></tr>
<tr><td>5.3 控制系统的开环频率特性</td><td>2</td><td>授课</td></tr>
<tr><td>5.4 奈氏稳定判据</td><td>2</td><td>授课</td></tr>
<tr><td>5.5 开环频域指标</td><td>2</td><td>授课</td></tr>
<tr><td>5.6 闭环频率特性
第 5 章总结及习题课</td><td>2</td><td>授课
讨论</td></tr>
<tr><td>控制系统的频域分析</td><td>2</td><td>实验</td></tr>
</table>

续表

序号	教学内容	学时分配	教学方式（授课、实验、上机、讨论）	教学要求（知识要求及能力要求）
第 6 章	6.1 校正的基本概念 6.2 典型的校正装置 6.3 频率法串联校正	2	授课	本章重点：串联超前校正和串联滞后的校正原理，复合校正的原理及校正过程； 能力要求：能够理解校正的作用，串联超前校正和串联滞后校正的校正原理、设计步骤与设计过程；学习串联综合法的原理及设计步骤；了解反馈校正的原理；体会复合校正的原理与设计过程； 教学和学习建议：注重物理概念，讲透彻校正的辩证关系，串联超前校正和串联滞后的校正原理和设计步骤；讲明串联综合法、反馈校正及复合校正的原理；学习中应在理解的前提下，学习各种校正方法的校正原理和设计步骤，多做练习、多研讨，提高分析问题及解决问题的综合能力；具有良好的思维能力及创新性，具有科学精神以及辩证思维能力，提升创新能力
	6.3.1 串联分析法	2	授课	
	6.3.2 串联综合法 6.3.3 PID 调节器	2	授课	
	6.4 频率法反馈校正 6.5 控制系统的复合校正 第 6 章 总结及习题课	2	授课 讨论	
第 7 章	7.1 典型非线性特性 7.2 描述函数法	2	授课	本章重点：非线性特性的描述函数，用描述函数法分析非线性系统的自振荡； 能力要求：能够认识非线性系统区别于线性系统的运动特点；学习典型的非线性特性，描述函数法的定义、物理意义和应用范围，学习典型非线性环节的描述函数和负倒描述函数；应用描述函数法分析非线性系统稳定性，以及分析自振荡、计算自振荡的频率和振幅的计算方法；本章内容有助于学生掌握正确的科学思维方法和科学研究方法； 教学和学习建议：讲明描述函数的物理意义、应用范围，讲解清楚描述函数法就是在谐波线性化以后奈氏判据的应用推广；学习时应在理解的前提下，应用描述函数的求解方法以及描述函数法的物理意义进行解题，多做练习、多研讨
	7.3 相平面法	2	授课 讨论	
第 8 章	8.1 引言：离散系统的基本概念 8.2 采样过程及采样定理	2	授课	本章重点：采样过程，零阶保持器，z 变换，脉冲传递函数，离散控制系统的动态性能、稳态性能及稳定性的分析方法； 能力要求：学会连续系统离散化的方法；学习采样控制系统采样过程和采样定理及其数学描述，零阶保持器的传递函数及频谱；结合线性连续系统的分析方法，充分理解 z 变换、z 反变换、脉冲传递函数的物理意义和求解方法；进行离散控制系统的动态性能、稳态性能及稳定性的分析
	8.3 信号恢复	2	授课	
	8.4 z 变换	2	授课	
	8.5 离散系统的数学模型	2	授课	
	8.6 离散系统的时域分析	2	授课	

续表

序号	教学内容	学时分配	教学方式（授课、实验、上机、讨论）	教学要求（知识要求及能力要求）
第 8 章	8.6.4 离散系统的稳态误差分析 第 8 章 总结及习题课 课程总结	2	授课 讨论	教学和学习建议：讲解清楚与连续系统不同的地方以及能把连续系统的时域分析方法可以进行推广的应用条件；学习时应在理解的前提下，学会脉冲传递函数的求解方法，离散控制系统的动态性能、稳态性能及稳定性的分析方法，多做练习、多研讨，提高分析问题及解决问题的综合能力
第 9 章	利用 MATLAB 完成仿真实验，提交实验报告。 1. 编程完成课本第 3 章的时域波形，第 4 章的根轨迹图，第 5 章的 Bode 图，极坐标图； 2. 用 Simulink 完成课本第 6 章校正设计	4	仿真 实验	能力要求：自学 MATLAB 软件，学习利用先进的仿真工具提高分析和解决问题的能力；通过仿真手段，画出响应曲线，根轨迹、Bade 图和极坐标图，并针对曲线进行分析；学会通过仿真手段校正或设计系统的方法；学会规范实验报告的撰写

2.16.6　考核及成绩评定方式

【考核方式】

包括过程考核，如：课堂提问、考勤、慕课、作业、章节考试（笔试，闭卷）、仿真实验报告和期末考试（笔试，闭卷）。

【成绩评定】

过程考核，各项均按百分制打分，取平均分作为最终平时成绩，占总成绩 30%，期末考试百分制打分，占总成绩的 70%。

大纲制定者：周风余（山东大学）
朱文兴（山东大学）
吴皓（山东大学）
李晓磊（山东大学）

大纲审核者：于乃功，周波

最后修订时间：2022 年 8 月 18 日

第 3 章

机器人工程专业本科培养方案调研报告（创新型）

3.1 调研思路

机器人工程专业作为国外近 20 年以来涌现的新兴工科专业，特别是国内近 5 年来发展极其迅速（国内开设自动化专业的院校经过 50 多年的发展，到目前为止为 507 所，作为对比，机器人工程专业为 322 所），与新工科专业发展新战略、新趋势相结合，呈现了其自身所具有的高交叉、跨学科的特点，有别于传统的自动化专业，经过多年发展形成了一套较为稳定的培养目标和教学体系。上述专业发展背景决定了在调研中要认真厘清机器人工程专业相对于传统自动化专业的新特点、新特色和新要求。具体而言，在调研中确立的基本思路如下：

（1）国外 vs. 国内：从机器人工程专业的国内外发展现状来看，从 2006 年起，国外大学（主要是美国大学）纷纷开办机器人或机器人工程本科专业，其典型代表为 WPI（Worcester Polytechnic Institute）、CMU（Carnegie Mellon University）等。近年来国内机器人工程专业的发展也大量借鉴了国外高校的专业建设成果，因此在调研过程中将对国外一些较为典型的机器人工程相关专业的发展做重点分析和对比。

（2）自动化 vs. 机械等其他学科：从学科交叉发展的角度来看，机器人工程专业所涉及的专业基础知识来自自动化、计算机、机械、电子、信息、人工智能等不同的学科，而目前国内机器人工程专业主要设置在自动化大类专业之下，因此我们调研的重点主要放在自动化学院或相关大类专业下设置的机器人工程专业，而辅之以机械等相关大类专业下的机器人工程专业设置作为对照。

（3）研究型 vs. 应用型：目前国内已经设立机器人工程专业的高校中，研究型高校仅占少部分，而应用型高校则占据了大部分比例，这也贴合了机器人工程专业来源于国家现代制造业发展实际需求的特点。因此在调研中，主要以研究型高校的培养方案为主进行调研，同时也对应用型高校的机器人工程专业建设进行调研和参照。

（4）理论教学 vs. 实践环节：机器人工程专业能力的培养既包括数理基础和跨学科基础等理论知识，本身也同时具有强实践性的特点。因此在调研过程中，将不仅对理论课程教学进行深入梳理，同时还将关注不同学校在实践教学环节（特别是专门的集中实践环节）的课程安排和能力培养思路，做到理论和实践并举，相互服务，相互印证。

3.2　调研对象

1. 国外高校调研对象

（1）英国 Plymouth University：全球第一所（2004 年）提供机器人本科教育课程计划的大学；

（2）美国 Worcester Polytechnic Institute（WPI）：2006 年成立美国第一个 BS Robotics Engineering 专业；

（3）美国 Carnegie Mellon University（CMU）：卡内基 - 梅隆大学下辖的机器人研究所（Robotic Institute）是当今世界最大、最先进的机器人研究机构，并从事机器人工程教学活动；

（4）Stanford University：有设置在工程学院下计算机系统工程方向中的机器人与机电一体化专业（Robotics and Mechatronics Specialization）。

2. 国内高校调研对象

按照开设机器人工程专业的高校类型、所设立院系学科属性，分为控制口研究型（研究型大学控制学科所在学院）18 所、控制口应用型（应用型大学控制学科所在学院）9 所和机械口（研究型大学机械学科所在学院）6 所三类，具体调研学校如表 3-1 所示。

表 3-1　国内调研学校

控制口研究型		控制口应用型	机　械　口
北京大学	浙江大学	北京信息科技大学	北京航空航天大学
东南大学	湖南大学	哈尔滨华德学院	电子科技大学
东北大学	重庆大学	河南工学院	哈尔滨工业大学
国防科技大学	北京工业大学	临沂大学	南京航空航天大学
哈尔滨工程大学	重庆邮电大学	南京工程学院	南京理工大学
合肥工业大学	青岛科技大学	西安文理学院	燕山大学
长安大学	武汉科技大学	重庆文理学院	
华南理工大学	南京信息工程大学	重邮移通学院	
兰州理工大学	南方科技大学	厦门大学嘉庚学院	

3. 调研对象的说明

国内调研对象均为工科实力较强或行业特色院校，涵盖东北、华南、华东、西北等不同地域高校。

3.3 国外机器人工程或相关专业调研情况分析

1. 英国 Plymouth University

（1）基本情况。

全球第一所（2004 年）提供机器人本科教育课程计划的大学，向学生提供拟真的、由做到学（immersive learning-by-doing）体验，培养电子、嵌入式与高级编程、机电、人工智能基本实践和分析技能。

（2）办学特点。

①面向实践化的机器人教学，针对机器人系统实现、分析和测试；

②侧重软件方面，尤其强调自主机器人控制的嵌入式与高级编程，以及人工智能、服务机器人、人机交互和认知机器人等方面的最新发展；

③从第一个教学模块开始引入机器人，并通过逐步复杂的机器人的设计、分析和编程实现知识集成和理解。

2. 美国 Worcester Polytechnic Institute（WPI）

（1）WPI 基本情况介绍。

2006 年 WPI 首建美国第一个 BS Robotics Engineering 专业于 2007 年开始招生，2009 年首届学生毕业，2010 年通过 ABET（工程技术）专业认证（2010—2020）。负责人 Michael A. Gennert 教授一直在总结办学过程和思路。

[1] Gennert M.A, Padir T. Robotics as an Undergraduate Major: A Retrospective[C]//120th ASEE Annual Conference and Exposition, Frankly, June 2013: 23.1049.1-23.1049.23. 美国工程教育年会 .（五年回顾）

[2] Gennert M.A, Grétar T. Educating the Global Robotics Engineer[C]//ASEE International Forum, Atlanta, Georgia, June 2013: 21.20.1-21.20.6.

[3] Gennert M.A, Padir T. Assessing Multidisciplinary Design in a Robotics Engineering Curriculum[C]//ASEE Annual Meeting, San Antonio, TX, June 2012: 25.215.1-25.215.14.

[4] Padır T, Fischer G, et al. A Unified and Integrated Approach to Teaching a Two-Course Sequence in Robotics Engineering[J]. Robotics and Mechatronics, 2011, 23(5): 748-758.（办学总结）

[5] Gennert M.A, et al. Introduction to MS4SSA Robotics Modules[R], WPI 报告，2017: 1-47.

（2）WPI 办学思想。

不只学习机器人，还要构建机器人；一个实践性专业，第一年就要构建机器人的专业；具有 ME、CS、ECE 多学科特性，需要更扎实的基础和更宽的知识处理真实世界的挑战。宣传语：Make useful robots，make robots useful。

（3）WPI 核心课程体系。

WPI 核心课程体系的特点：课程体系最齐全、最成熟；重视动手实践，如图 3-1 所示。

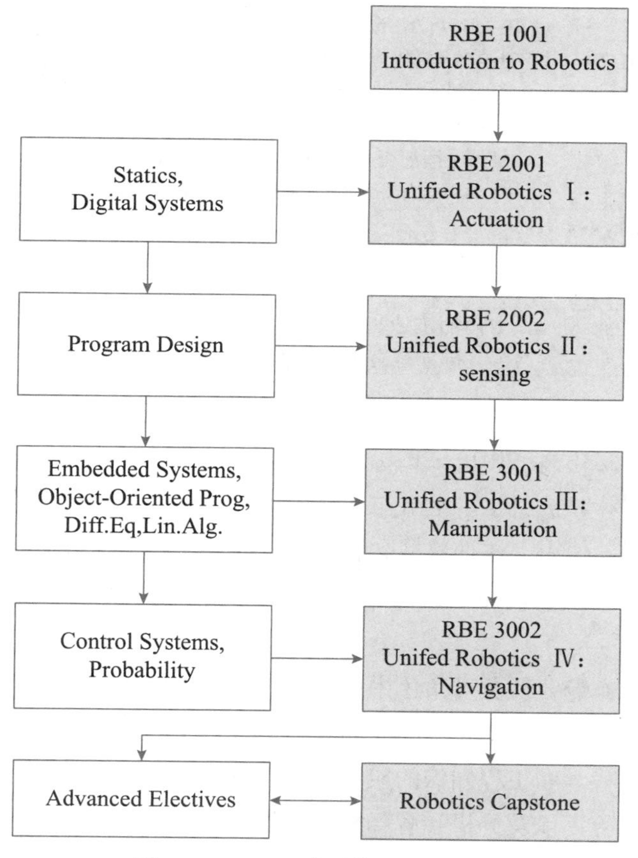

图 3-1　WPI RE 专业核心课程体系

需要重点关注的课程包括：①统一机器人学，将所有和机器人相关的专业知识建设为一门大课，分不同模块进行教学，包括执行、感知、操作和导航；② Robotics Capstone，在专业学习的最高阶段安排 Capstone 课程，作为一个综合性的课程设计环节，以锻炼学生的实际动手能力，并检验专业能力培养效果。此方式也被国内若干高校所采纳。

其中，2017 年开设的主要机器人专业课程教学内容简介如表 3-2 所示。

表 3-2　WPI 主要机器人专业课程

课程	简介
Introduction to Robotics（机器人学导论）	机器人认知课程，内容包括执行器、传感器、嵌入式编程和应用等，有动手练习和 team projects，学生自行设计和开发移动机器人，类似新生研讨课机器人模块
Unified Robotics I, II, III, IV（统一机器人学 I, II, III, IV）	共四门课程构成，每门课程内容侧重点不同，主要针对移动机器人进行教学。 I：运动学，动力学，基本的开发环境和软件编程； II：传感器，反馈机制，决策算法，有限状态机； III：机构设计，嵌入式系统，反馈和控制实现； IV：导航，定位，通信。 每门课程都有上机实验和 team projects，最后还有一个总的开放式项目设计。跨学科教学，包括机械、控制和计算机等，内容较广泛
Modeling and Analysis of Mechatronic Systems（机电一体化系统的建模和分析）	机电系统的建模与分析，包括线性系统和开闭环控制，采用计算机实现。有上机实验
Industrial Robotics（工业机器人学）	专门的工业机器人课程，内容和目前开设的机器人学导论课程大致相当，同样也有上机实验和项目

（4）WPI 机器人工程专业培养目标和毕业要求实例（ABET 专业认证）。

培养目标（WPI ABET，2010—2020）：

①基本理解掌握计算机科学、电气与计算机工程、机械工程和系统工程基础知识；

②针对不同应用，使用上述抽象概念和实用技能设计和构建机器人和机器人系统；

③对于机器人如何能被应用于改造社会和改善企业能力具有想象力，并具备将想法转变为现实的激情；

④在承担社会工作专业性负责角色中的表现符合伦理规范。

毕业生要求具有培养产出成效（Outcomes）（WPI ABET）：

①宽广的数学、科学和工程知识的应用能力；

②设计和完成实验，以及分析和解释数据的能力；

③设计机器人、部件或过程的能力，能在真实约束下满足期望的指标需求，这些约束包括：经济、环境、社会、政治、伦理、健康、安全、可制造和可持续性；

④在多学科团队中发挥作用的能力；

⑤辨识、表述和解决工程问题的能力；

⑥理解专业和伦理责任的能力；

⑦有效交流沟通的能力；

⑧所受教育面足够宽，能够理解工程解决方案对全球、经济、环境和社会的影响；

⑨具有必须终身学习意识，并具有终身学习的能力；

⑩与时俱进，具有在工程实践中使用技术、技能和现代工程工具的能力。

3. 美国 Carnegie Mellon University（CMU）

美国卡内基-梅隆大学（Carnegie Mellon University, CMU）下设机器人研究所（Robotics Institute, IR）是当今世界最大、最先进的机器人研究机构，并从事机器人工程教学活动。其核心课程设置如图 3-2 所示。

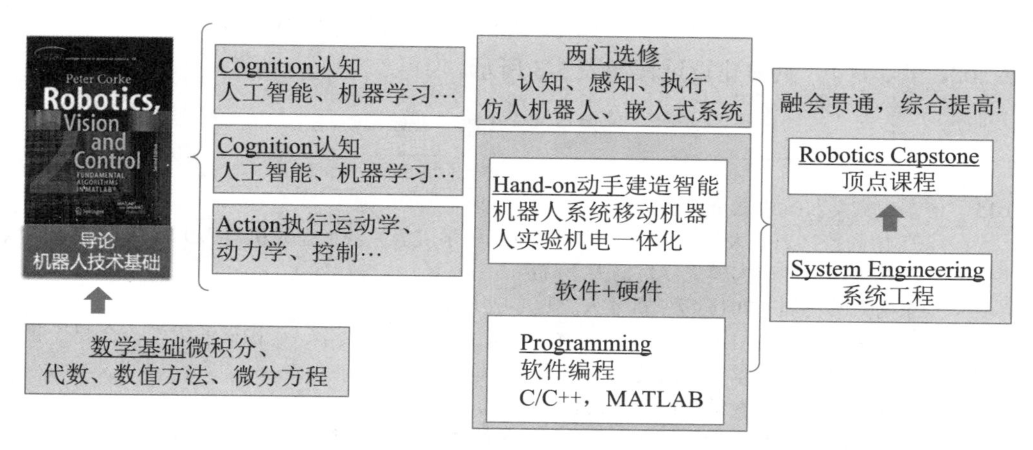

图 3-2　CMU 机器人教学核心课程设置

值得关注的是，CMU 机器人研究所依托计算机科学（CS），课程设置上偏重认知（人工智能 AI，机器学习 ML）和感知（计算机视觉 CV），这是其显著特点。

4. 美国 Stanford University

设置在工程学院下计算机系统工程方向中的机器人与机电一体化专业（Robotics and Mechatronics Specialization），几门和机器人有关的课程介绍如下。

（1）CS223A：Introduction to Robotics，机器人学导论课程，针对工业机器人，包括机器人系统的运动学、动力学和控制。类似国内开设的机器人学导论课程。

（2）CS225A：Experimental Robotics，实践课程，让学生应用基本的机器人控制概念和方法控制实际的机器人。学生需要完成一个机器人开发项目，通过编程控制器完成一系列任务。包括两个实验平台，一个是 Puma 工业机器人平台；另一个是 PR2 服务机器人平台，完成其控制算法开发和实验。采用的实验软件为自主开发的 SCL 控制和交互仿真库。

（3）CS 327-A：Advanced Robotics，基于非线性控制的动力学建模，包括混合力位控制、多任务控制等。

3.4 国内机器人工程专业调研情况分析

在国内机器人工程专业调研方面，考察了控制口研究型 17 所、控制口应用型 9 所和机械口 6 所，进行了相关专业的比对，并重点调研了控制口研究型高校的培养方案设置情况。

1. 国内机器人工程专业发展历程

自 2015 年东南大学获批成立全国首个机器人工程（Robotics Engineering, RE）专业（080803T）以来，目前已有 300 多所高校（对比自动化专业 507 所）获批成立 RE 专业（截至 2021 年 6 月）。具体建设过程如表 3-3 所示。

表 3-3 国内机器人工程专业建设过程

年 份	建设情况
2015	东南大学获批成立全国首个机器人工程专业
2016	25 所高校（东北大学、湖南大学、南京工程学院等）获批建设机器人工程专业； 东北大学、湖南大学成立机器人学院； 东南大学首届（2016 级）机器人工程专业开始招生
2017	60 所高校（北京工业大学、北京航空航天大学、河海大学、中国矿业大学、合肥工业大学、南京信息工程大学等）获批建设机器人工程专业； 首届机器人工程教学会议在南京召开
2018	100 所高校（北京大学、浙江大学、哈尔滨工业大学、华南理工大学、电子科技大学、南京理工大学等）获批建设机器人工程专业； 首届机器人工程专业新工科建设与产学合作论坛在沈阳召开； 应用型本科院校机器人工程专业人才培养与专业建设研讨会在南京召开
2019	62 所高校（吉林大学、西北工业大学、南京航空航天大学、安徽大学、燕山大学等）获批建设机器人工程专业； 第二届全国高校机器人工程专业新工科建设与产学合作论坛在长沙召开
2020	53 所高校获批建设机器人工程专业； 全国首届机器人工程毕业生（东南大学 2016 级机器人工程专业学生）产生
2021	东南大学申报并获批全国首个机器人工程本科一流专业

2. 培养目标（以 6 所代表性大学为例，见表 3-4）

表 3-4 机器人工程专业培养目标

学校名称	培养目标
北京大学	本专业着重培养学生系统掌握力学与制造工程、自动化工程的基础理论、专门知识和基本技能，重点掌握智能机器人、控制系统的设计、编程和集成应用技术，具有从事智能机器人系统的设计制造、科技开发及工程应用等方面的工作能力，培养具有高度社会责任感、富有创新精神和实践能力、国际视野开阔的机器人领域领军人才
浙江大学	本专业旨在培养服务于国民经济建设和社会进步发展需要，德智体美劳全面发展，具有健全的人格、良好的人文社会科学素质和职业道德素养、较强的社会责任感和担当意识，具

续表

学校名称	培养目标
浙江大学	有深厚的理论知识基础、严密的逻辑推理能力、创新的动手实践能力、优秀的机器人设计研发与应用能力、良好的独立工作能力和团队组织管理协作能力，在机器人工程领域具有国际视野的卓越人才和创新技术的引领者
东南大学	本专业培养以机器人为主要研究及应用对象的系统工程师，培养人格健全、责任感强，具备基本科学和工程技术素养，具有数学物理和机器人机械设计基础知识，掌握信息与自动控制技术、计算机硬软件及算法设计应用知识和机器人系统与软件设计、分析、开发和应用技能，在机器人工程及系统应用领域具有交叉学科专业知识、专业特长和创新实践能力的综合型工程技术人才
东北大学	本专业培养适应国家智能制造战略发展和国际科技前沿需求，掌握机器人工程的基础理论和专业知识，具备从事机器人领域的实践技能，具有良好人文社会科学素质修养、社会责任感和工程职业道德，具有创新精神和终身学习能力，兼具国际视野的高素质复合型人才
湖南大学	机器人专业致力于培养适应社会与经济发展需要的、同时具备机器人及相关领域的学科交叉融合能力、创新创业能力和工程实践能力的专业人才。具体包括如下 5 个方面的目标： （1）具有全球化意识和国际视野，能够适应不断变化的国内外形势和环境，拥有自主学习和终身学习的能力。 （2）能够适应机器人技术发展，融会贯通工程数理基本知识和机器人专业知识，对机器人领域复杂工程项目提供系统性的解决方案。 （3）能够跟踪机器人系统工程及相关领域的前沿技术，具备工程创新意识，能从事机器人领域相关产品的设计、开发和产业化。 （4）具备社会责任感，恪守职业道德规范，能够在工程实践中考虑对社会、健康、安全、法律、环境与可持续性发展等因素的影响。 （5）具备健康的身心和良好的人文科学素养，具备创新创业能力，具有沟通、团队合作和工程项目管理的能力
北京工业大学	本专业面向机器人系统的工程设计、开发及应用，培养适应北京市“四个中心”和区域经济、社会发展需要，具备健康的身心、良好的人文科学素养、强烈的民族使命感和社会责任感，德智体美劳全面发展，掌握数学与自然科学基础知识、机器人工程的基础理论和专业知识，具有从事机器人领域工作的技能，具备终身学习能力和国际视野，实践能力突出、沟通能力强的高素质创新型人才。本专业毕业生能在科研院所、教育、企业、事业、技术和行政管理等单位从事机器人设计与控制、机器学习、人机交互、模式识别等方面的科学研究、工程设计、技术开发、系统运行与维护，工程应用及管理等工作

3. 课程体系设置

在专业课程体系设置调研方面，本调研报告拟从机器人工程专业的知识体系及学生能力培养角度出发进行分析，将所有课程从数理基础、软硬件基础、跨学科基础、机器人专业课程以及集中实践环节等方面进行调研，其核心知识体系如图 3-3 所示。

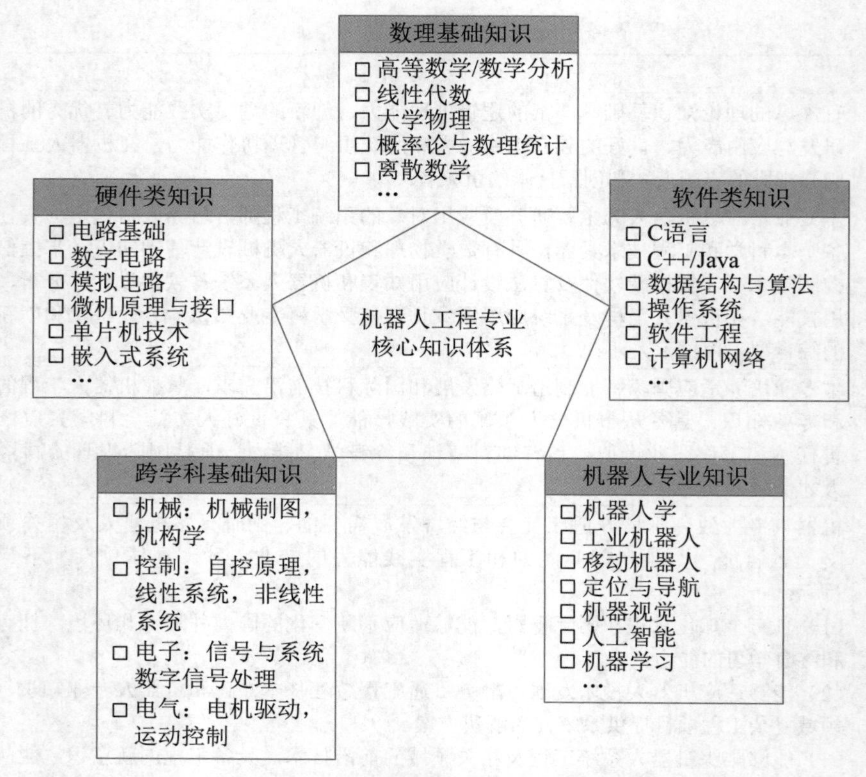

图 3-3　机器人工程专业核心知识体系构成

（1）数理基础课程调研，如表 3-5 所示。

表 3-5　数理基础课程调研

学校名称	课 程 名 称	学　分	开 课 学 期	课 程 性 质
北京大学	数学分析（一）	4	一（1）	必修
	数学分析（二）	4	一（2）	必修
	线性代数与几何	4	一（1）	必修
	常微分方程	3	二（1）	必修
	概率论与数理统计	3	三（1）	必修
	物理类（热，电磁，光，近代）	13	一、二	限选
	普通化学（B）	4	秋季	限选
	学分统计：	28		
东北大学	高等数学（一）	5	一（1）	必修
	高等数学（二）	5	一（2）	必修
	线性代数	3	一（1）	必修
	概率论与数理统计	3.5	二（1）	必修

续表

学校名称	课 程 名 称	学　分	开 课 学 期	课 程 性 质
东北大学	复变函数与积分变换	2.5	二（1）	选修
	大学物理（一）	4	一（2）	必修
	大学物理（二）	4	二（1）	必修
	学分统计：	27		
东南大学	工科数学分析 I	6	一（1）	必修
	工科数学分析 II	6	一（2）	必修
	线性代数	4	一（1）	必修
	概率论与数理统计	3	二（1）	必修
	离散数学	2	二（2）	必修
	计算方法	2	二（2）	选修
	大学物理 I	3	一（2）	必修
	大学物理 II	4	二（1）	必修
	学分统计：	28		
国防科技大学	高等数学 1，2	11.5	一	必修
	线性代数	3.5	一（1）	必修
	概率论与数理统计	3.5	二（2）	必修
	大学物理 1，2	8	一（2）/ 二（1）	必修
	离散数学	2.5	三（1）	选修
	随机过程	2	三（2）	选修
	大学计算	5.5	一	必修
	学分统计：	36.5		
湖南大学	高等数学 A（1，2）	10	一	必修
	线性代数 A	3	一（1）	必修
	概率论与数理统计 A	3	二（1）	必修
	积分变换	2	三（2）	必修
	复变函数（实分析）	2	三（2）	必修
	普通物理 A（1，2）	6	一（1）	必修
	学分统计：	26		
浙江大学	数学分析 1，2	10	一	必修
	线性代数	3.5	一	必修
	普通物理学 1，2	8	一	必修
	常微分方程	2	一（2）	必修
	复变函数和积分变换	1.5	二（1）	必修
	概率论与数理统计	2.5	二（1）	必修

续表

学校名称	课程名称	学分	开课学期	课程性质
浙江大学	计算方法	2.5	二（2）	必修
	学分统计：	30		
华南理工大学	应用微积分 1，2	8	一	必修
	线性代数	4	一	必修
	物理 1，2	8	一（2）/ 二（1）	必修
	化学	4	一（2）	必修
	概率论与数理统计	4	二（1）	必修
	计算方法	2.5	二（2）	必修
	学分统计：	30.5		
北京工业大学	高等数学（工）-1	5.5	一（1）	必修
	高等数学（工）-2	5.5	一（2）	必修
	线性代数（工）	3	一（1）	必修
	复变函数	2	二（1）	必修
	离散数学	2	二（1）	必修
	概率论与数理统计（工）	3	二（1）	必修
	大学物理Ⅰ-1	3.5	一（2）	必修
	大学物理Ⅰ-2	3.5	二（1）	必修
	学分统计：	28		
从下面开始仅列出比较特殊的课程，共有的课程不再列出				
重庆大学	复变函数	3	二（1）	必修
	大学化学	3.5		
南方科技大学	化学原理	4	四（1）	必修
	常微分方程	4	二（2）	必修

调研情况小结：根据调研结果，可对数理基础课程的设置建议如表 3-6 所示。

表 3-6　数理基础课程设置建议

数理知识	建议课程名称	建议学分	建议开课学期	备注
数学	工科数学分析 / 高等数学 1	5	一（1）	
	工科数学分析 / 高等数学 2	5	一（2）	
	线性代数	4	一（1）	
	概率论与数理统计	3	二（1）	
物理	大学物理 1	4	一（2）	
	大学物理 2	4	二（1）	
视情况选择开设	离散数学	2	二（2）	人工智能课程需要
	随机过程	2	二（2）	移动机器人课程需要
	复变函数	2	二（1）	视情况开设
	计算方法	2	二（2）	视情况开设

（2）软硬件课程调研。

控制口软硬件基础课程调研，如表3-7所示。

表3-7 控制口软硬件基础课程调研

学校名称	课程名称	类型	学期	学分
浙江大学	程序设计基础	选修	一（1）	3
	程序设计专题	选修	一（2）	2
	电路与模拟电子技术	必修	二（1）	5.5
	电路与模拟电子技术实验	必修	二（1）	1.5
	嵌入式系统	必修	二（2）	4
	机器人传感技术	必修	三（1）	2
	嵌入式系统高级实验	选修	二（1）	1.5
	数据结构	选修	二（1）	2
湖南大学	电路与电子学（含实验）	必修	二（1）	5+1
	微机原理与嵌入式系统（含实验）	必修	三（1）	3+1
	计算机编程	必修	三（1）	3
	电工电子学	必修	二（2）	4
	高等程序设计	必修	一（1）	4
	数据结构	必修	一（2）	4
	数字电路与逻辑设计	必修	二（2）	4
	计算机系统	必修	二（2）	4
	操作系统原理	必修	二（2）	4
	计算机网络系统结构	选修	三（2）	4
哈尔滨工程大学	电路电子学	必修	二（1）	5
	现代传感器原理及应用	选修	四（1）	2
	微型计算机原理与接口技术	选修	三（2）	3.5
	自动控制元件	选修	二（2）	2.5
	电路基础	必修	二（1）	4
国防科技大学	传感器与测试技术	选修	三（2）	2
	电子技术基础	必修	二（2）	4
	电工电子综合实践	必修	三（1）	1
	软件技术基础	必修	二（2）	2.5
	计算机硬件技术基础	必修	三（1）	2.5
	电工与电路基础	必修	一（2）	2
燕山大学	大学计算机（计算思维导论）	必修	一（1）	2

续表

学校名称	课程名称	类型	学期	学分
燕山大学	计算机技术基础（Python 程序设计 B）	必修	一（2）	2.5
	电工电子技术 A*	必修	二（2）	4
	嵌入式系统原理及应用	选修	三（2）	2
长安大学	C 语言程序设计	必修	一（2）	3
	微机与单片机系统综合实验	必修	二（2）	2
	电子电路 I	必修	二（1）	4
	电子电路 II	必修	二（2）	4
	电子电路 III	必修	三（1）	4
	面向对象程序设计	选修	二（2）	4
	传感器与检测技术	必修	三（1）	2
	数据结构与算法	选修	三（1）	2
	嵌入式系统及应用	选修	三（1）	2
武汉科技大学	C 语言程序设计	必修	一（1）	3.5
	C 语言程序设计实验	必修	一（1）	1
	电路分析基础（一）	必修	一（2）	2.5
	电路分析基础（二）	必修	二（1）	2.5
	电路分析基础实验	必修	二（1）	1
	模拟电子技术 A	必修	二（1）	4
	模拟电子技术实验	必修	二（1）	1
	数字电子技术 B	必修	二（2）	3
	数字电子技术实验	必修	二（2）	1
	计算机软件基础	必修	二（1）	2
	面向对象的程序设计	必修	二（2）	2
	机器人软件工程	必修	三（2）	2
	电子系统综合设计方法	必修	三（1）	1
	Python 编程	必修	三（1）	2
	PLC 技术	必修	三（2）	2.5
	嵌入式系统原理与应用	必修	三（2）	1.5
	C 语言程序设计课程设计	必修	一（2）	1
	机器人软件工程课程设计	必修	三（2）	1
北京大学	计算概论（B）	必修	一（1）	3
	数据结构与算法（B）	必修	一（2）	3
	模拟电子技术	必修	二（1）	4
	数字电子技术	必修	二（2）	3

续表

学校名称	课程名称	类型	学期	学分
北京大学	可编程逻辑电路设计	选修	二（2）	2
	计算机组织与体系结构	选修	三	3
	嵌入式系统原理	选修	秋季	3
东南大学	计算机程序设计（上）	必修	一（2）	2
	计算机程序设计（下）	必修	一（3）	1.5
	电路基础	必修	一（3）	4
	数字与逻辑设计（全英文）	必修	二（1）	3
	电子电路基础	必修	二（3）	4
	微机系统与接口	必修	二（3）	3
	信号与系统	必修	二（3）	3
	数据结构与算法（外系）	必修	二（1）	3
	机器人软件工程	选修	三（1）	2
	Java 高级程序设计（研讨）	选修	二（1）	1
	Python 高级程序设计（研讨）	选修	二（1）	1
	MATLAB 与控制系统仿真（研讨）	选修	二（3）	1
	电路实验	选修	一（4）	1
	C++ 程序设计课程设计（研讨）	选修	一（4）	0.5
	微机实验及课程设计（研讨）	选修	二（3）	1
	MCU 技术及课程设计（研讨）	选修	二（4）	2
	PLC 原理及课程设计（研讨）	选修	三（2）	2
	嵌入式系统及课程设计（研讨）	选修	三（2）	2
	模拟电子电路实验	选修	二（3）	1
华南理工大学	程序设计技术	选修	三（2）	2
	C 语言程序设计	必修	一（1）	2
	电路原理	必修	一（2）	4
	计算机应用基础	选修	一（3）	2
	模拟电子技术基础	必修	二（1）	3.5
	数字电子技术基础	必修	二（2）	3
	MATLAB 语言与应用（双语）	选修	二（2）	1.75
	Linux 系统	选修	二（2）	2
	微机原理与程序设计	必修	三（1）	4.5
华南理工大学	面向对象编程（C++）	选修	三（1）	1.75
	嵌入式系统基础	选修	三（1）	1.75
	Python 编程（双语）	选修	三（2）	1.75

续表

学校名称	课程名称	类　型	学　期	学　分
北京工业大学	高级语言程序设计	必修	一（1）	3.5
	电路分析基础	必修	二（1）	5
	数字电子技术	必修	二（1）	3.5
	模拟电子技术	必修	二（1）	3.5
	微机原理与接口技术	必修	二（2）	3.5
	高级语言程序设计课设	必修	一（2）	1.5
	电子技术实验 -1	必修	二（1）	1
	电子技术实验 -2	必修	二（2）	1.5
	嵌入式系统综合实践	必修	三（1）	2
	信息通信网络及应用	自主	三（2）	2
	数据结构与算法	选修	二（2）	2
	机器人操作系统基础	选修	三（1）	2
	数据库原理与应用	选修	四（1）	2
	Python 编程基础	选修	四（1）	2
合肥工业大学	C/C++ 语言程序设计	必修	一（2）	3
	电路分析基础	必修	一（2）	4
	电子技术基础 B	必修	二（1）	5.5
	电机与电力电子技术	必修	二（2）	3
	机器人感知技术	必修	三（1）	2.5
	自动控制理论	必修	三（1）	4
	机器人驱动与控制	必修	三（2）	3
	电路电子认知实验	选修	一（2）	1
	电子技术课程设计	选修	二（2）	1
	数字电路与 FPGA 综合实验	选修	二（2）	1.5
	MATLAB 应用与实践	选修	二（2）	1.5
	软件技术基础	选修	二（2）	3
	Python 语言	选修	三（1）	2
	程序设计课程设计	选修	三（1）	1
	微机原理与接口技术	选修	二（2）	3
	电器与 PLC 控制	选修	三（1）	3
	DSP 原理及应用	选修	三（2）	2
合肥工业大学	嵌入式系统	选修	三（1）	2
南方科技大学	计算机程序设计基础 B	必修	一 / 二春秋	3
	MATLAB 工程与应用	必修	一（2）	2

续表

学校名称	课程名称	类型	学期	学分
南方科技大学	C/C++ 语言程序设计	必修	二（1）	3
	模拟电路	必修	二（1）	3
	数字电路	必修	二（2）	3
	电路基础	必修	一（2）	2
	传感技术	必修	三（2）	3
南京信息工程大学	计算思维导论 II（混合）	必修	一（1）	2
	计算机程序设计（C 语言）	必修	一（2）	3
	电路（混合）	必修	一（2）	4
	模拟电子技术基础	必修	二（1）	3
	数字电子技术基础（混合）	必修	二（1）	2
	微机原理	必修	二（2）	3
	机器人感知技术基础	必修	三（1）	2
	数据结构	选修	三（1）	2
	工程软件使用训练	选修	二（1）	1.5
	Python 程序设计实践	选修	二（1）	2
	单片机实践	选修	二（2）	2
	PLC 及其应用实践	选修	三（1）	2
	嵌入式系统设计实践	选修	三（1）	2

机械口软硬件基础课程调研，如表 3-8 所示。

表 3-8　机械口软硬件基础课程调研

学校名称	课程名称	类型	学期	学分
哈尔滨工业大学	C++ 语言程序设计	必修	一（1）	2.5
	电工技术 A	必修	一（1）	3
	电子技术 A	必修	二（2）	3
	电工学实验	必修	二（2）	1.5
	传感器	必修	三（2）	4
北京航空航天大学	C 语言程序设计	必修	一（2）	2.5
	程序设计基础训练	必修	一（1）	2
	电子设计基础训练	必修	一（2）	2
	电子工程技术训练	必修	二（2）	2
	软件与编程	必修	二（1）	2.5

续表

学校名称	课程名称	类型	学期	学分
北京航空航天大学	电工电子技术	必修	二（1）	4.5
	电路	必修	二（1）	4
	模拟电子技术基础	必修	二（2）	4
	数字电子技术基础	必修	二（2）	3
	电路测试（1）	必修	二（1）	1
	电路测试（2）	必修	二（2）	1
	电气技术实践（0）	必修	二（1）	0.5
	电气技术实践（1）	必修	二（2）	1
	电气技术实践（2）	必修	三（1）	1
	电气技术综合实践	必修	二（2）	1
电子科技大学	电路分析与模拟电路	必修	一（2）	4
	大学计算机基础	必修	二（1）	2
	数字逻辑设计及应用	必修	二（2）	4
	微处理器系统结构与嵌入式系统设计	必修	二（2）	4
	工业控制器原理及应用技术	必修	二（2）	4
南京航空航天大学	C++ 语言程序设计	必修	一（2）	3
	电工与电子技术 I （1）	必修	二（1）	3.5
	电工与电子技术 I （2）	必修	二（2）	3.5
	嵌入式系统原理及应用	选修	三（1）	2.5
	传感器与检测技术	选修	三（1）	2.5
	电机与控制元件	选修	三（2）	3
	可编程控制器	选修	三（2）	1.5
	ROS 技术基础及应用	选修	三（2）	1.5
南京理工大学	嵌入式微处理器及应用	选修	三（2）	2
	智能传感与测试	必修	三（1）	2.5
	云计算与软件工程导论	选修	三（2）	3
	ROS 机器人操作系统基础	选修	三（1）	2
	C++ 程序设计	必修	一（1）	3
	C++ 课程设计	必修	一（2）	1
	模拟电路与数字电路（Ⅰ）	必修	二（2）	2
	模拟电路与数字电路（Ⅱ）	必修	三（1）	2
	模拟与数字电路综合实验	必修	三（1）	1
	电工学	必修	二（2）	3
	电路仿真与设计	选修	三（1）	2

续表

学校名称	课程名称	类　型	学　期	学　分
南京理工大学	单片机原理及应用	选修	三（2）	2
	可编程控制器原理及应用	选修	四（1）	2

调研情况小结：根据调研结果，可对软硬件基础课程的设置建议如表 3-9 所示。

表 3-9　软硬件基础课程设置建议

序　号	建议修读课程	学　分	学　期	类　型	备　注
1	电子电路基础	4	一（2）	必修课	电工、电子、电路类的课程普遍学分 7 ～ 9 分，取 8 分
2	模拟电路技术	2	二（1）		
3	数字电路技术	2	二（2）		
4	嵌入式系统	4	三（1）		含微机原理、单片机、RTOS
5	程序设计基础（C/C++）	4	一（1）		普遍 3 ～ 5 分，取 4 分
6	数据结构与算法	3	一（2）		普遍 2 ～ 4 分，取 3 分
	必修课总学分	19			
7	Python 高级程序设计	2	三（1）	选修课	2 分
8	Java 高级程序设计	2	三（1）		开设此课程的学校较少
9	MATLAB 仿真与应用	2	二（2）		机械类开设此课程的学校较少
	选修课总学分	6			

（3）跨学科基础课程调研，如表 3-10 所示。

表 3-10　跨学科基础课程调研

学校名称	课程名称	课程性质	学分	课程名称	课程性质	学分
北京大学	自动控制原理	必修	3	工程制图	选修	3
	机械设计基础	必修	4	数字信号处理	选修	3
	信号与系统	必修	3	电机驱动与运动控制	选修	3
东北大学	工程制图基础	必修	3	计算机控制系统	必修	3
	自动控制原理①	必修	4	智能控制概论	必修	1
东南大学	工程制图	必修	2	电机驱动与运动控制	选修	2
	信号与系统	必修	3	精密机械设计基础	选修	2
	自动控制原理 I	必修	3	实时优化与先进控制	选修	1.5
	自动控制原理 II（B）	必修	3	MATLAB 与控制系统仿真	选修	1
国防科技大学	工程制图	必修	3	控制理论与工程概论	选修	1

续表

学校名称	课程名称	课程性质	学分	课程名称	课程性质	学分
	机械设计基础	必修	3	传感器与测试技术	选修	1
	信号与系统	必修	3	控制系统仿真技术	选修	2
	电力电子与电气传动	必修	3	最优化方法	选修	2
	自动控制原理	必修	3	传感器与测试技术	选修	2
	控制器件	必修	2.5	传感器与测试技术	必修	2
	计算机控制	必修	2	飞行控制系统	必修	2
	现代控制理论	必修	2			
哈尔滨工程大学	工程制图	必修	2. 5	机械设计基础	必修	2
	自动控制理论	必修	5	现代控制理论	必修	2.5
	自动控制元件	必修	2. 5			
北京工业大学	自动控制原理	必修	4	现代控制理论	必修	2
	工程图学基础与AutoCAD	必修	2	电机驱动与运动控制	必修	3.5
	信号与系统III	选修	2	数字信号处理	选修	2.5
	智能控制技术	选修	2	信息通信网络及应用	选修	2
合肥工业大学	工程图学 C	必修	3	现代控制理论基础	选修	2.5
	机械设计基础 B	必修	3	信号分析与处理	选修	2
	电机与电力电子技术	必修	3	计算机控制技术	选修	3
	自动控制理论	必修	4	智能控制原理	选修	2
	机器人驱动与控制	必修	3			
湖南大学	自动控制原理	必修	2	工程图学	必修	3
	计算机控制	必修	2	自动控制原理	必修	4
	信号与系统	必修	3	机械设计基础	必修	4
	传感与检测技术	必修	2			
华南理工大学	设计与制造 I	必修	4	设计与制造III	必修	4
	设计与制造 II	必修	4	现代控制理论	必修	3
	动力系统建模、分析与控制	必修	4			
兰州理工大学	工程制图基础 I	必修	3	智能控制	选修	2
	机械原理	必修	4	综合自动化系统技术	选修	2.5

续表

学校名称	课程名称	课程性质	学分	课程名称	课程性质	学分
	自动控制原理 A	必修	5	现代控制理论	必修	2.5
	检测与转换技术	必修	3	控制系统计算机仿真	必修	2
	数字信号处理 C	必修	2			
南方科技大学	CAD 与工程制图	必修	3	现代控制与最优估计	选修	3
	信号和系统	必修	3	数字信号处理	选修	3
	控制工程基础	必修	3	机械设计基础	必修	3
南京信息工程大学	工程制图	必修	2	现代控制理论（限）	选修	2
	数字信号处理	必修	2	机械设计基础	必修	4
	自动控制原理	必修	4	计算机控制技术	必修	2
青岛科技大学	自动控制原理 A	必修	5	机械设计基础 B	选修	3
	电机基础	必修	3	电力电子技术 A	选修	3
	运动控制	必修	3	计算机控制技术	必修	3
	现代控制理论	必修	2			
武汉科技大学	机械设计基础 B	必修	3.5	工程制图 B	选修	3
	电机拖动基础（一）	必修	2.5	优化方法	选修	2
	自动控制原理 A	必修	4	电力电子技术	选修	2
	传感器与检测技术	必修	2.5	数字信号处理与 DSP 系统	选修	2.5
	电机控制系统	必修	3	系统设计与仿真	选修	1.5
长安大学	机械原理基础		2	信号与系统	选修	2
	自动控制原理	必修	4.5	先进控制技术	选修	2
	传感器与检测技术	必修	2	电机驱动与运动控制	必修	3
	现代控制理论	必修	2.5	计算机控制与网络技术	必修	2
浙江大学	工程图学（H）	必修	2.5	信号与系统（乙）	选修	2
	自动控制理论（甲）	必修	3.5	电气控制技术 **	选修	2.5
	机械设计基础（甲）	必修	3	现代控制理论 *	选修	2.5
	机器人驱动与控制	必修	3.5	智能控制技术 **	选修	1.5

续表

学校名称	课程名称	课程性质	学分	课程名称	课程性质	学分
浙江大学	最优化与最优控制	选修	2	运动控制技术	选修	2.5
重庆邮电大学	控制系统理论与方法（1）（自动控制原理）	必修	6	控制系统理论与方法（2）（人工智能与智能控制）	必修	4
	控制系统理论与方法（3）（计算机控制）	必修	2	工程技术基础（1）（工程图学与计算机绘图）	必修	3
	机器人技术（1）（机器人机械基础）	必修	4	机器人技术（3）（电机与运动控制）	必修	3

调研情况小结：根据调研结果，可对跨学科基础课程的设置建议如表 3-11 所示。

表 3-11　跨学科基础课程设置建议

	建议课程名称	建议学分	建议开课学期	备　注
控制方向	自动控制原理 *	4	三（1）	必修，含经典控制和现代控制部分
控制方向	计算机控制技术	3	三（2）	必修
机械方向	机械设计基础	3	二（2）	必修
信息方向	信号与系统	3	二（2）	必修
电气方向	电机驱动与运动控制 *	3	三（2）	必修
力学方向	工程力学	3	二（1）	必修
仪科方向	传感器与检测技术	2	三（2）	选修，3 选 1
控制方向	智能控制	2	四（1）	
电气方向	电力电子技术	2	三（1）	

（4）机器人专业课程调研，如表 3-12 所示。

表 3-12　机器人专业课程调研

学校名称	课程名称	课程性质	学　分	课程名称	课程性质	学　分
北京大学	人机交互	限选	2	人工智能	限选	3
	机器人感知与控制	限选（新开）	3	人工智能、机器人与伦理学	限选（新开）	3
	机器学习	限选	3			
	以下为加强 CV、AI 基础的课程					
	代数结构与组合数学	限选	3	集合论与图论	限选	3

续表

学校名称	课程名称	课程性质	学分	课程名称	课程性质	学分
北京大学	数字信号处理	限选	3			
	以下为自主选修课程					
	医学成像基础	选修	3	计算机视觉	选修	3
	群体智能	选修	3	自主移动机器人导论	选修	3
	认知神经科学	选修	2			
东北大学	人工智能概论	选修	2	机器学习导论	选修	2
	机器人感知与人机交互（双语）	选修	2	人工智能与机器人	选修	2
	云计算导论	选修	1	数字图像处理与机器视觉	选修	2
	计算机图形学基础	选修	2	智能控制概论	选修	1
	大数据基础理论	选修	2			
东南大学	数据结构与算法（外系）	必修	3	人工智能	必修	3
	机器人视觉（全英文）	必修	3	感知与人机交互（研讨）	选修	2
	计算机图形学	选修	1.5	模式识别与机器学习	选修	2
	机器学习及应用（研讨）	选修	2	数字图像处理（研讨）	选修	2
国防科技大学	人工智能基础	必修	3	导航与运动规划	必修	2
	机器视觉	必修	2	智能无人系统	选修	1
	智能机器人系统	选修	2	脑科学基础	选修	2
	离散数学	选修	2.5	随机过程	选修	2
哈尔滨工程大学	机器人视觉测量与控制	选修	2			
北京工业大学	机器人基础原理	必修	2.5	机器人感知技术	必修	2.5
	机器人综合设计与实践	必修	2	机器人智能交互技术	自主	2

续表

学校名称	课程名称	课程性质	学分	课程名称	课程性质	学分
北京工业大学	机器人机构设计	选修	2.5	图像处理与机器视觉	选修	2.5
	机器人操作系统基础	选修	2	人工智能技术基础	选修	2
	机器人动力学与控制	选修	2.5	机器人系统仿真	选修	2
	多机器人系统建模与分析	选修	2	协作操控机器人	选修	2
	机器人导航技术	选修	2			
合肥工业大学	机器人感知技术	必修	2.5	人工智能基础	必修	2
	数字图像处理与识别技术	选修	2	机器人导航	选修	1.5
	智能控制原理	选修	2	机器人前沿技术状体	选修	1
湖南大学	机器人感知与学习	必修	4	智能机器人系统	必修	4
华南理工大学	人机交互	必修	3	机器视觉及传感系统	必修	3
	机器控制及集群管理	必修	3	人工智能技术及应用	必修	3
	智能无人系统	必修	3			
兰州理工大学	模式识别与智能计算	选修	2	机器视觉与图像处理	选修	2
	说明：左右 2 门课均为 2 选 1					
	智能控制	选修	2	人工智能导论	选修	2
南方科技大学	模式识别 / 机器学习 / 统计与深度学习	必修	3	数字图像处理	选修	3
	语言信号处理	选修	3	人工智能 B	选修	3
	计算机视觉	选修	3	协作机器人学习	选修	3
	智能机器人	选修	3			
南京信息工程大学	机器人感知技术基础	必修	2	机器人视觉	选修	2

续表

学校名称	课程名称	课程性质	学　分	课程名称	课程性质	学　分
南京信息工程大学	机器学习（全英文）	选修	2	人机交互与人机接口技术	选修	2
	自动驾驶技术	选修	2	无人机技术	选修	2
	智能车技术	选修	2	水下机器人技术	选修	2
	机器人前沿讲座	选修	1			
青岛科技大学	自主机器人	必修	2	机器视觉	选修	3
	机器学习	选修	3			
武汉科技大学	计算机视觉	必修	2.5	智能机器人系统	必修	3
	人工智能原理及其应用	必修	2	智能信息处理	选修	1.5
	机器人技术导论	必修	1			
燕山大学	人工智能技术基础	必修	2	计算机视觉与图像处理	必修	2
	机器人感知与驱动	选修	2	机器学习	选修	1
长安大学	图像处理与机器视觉	必修	2	机器视觉综合实验	必修	1
	机器人定位与导航	选修	2	自动驾驶技术及应用	选修	2
	模式识别与机器学习	选修	2	人工智能技术与应用	选修	2
浙江大学	机器人传感技术	必修	2	人工智能与机器学习	必修	3.5
	智能控制技术	选修	1.5	机器视觉	选修	2.5
	空中机器人	选修	2	机器人前沿	选修	1
	软体仿生机器人与智能材料	选修	1	网络化智能无人系统	选修	2
重庆邮电大学	人工智能与智能控制	必修	4	机器人技术（6）（机器人视觉）	选修	2

调研情况小结：根据调研结果，机器人专业课程的设置建议如表 3-13 所示。

表 3-13　机器人专业课程设置建议

建议课程名称	建议学分	建议开课学期	备　注
机器人技术基础 I / 机器人学 *	2.5	三（1）	必修
机器人技术基础 II / 移动机器人 *	2.5	三（2）	必修
机器人操作系统 *	2	三（2）	必修
机器人感知与人机交互 *	2	四（1）	必修
人工智能 *	3	三（1）	必修
机器人视觉 *	2	三（2）	必修
机器人机构设计	2	三（2）	选修，6 选 3
工业机器人 *	2	四（1）	
智能机器人系统	2	四（1）	
机器人动力学与控制	2	四（1）	
飞行机器人	2	四（1）	
水下机器人	2	四（1）	
数字图像处理	2	三（1）	选修，2 选 1
模式识别	2	三（2）	
机器学习	2	四（1）	选修，2 选 1
深度学习及其应用	2	四（1）	

（5）集中实践类课程调研，如表 3-14 所示。

表 3-14　集中实践类课程调研

	课程名称	学　分	开课学期	课程性质
北京大学	机器人学实验（一）	2	二（2）	必修
	机器人学实验（二）	2	三（1）	必修
	机器人学实验（三）	2	三（2）	必修
	毕业论文	6	四（2）	必修
	基础物理实验	2	二（1）	限选
	普通化学实验（B）	2		限选
	学分统计：	14		
东北大学	军训	2	一（1）	必修
	电工电子实训	1	一（2）	必修
	电工电子技术实验（电路部分）	1	二（1）	必修
	电工电子技术实验（模电部分）	1	二（1）	必修
	电工电子技术实验（数电部分）	1	二（2）	必修
	大学物理实验（一）	1	二（1）	必修
	大学物理实验（二）	0.75	二（2）	必修
	机器人运动控制实验	1.5	二（2）	必修
	工程训练（非机类）	2	二（2）	必修

续表

	课程名称	学　分	开课学期	课程性质
东北大学	机器人技术基础实验	1.5	三（1）	必修
	移动机器人系统实验	1	三（2）	必修
	机器人工程实习	3	三（2）	必修
	智能机器人系统综合设计	2	四（1）	必修
	毕业设计	16	四（2）	必修
	学分统计：	34.75		
东南大学	工业系统认识 1	0.5	一（1）	必修
	电路实验	1	一（2）	必修
	C++ 程序设计课程设计	0.5	一（2）	必修
	工程设计导论	2	二（1）	必修
	数电实验	1	二（1）	必修
	模电实验	1	二（2）	必修
	微机实验及课程设计	1	二（2）	必修
	MCU 技术及课程设计	2	二（2）	必修
	社会实践	1	三（2）	必修
	领导力素养	2	三（2）	必修
	智能机器人系统综合设计 1	2	三（2）	必修
	智能机器人系统综合设计 2	2	四（1）	必修
	科研与工程实践	1.5	三（2）	必修
	毕业设计	8	四	必修
	文化素质教育实践	1	四（2）	必修
	大学生课外研学	2	四（2）	必修
	PLC 原理及课程设计	2	三（1）	必修
	嵌入式系统及课程设计	2	三（1）	必修
	军训	2	一（1）	必修
	学分统计：	34.5		
国防科技大学	大学物理实验	3.5	二	必修
	电工电子综合实践	1	三（1）	必修
	自动化装备接口综合设计	1	三（1）	必修
	控制系统综合设计	1	三（2）	必修
	机器人系统综合设计	2	四（1）	必修
	军训	1	一（1）	必修
	企业实习 1，2	2	二（2），三（2）	必修
	毕业设计	11	四（2）	必修

续表

	课程名称	学　分	开课学期	课程性质
国防科技大学	信息检索	0.5	一（1）	必修
	学分统计：	23		
湖南大学	普通物理实验 1，2	2	一（2）/ 二（1）	
	电路与电子学实验	1	二（1）	
	微机原理与嵌入式系统（含实验）	4	三（1）	
	机器人入门设计	4	一（2）	
	机器人基础竞赛	6	二（1）	
	机器人大赛	8	二（2）	
	机器人高级竞赛	6	三（1）	
	机器人高级竞赛	6	三（2）	
	毕业设计 1，2	12	四	
	学分统计：	46		
浙江大学	军训	2	一（1）	
	程序设计专题	2	一（2）	
	普通物理实验 1，2	3	一（2）/ 二（1）	
	电路与模拟电子技术实验	1.5	二（1）	
	专业认知实习	0.5	一（1）	
	机器人基础实践	1	一（1）	
	工程训练	1.5	一（1）	
	机器人学 I 强化训练与实践	2	二（2）	
	机器人学 II 强化训练与实践	2	三（1）	
	嵌入式系统高级实验	1.5	二（1）	
	机器人交叉创新设计与实践	4	三	
	毕业设计（论文）	8	四（2）	
	学分统计：	29		
华南理工大学	军事技能	2	一（1）	必修
	马克思主义理论与实践	2	二（2）	必修
	物理实验 1，2	2	一（2）/ 二（1）	必修
	大学化学实验	1	一（2）	必修
	工程导论实践 II	2	一（1）	必修
	电路导论实践	2	二（1）	必修
	设计与制造实践 I	2	二（2）	必修
	工程创新训练 III	4	二（2）	必修
	嵌入式系统与设计实践	2	三（1）	必修
	设计与制造实践 II	2	三（2）	必修
	毕业设计（论文）	10	四（1，2）	必修
	学分统计：	31		

续表

	课程名称	学分	开课学期	课程性质
重庆大学	数电实验	1	三（1）	
	金工实习	4	一（2）	
	专业实习	3	三（2）	
	毕业设计	9	四（2）	
	机器人认知实践	3	一（1）	
	机器人前沿技术1，2	1	一	
	机器人综合实践	3	一（2）	
	大学物理实验	1.5	二（1）	
	机器人双创实践	3	二（1）	
	思想政治实践	2	一（2）	
	学分统计：	30.5		
南方科技大学	普通物理实验		一	
	制造工程认知实践	3	一（2）/二（2）	
	专业实践1，2			
	创新创业实践	2	四（1）	
	综合工程实践			
北京工业大学	高级语言程序设计课设	1.5	一（2）	
	物理实验（工）-1	1	一（2）	
	机械工程训练A	1	二（1）	
	物理实验（工）-2	1	二（1）	
	电子技术实验-1	1	二（1）	
	电子技术实验-2	1.5	二（2）	
	认识实习	1	二（2）	暑假
	电机驱动与运动控制实验	1	三（1）	
	机器人感知技术实验	1	三（1）	
	嵌入式系统综合实践	2	三（1）	
	机器人综合设计与实践	2	三（2）	
	工作实习	4	三（2）	暑假
	创新创业学分	4	四（1）	
	毕业设计	8	四（2）	
	学分统计：	30		
合肥工业大学	大学物理实验	2	三（2）/四（1）	
	控制理论综合实验	1	三（2）	
	MATLAB应用与实践	1.5	二（2）	
	伺服系统综合实验	1	三（2）	

续表

	课程名称	学分	开课学期	课程性质
合肥工业大学	机器人控制综合实验	1	三（2）	
	专业实习	1	四（2）	
	毕业设计	14	四（2）	
	学分统计：	21.5		
哈尔滨工程大学	大学物理实验	4	一（2）/二（1）	
	机器人系统综合设计实践	2	四（1）	
	毕业设计（论文）	12	四（2）	
	电子技术综合实践	1.5	二（2）/三（1）	
	自动控制系统综合实践	1	三（2）	
	毕业实习	2	四（2）	
	创新认知与实践	1	二（2）	
	工程实践	4	二（2）	
	军训	2	一（1）	
兰州理工大学	军训	1	一（1）	
	大学物理实验	1.5	二（1）	
	电子技术综合训练	3	三（1）	
	金工实习	2	一（2）	
	认识实习	1	二（1）	
	电子工艺实习	1	二（2）	
	信号检测与处理综合训练	2	三（2）	
	计算机控制技术综合训练	3	四（1）	
	毕业实习	2	四（2）	
	毕业设计	13	四（2）	
	创新创业基础	1	三（1）	必修
	创新课程	1	可选	必修
	开放课程	1	可选	必修
	科研创新训练 1-5	2.5	可选	必修
	学分统计：	35		
长安大学	自动化实践初步	2	一（1）	
	军训	1	一（1）	
	德育实践	1	一（1）	
	课外实践	3	一（1）	
	专业认知社会实践	1	一（1）	

续表

	课程名称	学　分	开课学期	课程性质
长安大学	微机与单片机系统综合实践	4	一（2）	
	物理实验	2.5	一（2）/ 二（1）	
	冷加工实习	2	二（1）	
	机器视觉综合实践	1	二（2）	
	机器人运动控制与仿真综合实验	2	三（2）	
	机器人系统综合实验	3	三（1）	
	生产实习	3	四（2）	
	毕业设计	14	四（2）	
	学分统计：	39.5		
南京信息工程大学	军训	1	一（1）	
	认识实习	1	一（1）	
	金工实习	2	一（2）	
	中国近现代史纲要实践	2	一（2）	
	工程软件使用训练	1.5	二（1）	
	Python 程序设计实践	2	二（2）	
	单片机实践	4		
	PLC 及其应用实践	2	三（1）	
	嵌入式系统设计实践	2	四（1）	
	毛泽东思想和中国特色社会主义理论体系概论实践	1	三（2）	
	智能制造综合实践	2	三（2）	
	机器人系统综合设计实践	3	四（1）	
	文献阅读与论文写作训练	1	四（1）	
	暑期社会实践	2	暑假	
	毕业实习	4	四（2）	
	毕业设计（论文）	12	四	
	劳动	0.5	一（2）/ 二（2）/ 三（1）/ 四（1）	
	创新创业训练	4	各	
	程序设计素质拓展	2	四（1）	
	数据库技术与应用课程设计	2	二（2）	
青岛科技大学	大学物理实验 1，2	1.5	一（2）/ 二（1）	
	C++ 程序设计实验	1	一（1）	

续表

	课程名称	学分	开课学期	课程性质
青岛科技大学	算法与数据结构实验	1	二（1）	
	军训	2	一（1）	
	思想政治理论课实践	2	二（2）	
	金工实习	2	二（1）	
	电工电子实习	1	三（1）	
	机器人入门实践	1	二（1）	
	机械设计课程实践	2	二（2）	
	机械臂创新实践	2	三（1）	
	移动机器人创新实践	2	三（2）	
	工业机器人实验	2	四（1）	
	生产实习	2	四（1）	
	毕业设计	16	四（2）	
	学分统计：37.5			
武汉科技大学	C 语言程序设计课程设计	1	一（2）	
	机器人软件工程课程设计	1		
	工业机器人系统课程设计	1		
	移动机器人系统综合设计	1		
	工程训练 B	1.5		
	认识实习	1	三（1）	
	生产实习	3	四（1）	
	工程实践	4		
	毕业实习	1	四（2）	
	毕业设计（论文）	8	四（2）	
	创新创业实践	3		
	第二课堂	3		
	自动控制原理实验	1		
	数电实验	1		
	模电实验	1		
	电路实验	1	二（2）	
	学分统计：33.5			

调研情况小结：根据调研结果，机器人专业课程的设置建议如表 3-15 所示。

表 3-15　机器人专业课程设置建议

建议课程名称	建 议 学 分	建议开课学期	备　　注
程序设计类综合实践	2	一（2）	根据需要采用 C、C++、Java 或 Python 教学，软件大综合
电工电子类综合实践	2	二（1）	包括电路、数电和模电等硬件大综合，按需求可以设为 3 学分课程
控制系统综合课程设计	2	三（2）	控制大综合
嵌入式系统综合课程设计	2	三（1）	包含原来的微机原理，单片机和嵌入式设计
机器人工程实习	2	三（2）	企业实习，金工实习，科研训练
机器人工程设计导论	2	二（1）	入门实践，认知型
机器人综合设计与实践	2	三（2）	着眼于机器人系统设计与实现方法的学习与训练，培养学生机器人系统综合设计与开发能力

下　篇

机器人工程专业本科（应用型）

第4章 机器人工程专业本科培养方案（应用型）

专业名称：机器人工程　　专业代码：080803T　　专业门类：工学
标准学制：四年　　授予学位：工学学士　　制定日期：2023.05
适用类型：适用于机器人工程领域应用型人才培养专业

4.1 培养目标

说明：培养目标要体现培养德智体美劳全面发展的社会主义建设者和接班人的总要求，要能清晰反映应用型本科机器人工程专业毕业生可服务的主要专业领域、职业特征，以及毕业后经过5年左右的实践能够承担的社会与专业责任等能力特征概述（包括专业能力与非专业能力，职业竞争力和职业发展前景）。培养目标也要包括本专业人才培养定位类型的描述，要与学校人才培养定位、专业人才培养特色、社会经济发展需求相一致。

示例：

本专业以机器人为主要研究及应用对象，培养具备扎实的机器人结构与控制、传感与检测、系统集成与编程等专业知识，具备较强的工程实践能力和工程创新能力，能在机器人及相关行业和领域从事相关工作的高素质应用型技术人才。

本专业预期学生毕业5年后，达到以下目标。

目标1：具备综合运用工程数理知识、机器人工程专业知识，以及控制工程、机械工程、计算机工程等交叉学科知识解决机器人领域复杂工程问题的能力；

目标2：具备在机器人及相关领域从事机器人系统设计与开发、集成与调试、应用与维护、技术支持、管理等方面工作的能力，并具备一定的工程创新能力；

目标3：具有社会责任感，坚守工程职业道德，熟悉机器人领域行业规范，在工作中能综合考虑法律、社会、环境和可持续发展等因素的影响；

目标4：具备健康的身心和良好的人文科学素养，具备良好的团队合作精神以及跨文化环境下的沟通、交流和表达能力；

目标 5：能够跟踪和了解机器人及相关领域的前沿技术，具有一定的国际视野，具备自主学习能力和较强的职业竞争力，能够成长为企业的技术或业务骨干。

4.2　毕业要求

毕业要求 1：工程知识：掌握数学、自然科学、工程基础和机器人工程专业知识，能够运用其理论和方法解决机器人工程领域的复杂工程问题。

毕业要求 2：问题分析：能够应用数学、自然科学和工程科学的基本原理，并结合文献研究等方法，对机器人工程领域的复杂工程问题进行识别、表达和分析，以获得有效结论。

毕业要求 3：设计 / 开发解决方案：能够设计针对机器人工程领域复杂工程问题的解决方案，设计满足特定需求的机器人系统、单元（部件），并能够在设计环节中体现创新意识，考虑社会、健康、安全、法律、文化以及环境等因素。

毕业要求 4：研究：能够基于科学原理并采用科学方法对机器人工程领域的复杂工程问题进行研究，包括设计实验、分析与解释数据、并通过信息综合得到合理有效的结论。

毕业要求 5：使用现代工具：在解决机器人工程领域复杂工程问题的过程中，能够开发、选择与使用恰当的技术、资源、现代工程工具和信息技术工具，包括对机器人工程领域复杂工程问题的预测与模拟，并能够理解其局限性。

毕业要求 6：工程与社会：能够基于机器人工程相关背景知识进行合理分析，评价机器人工程专业工程实践和复杂工程问题解决方案对社会、健康、安全、法律以及文化的影响，并理解应承担的责任。

毕业要求 7：环境和可持续发展：能够理解和评价机器人工程领域复杂工程问题的工程实践对环境、社会可持续发展的影响。

毕业要求 8：职业规范：具有人文社会科学素养、社会责任感，能够在机器人工程领域相关的工程实践中理解并遵守工程职业道德和规范，履行责任。

毕业要求 9：个人与团队：能够在多学科背景下的团队中承担个体、团队成员以及负责人的角色，能够正确处理个人和团队的关系，具有团队合作能力。

毕业要求 10：沟通：能够就机器人工程领域复杂工程问题与业界同行及社会公众进行有效沟通和交流，包括撰写报告和设计文稿、陈述发言、清晰表达或回应指令；具备一定的国际视野，能够在跨文化背景下进行沟通和交流。

毕业要求 11：项目管理：理解并掌握工程管理原理与经济决策的知识和方法，并能够将其用于多学科环境下机器人工程领域相关的工程实践中。

毕业要求 12：终身学习：具有自主学习和终身学习的意识，有不断学习和适应机器人工程领域发展和社会发展的能力。

4.3 主干学科与相关学科

主干学科：控制科学与工程。

相关学科示例：计算机科学与技术、机械工程、信息与通信工程。

4.4 课程体系与学分结构

课程体系与学分结构如图 4-1 所示。

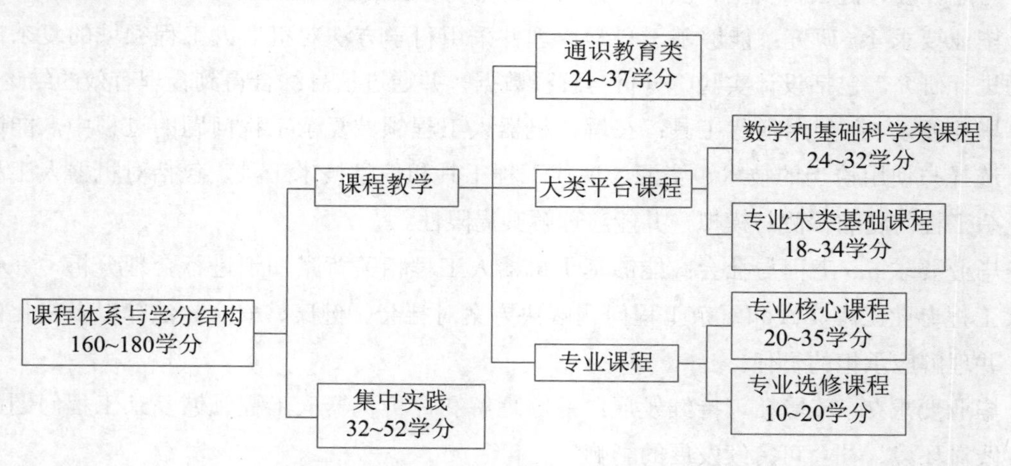

图 4-1　机器人工程专业课程体系与学分结构（应用型）

1. 通识教育类课程

说明：通识教育类课程旨在培养学生对社会及历史发展的正确认识，帮助学生确立正确的世界观和方法论，对学生未来成长具有基础性、持久性影响，是综合素质教育的核心内容。该类课程包括思想政治理论、国防教育、体育、外国语言文化、通识教育类核心课程（包括自然科学与技术、世界文明与社会科学、人文与艺术等）。

2. 大类平台课程

说明：大类平台课程旨在培养学生具有扎实、深厚的基本理论、基本方法及基本技能，具备今后在机器人工程领域开展相关工作的基础知识和基本能力。该类课程包括数学和基础科学课程、专业大类基础课程。

示例：

1）数学和基础科学课程（表 4-1）

表 4-1　数学和基础科学课程（应用型）

序　　号	课 程 名 称	建 议 学 分	建 议 学 时
1	高等数学 I	5	80
2	高等数学 II	5	80
3	线性代数	2	32
4	大学物理 I	3	48
5	大学物理 II	3	48
6	复变函数与积分变换	2	32
7	概率论与数理统计	3	48
8	数值计算方法	2	32
9	大学物理实验 I	1	32
10	大学物理实验 II	1	32

2）专业大类基础课程（表 4-2）

表 4-2　专业大类基础课程（应用型）

序　　号	课 程 名 称	建 议 学 分	建 议 学 时
1	计算机程序设计	4	64
2	工程制图	3	48
3	工程力学	3	48
4	机械设计基础	3	48
5	电路原理	3.5	56
6	模拟电子技术	3	48
7	数字电子技术	2	32
8	专业导论	1	16
9	电路实验	1	32
10	电子技术实验	2	64
11	工程训练	2	64
12	机械设计基础课程设计	1	32

3. 专业课程

说明：专业课程应既能覆盖本专业的核心内容，又能体现专业前沿，注重知识交叉融合，与国际接轨，增加学生根据自身发展方向选修课程的灵活度。专业课程分为专业核心课程和专业选修课程。

专业核心课程：是本专业最为核心且相对稳定的课程，该类型课程以必修课为主，旨在培养学生在机器人工程领域内应具有的主干知识和毕业后可持续发展的能力。

专业选修课程：旨在培养学生在机器人工程领域内某 1 ～ 2 个专业方向上具备综合分析、处理（研究、设计）问题的技能，按专业方向或模块设置，鼓励学生选择 2 个以上的专业方向或模块课程。专业选修课程要充分体现各学校专业特点和学生个性化发展需求，从而拓展学生自主选择的空间。

示例：

1）专业核心课程（表 4-3）

表 4-3　机器人工程专业核心课程（应用型）

序　号	课程名称	建议学分	建议学时
理论课程：			
1	微处理器原理与应用	3	48
2	自动控制原理	4	64
3	电机驱动与运动控制	4	64
4	电气控制与 PLC	3	48
5	机器人技术基础	3	48
6	机器人传感器与检测技术	3	48
7	工业现场总线技术	2	32
8	人工智能与机器学习	2	32
实践课程：			
9	电机驱动与运动控制项目训练	2	64
10	电气控制与 PLC 系统综合设计	2	64
11	工业机器人编程与应用综合实践	2	64
12	工业机器人系统集成综合实训	3	96

2）专业选修课程（表 4-4）

表 4-4 机器人工程专业选修课程（应用型）

机器人机械设计类课程：			
序　号	课 程 名 称	建 议 学 分	建 议 学 时
1	工业机器人夹具设计	2	32
2	机器人机构设计及实例	2	32
3	液压与气压传动	2	32
机器人控制技术类课程：			
序　号	课 程 名 称	建 议 学 分	建 议 学 时
1	现代控制理论	2	32
2	智能控制	2	32
3	机器人控制技术	2	32
机器人感知技术类课程：			
序　号	课 程 名 称	建 议 学 分	建 议 学 时
1	机器人视觉	2	32
2	人机交互技术	2	32
3	机器人导航技术	2	32
机器人程序设计类课程：			
序　号	课 程 名 称	建 议 学 分	建 议 学 时
1	嵌入式系统原理与应用	2	32
2	Python 程序语言设计	2	32
3	机器人操作系统	2	32
移动机器人类课程：			
序　号	课 程 名 称	建 议 学 分	建 议 学 时
1	移动机器人技术基础	2	32
2	特种机器人及应用	2	32
3	服务机器人及应用	2	32

4. 集中实践

说明：集中实践旨在培养学生工程意识和社会意识，树立学以致用、以用促学、知行合一的认知理念，加强动手能力，熏陶科研素养。包括基本技能训练、项目训练、综合实践、专业实习、毕业设计等环节。

4.5 专业课程先修关系

机器人工程专业课程（应用型）先修关系如图 4-2 所示。

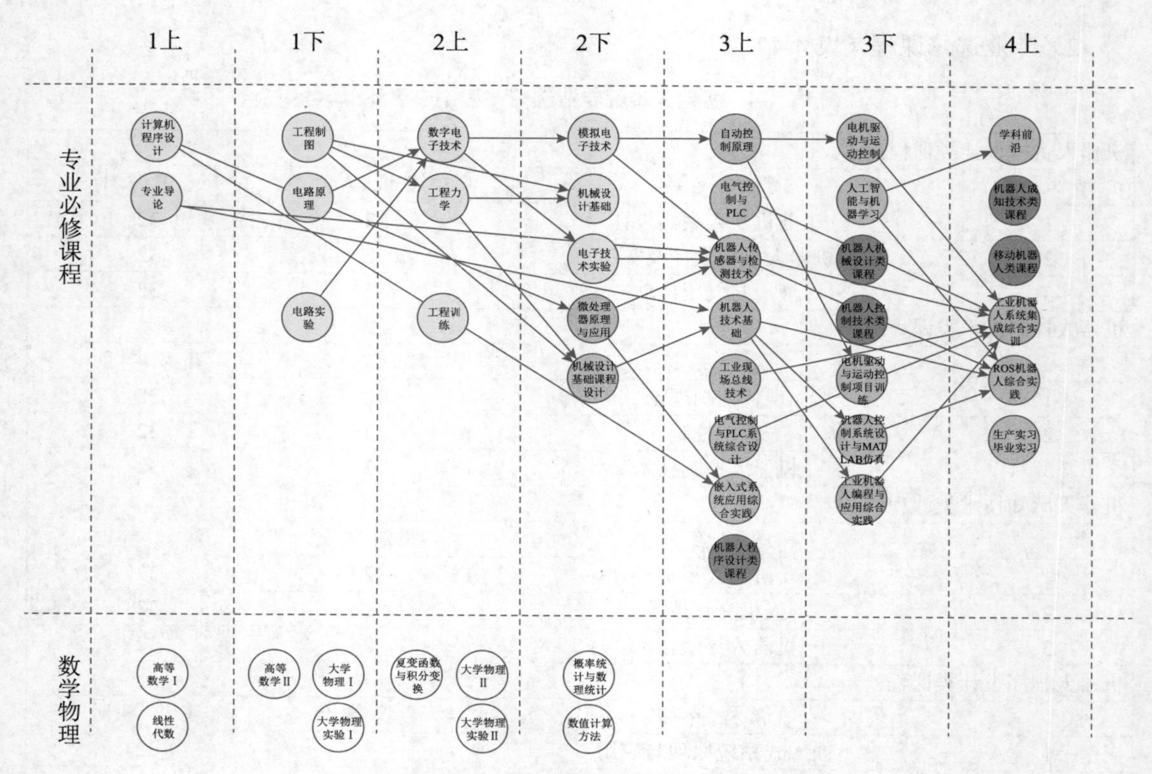

图 4-2　机器人工程专业课程（应用型）先修关系

4.6　建议学程安排

1. 第一学年（表 4-5）

表 4-5　第一学年学程安排（应用型）

秋季学期						
序　号	课程名称	学　分	学　时	讲　课	实验 / 实践	说　明
1	中国近现代史纲要	2	32	32	0	
2	大学生心理健康教育	1.5	24	16	0	课外 8
3	军事理论	1	16	8	0	课外 8
4	大学体育Ⅰ	1	32	32	0	
5	大学外语课程模块Ⅰ	3	48	48	0	
6	劳动教育导论	0.5	8	8	0	

续表

秋季学期						
序　号	课程名称	学　分	学　时	讲　课	实验 / 实践	说　明
7	高等数学 I	5	80	80	0	
8	线性代数	2	32	32	0	
9	计算机程序设计	4	64	48	0	上机 16
10	专业导论	1	16	16	0	
11	新生研讨课	1	16	16	0	
12	军训	1	32	0	0	实践环节
	合计	23				
春季学期						
序　号	课程名称	学　分	学　时	讲　课	实验 / 实践	说　明
1	马克思主义基本原理	3	48	48	0	
2	大学生职业发展与就业指导 I	0.5	16	8	0	课外 8
3	大学体育 II	1	32	32	0	
4	大学外语课程模块 II	3	48	48	0	
5	高等数学 II	5	80	80	0	
6	大学物理 I	3	48	48	0	
7	工程制图	3	48	48	0	
8	电路原理	3.5	56	56	0	
9	大学物理实验 I	1	32	0	32	实践环节
10	电路实验	1	32	0	32	
	合计	24				

2. 第二学年（表 4-6）

表 4-6　第二学年学程安排（应用型）

秋季学期						
序　号	课程名称	学　分	学　时	讲　课	实验 / 实践	说　明
1	毛泽东思想和中国特色社会主义理论体系概论	3	48	48	0	
2	习近平新时代中国特色社会主义思想概论	3	48	48	0	
3	大学生创新创业教育	1	32	8	0	课外 24
4	大学体育III	1	32	32	0	
5	大学外语课程模块III	2	32	32	0	
6	大学物理 II	3	48	48	0	

续表

秋季学期						
序号	课程名称	学分	学时	讲课	实验/实践	说明
7	复变函数与积分变换	2	32	32	0	
8	数字电子技术	2	32	32	0	
9	工程力学	3	48	48	0	
10	工程项目管理	2	32	32	0	
11	思政课程实践Ⅰ	1	32	0	0	实践环节
12	大学物理实验Ⅱ	1	32	0	32	
13	工程训练	2	64	0	0	
	合计	26				
春季学期						
序号	课程名称	学分	学时	讲课	实验/实践	说明
1	思想道德与法治	2	32	24	0	
2	大学体育Ⅳ	1	32	32	0	
3	大学外语课程模块Ⅳ	2	32	32	0	
4	概率论与数理统计	3	48	48	0	
5	数值计算方法	2	32	32	0	
6	机械设计基础	3	48	48	0	
7	模拟电子技术	3	48	48	0	
8	微处理器原理与应用	3	48	32	14	
9	电子技术实验	2	64	0	64	
10	机械设计基础课程设计	1	32	0	0	实践环节
11	认识实习	1	64	0	0	
	合计	23				

3. 第三学年（表 4-7）

表 4-7 第三学年学程安排（应用型）

秋季学期						
序号	课程名称	学分	学时	讲课	实验/实践	说明
1	形势与政策	2	32	32	0	
2	自动控制原理	4	64	56	8	
3	电气控制与 PLC	3	48	40	8	
4	机器人传感器与检测技术	3	48	32	16	
5	机器人技术基础	3	48	40	8	

续表

秋季学期						
序号	课程名称	学分	学时	讲课	实验 / 实践	说明
6	工业现场总线技术	2	32	32	0	
7	嵌入式系统原理与应用	2	32	32	0	3 选 1
8	Python 程序语言设计	2	32	32	0	
9	机器人操作系统	2	32	32	0	3 选 1
10	电气控制与 PLC 系统综合设计	2	64	0	0	实践环节
11	嵌入式系统应用综合实践	2	64	0	0	
	合计	23				
春季学期						
序号	课程名称	学分	学时	讲课	实验 / 实践	说明
1	大学生职业发展与就业指导 II	1	32	8	0	课外 24
2	电机驱动与运动控制	4	64	58	6	
3	人工智能与机器学习	2	32	24	8	
4	工业机器人夹具设计	2	32	32	0	3 选 1
5	机器人机构设计及实例	2	32	32	0	
6	液压与气压传动	2	32	32	0	
7	现代控制理论	2	32	32	0	3 选 1
8	智能控制	2	32	32	0	
9	机器人建模与控制	2	32	32	0	
10	电机驱动与运动控制项目训练	2	64	0	0	实践环节
11	机器人控制系统设计与 MATLAB 仿真	2	64	0	0	
12	工业机器人编程与应用综合实践	2	64	0	0	
	合计	17				

4. 第四学年（表 4-8）

表 4-8　第四学年学程安排（应用型）

秋季学期						
序号	课程名称	学分	学时	讲课	实验 / 实践	说明
1	学科前沿	1	16	16	0	
2	机器人视觉	2	32	32	0	3 选 1
3	人机交互技术	2	32	32	0	
4	机器人导航技术	2	32	32	0	

续表

秋季学期						
序号	课程名称	学分	学时	讲课	实验 / 实践	说明
5	移动机器人技术基础	2	32	32	0	3 选 1
6	特种机器人及应用	2	32	32	0	
7	服务机器人及应用	2	32	32	0	
8	思政课程实践 II	1	32	0	0	实践环节
9	工业机器人系统集成综合实训	4	128	0	0	
10	ROS 机器人综合实践	2	64	0	0	
11	生产实习 / 毕业实习	2	64	0	0	实践环节
	合计	14				
春季学期						
序号	课程名称	学分	学时	讲课	实验 / 实践	说明
1	机器人工程专业毕业设计	10	320	0	0	
	合计	10				

第5章 机器人工程专业核心课程教学大纲（应用型）

5.1 “计算机程序设计”理论课程教学大纲

5.1.1 课程基本信息

<table>
<tr><td rowspan="2">课程名称</td><td colspan="3">计算机程序设计</td></tr>
<tr><td colspan="3">Computer Program Designing</td></tr>
<tr><td>课程学分</td><td>4</td><td>总学时</td><td>64</td></tr>
<tr><td>课程类型</td><td colspan="3">■专业大类基础课 □专业核心课 □专业选修课 □集中实践</td></tr>
<tr><td>开课学期</td><td colspan="3">■ 1-1 □1-2 □2-1 □2-2 □3-1 □3-2 □4-1 □4-2</td></tr>
<tr><td>先修课程</td><td colspan="3"></td></tr>
<tr><td>参考资料</td><td colspan="3">谭浩强 . C 程序设计教程（第 4 版）. 清华大学出版社，2022
何钦铭 . C 语言程序设计（第 4 版）. 高等教育出版社，2020
苏小红 . C 语言程序设计（第 4 版）. 高等教育出版社，2019</td></tr>
</table>

5.1.2 课程描述

本课程是针对机器人工程专业学生开设的一门专业大类基础课。通过介绍 C 语言及其编程技术，使学生入校便开始接触计算机编程课程，开启学生使用计算机解决学科问题的学习之路。本课程通过全面、深入、系统地介绍面向对象的程序设计方法、C 语言程序结构与语法、常用的逻辑算法、一般的编程思维和编程技巧，使学生初步了解计算机，建立起程序设计的概念和逻辑思维，通过学习用 C 程序设计语言编写程序，初步掌握程序设计方法。

This course is a major foundational course for students majoring in robot engineering. Through the introduction of C language and its programming technology, the students will begin to contact the computer programming course when they enter the school, and open the way for students to use computers to solve subject problems. This course introduces the object-oriented programming method, C language program structure and syntax, common logic algorithms, general programming thinking and programming skills in a comprehensive, in-depth and systematic way, so that students can initially understand the computer, establish the concept and logic dimension of program design.

5.1.3 课程教学目标和教学要求

【教学目标】

通过本课程的学习，要求学生掌握C语言的基础知识，初步掌握程序设计方法，培养学生的编程思维和编程能力，平衡学生的知识结构，培养学生对知识的应用能力，拓展学生社会竞争能力和创新能力。

课程目标1：掌握C语言基础知识，以及算法的基本概念。掌握顺序结构程序设计、选择结构程序设计、循环结构程序设计等程序设计方法。能够利用数组处理批量数据，用函数实现模块化程序设计，并善于利用指针，能够建立数据类型。

课程目标2：能够综合运用相关知识对一些实际应用问题进行分析，并能够灵活运用数组、指针、函数和文件等C语言知识完成相关的程序设计。

课程目标3：掌握软件设计一般思路和方法，能够利用计算机开发、调试程序，独立完成适当工作量的程序设计任务，训练良好的程序设计风格。

课程目标与专业毕业要求的关联关系

课程目标	毕业要求		
	工程知识1	问题分析2	使用现代工具5
1	L		
2		M	
3			H

注：毕业要求1，2，3，4，5，…，分别对应毕业要求中各项具体内容。

【教学要求】

本课程总学时64学时，课堂讲授48学时，上机16学时。本课程本着培养德智体美劳全面发展的教育理念，不局限于传授学生知识与技能，注重课程实施与工程实践相结合；明确人才培养定位，主动面向人才需求展开教学活动，将人才培养与社会需求紧密结合，注重开阔学生的知识视野，培养学生对知识的应用能力，拓展学生社会竞争能力和创新能力，合理平衡学生的知识结构，提高学生的社会责任感。部分章节安排上机实验环节，培养学生的实践能力，培养学生独立思考、深入钻研问题的习惯。

5.1.4 教学内容简介

章节顺序	章节名称	知识点	参考学时
1	C 语言概述	C 语言发展历史、特点、上机步骤；程序设计的任务	2
2	算法——程序的灵魂	算法及其算法举例、特性，结构化程序设计方法	3
3	顺序结构程序设计	顺序结构程序。数据的表现形式及其运算；语句、输入输出	5
4	选择结构程序设计	选择结构和条件判断；if 语句结构；关系运算符和关系表达式；逻辑运算符和逻辑表达式；条件运算符和条件表达式；选择结构的嵌套；switch 语句实现多分支结构；选择结构程序综合举例	10
5	循环结构程序设计	循环控制；while 语句实现循环；for 语句实现循环；循环的嵌套	10
6	数组	一维数组；二维数组；字符数组	6
7	模块化程序设计	定义函数；调用函数；对被调用函数的声明和函数原型；函数的嵌套调用和递归调用；变量的分类、存储方式及生存期	10
8	指针	指针的定义及变量；变量指针；通过指针引用数组；通过指针引用字符串；指向函数的指针；返回指针值的函数；指针数组和多重指针；动态内存分配与指向它的指针变量	12
9	建立数据类型	定义和使用结构体变量；使用结构体数组；结构体指针；用指针处理链表；共用体类型；使用枚举类型	4
10	文件处理	文件与流；文本和二进制；fprintf 函数与 fscanf 函数	2

5.1.5 教学安排详表

序号	教学内容	学时分配	教学方式（授课、实验、上机、讨论）	教学要求（知识要求及能力要求）
第 1 章	C 语言基础	2	授课	本章重点：C 语言程序的概念及其重要性，计算机的数制转换； 能力要求：理解一个 C 语言程序的运行步骤。
第 2 章	算法	3	授课	本章重点：传统流程图、N-S 图和伪代码的算法描述； 能力要求：具备利用自然语句、流程图等表示一个算法的能力，掌握结构化程序设计的方法。
第 3 章	C 语句基本知识点	3	授课	本章重点：C 语言的数据类型，运算符及其优先级和结合性，变量初始化和赋值语句、输入输出语句；

续表

序号	教学内容	学时分配	教学方式（授课、实验、上机、讨论）	教学要求（知识要求及能力要求）
第 3 章	顺序结构的程序设计	2	上机	能力要求：熟悉集成环境的界面，熟练应用多种 C 语句，写出并调试运行顺序结构的程序。
第 4 章	选择结构程序设计	8	授课	本章重点：关系运算和关系表达式、逻辑运算与逻辑表达式、条件运算符和条件表达式，if 语句、switch 语句和 if 语句的嵌套； 能力要求：掌握分支结构的常用算法，能够编写并调试运行分支结构的程序。
	选择结构程序设计	2	上机	
第 5 章	循环结构程序设计	8	授课	本章重点：while 语句、do-while 语句和 for 语句的程序设计； 能力要求：掌握循环结构的常用算法，能够编写并调试运行循环结构的程序。
	循环结构程序设计	2	上机	
第 6 章	数组处理批量数据	4	授课	本章重点：一维数组、二维数组和字符数组的定义和应用； 能力要求：掌握排序、查找等算法，具备利用相关算法按要求进行排序的能力。
	数组的练习	2	上机	
第 7 章	模块化程序设计	6	授课	本章重点：函数的定义、说明和调用。掌握变量的作用域和生命期； 能力要求：将已编写的有一定功能的程序用函数实现。
	函数程序设计	4	上机	
第 8 章	指针的运用	8	授课	本章重点：指针常量和指针变量、指针在函数、数组中的应用，特别是字符指针对字符串的操作； 能力要求：熟练使用指针变量、指针数组、函数指针实现程序设计。
	指针的练习	4	上机	
第 9 章	建立数据类型	4	授课	本章重点：定义和使用结构体变量、结构体数组、结构体指针； 能力要求：能够定义和使用结构体变量，并熟练使用结构体数组、结构体指针。
第 10 章	文件的输入输出	2	授课	本章重点：文件的打开、读写、关闭操作； 能力要求：要求学生能够定义和使用文件的相关函数。

5.1.6　考核及成绩评定方式

【考核方式】

考核方式包括过程考核和期末考试。

1. 过程考核

过程考核包括课堂表现、平时作业和上机实验三个部分。课堂表现成绩依据堂课提问、课堂测试情况评定；平时作业成绩依据每次作业提交的及时性和完成质量评定；上机实验成绩依据每次参加上机情况和完成质量情况评定。

2. 期末考试

期末考试为闭卷笔试。建议设置选择题、填空题、综合题、分析题等题型，分值比例可根据实际情况灵活调整，卷面总成绩为 100 分。难度结构一般分为“容易”“中等偏易”“中等偏难”和“难”四个层次，比例构成建议为 3 ∶ 4 ∶ 2 ∶ 1。

【成绩评定】

课堂表现占 10%，平时作业占 10%，上机实验占 20%，期末考试占 60%。

大纲制定者： 覃永新，陆晶晶（广西科技大学）
大纲审核者： 刘娣，李宏胜，杨旗
最后修订时间： 2023 年 5 月 16 日

5.2　“工程制图”理论课程教学大纲

5.2.1　课程基本信息

课程名称	工程制图 Engineering Graphics		
课程学分	3	总学时	48
课程类型	■专业大类基础课　□专业核心课　□专业选修课　□集中实践		
开课学期	□1-1　■1-2　□2-1　□2-2　□3-1　□3-2　□4-1　□4-2		
先修课程	无		
参考资料	钟宏民，等．工程制图基础（第 3 版）．北京邮电大学出版社，2020 杨裕根．画法几何及机械制图（第 2 版）．北京邮电大学出版社，2021 刁修慧．工程制图．机械工业出版社，2022		

5.2.2 课程描述

工程制图是一门研究基于正投影法绘制工程图样的技术基础课，是工程类专业的必修课。课程由正投影基本理论、基本立体的投影、基本立体和平面的交线、基本立体之间的表面交线、工程制图基础、基本绘图技能、组合体三视图的表达及其尺寸标注、机件的表达方法、标准件和常用件等内容构成。该课程也是学生学习后续专业课程时的图形交流与理解的基础。该课程具有基础性、实践性、实用性和技术性等特点，被誉为工程师的通用语言。

The course of Engineering Graphics is a technical foundation course to study the drawing of engineering drawings based on orthographic projection method, which is a compulsory course for engineering majors. The course consists of the basic theory of orthographic projection, the projection of the basic three dimensions, the intersection line between the basic three dimensions and the plane, the surface intersection line between the basic three dimensions, the basic engineering drawing, the basic drawing skills, the expression of the three views of the combination and its dimensioning, the expression method of the machine parts, the standard parts and common parts and so on. The course is also the basis of graphic communication and understanding when students learn subsequent professional courses. The course has the characteristics of basic, practical, practical and technical, and is known as the common language of engineers.

5.2.3 课程教学目标和教学要求

【教学目标】

工程制图课程具有较强的实践性，学生要熟练使用尺规仪器绘制工程图样，同时要具备查阅相关技术手册和国家标准的能力。

课程目标 1：掌握正投影法的基本理论，具备利用投影反映空间线、面关系及通过空间线、面的投影求解空间线、面的实长、实形、倾角等实际具体问题的能力。熟练掌握基本立体、组合体三视图与实物的投影关系，以及三视图之间的三等规律；具备通过使用尺寸标注图形达到合理约束实体的能力；能够灵活运用各种机件表达方法反映机件的外部形状和内部结构，并合理使用简化画法和省略画法。

课程目标 2：通晓有关机械制图和工程制图国家标准，在国家标准相关要求的框架内绘制工程图样，熟练使用尺规等绘图工具绘制工程图样。掌握 AutoCAD 基本绘图命令和编辑命令等。

课程目标与专业毕业要求的关联关系

课程目标	毕业要求	
	工程知识 1	使用现代工具 5
1	H	
2		H

注：毕业要求 1，2，3，4，5，…，分别对应毕业要求中各项具体内容。

【教学要求】

本课程 48 学时，课堂讲授 48 学时。工程制图课程的理论教学在多媒体教室进行，尺规仪器绘图教学在制图室进行。在工程制图课程的理论学习和实践绘图训练中，既要注重掌握一般共性问题的表达，又要注重测绘、分析和解决工程实际问题的能力、创新能力的培养。要强调坚持严谨的科学态度、一丝不苟的工作作风，讲求实效的工程观点。

5.2.4　教学内容简介

章节顺序	章节名称	知识点	参考学时
1	正投影法基础	图学的历史，我们国家最早使用了正投影法、投影和视图，点的投影和直线的投影、两直线相对位置、属于直线上的点的投影、平面的投影、属于平面的点和直线的投影	6
2	立体的投影及其表面交线	平面立体的投影及其表面点的投影、回转体的投影及其表面点的投影，圆柱、圆锥和球的截交线的作图方法，利用积聚性取点相贯线的作图方法，利用“三面共点”原理、采用辅助平面求相贯线的作图方法	8
3	工程制图基础	制图基本知识与技能、GB、尺寸标注初步、圆弧连接、斜度和锥度等几何作图	2
4	组合体	组合体的三视图（形体分析、三视图绘制）、组合体的尺寸标注、读组合体的视图（形体分析和线面分析）、读组合体视图（线面分析），探讨绘图基准及其合理标注尺寸	7
5	机件的表达方法	基本视图、剖视图、剖视图、断面图及其他表达方法，机件的综合表达方法	4
6	标准件和常用件	螺纹结构及其标记和表达，内外螺纹连接、螺纹紧固件标记、表达及其连接画法（比例画法），键、销标记及其连接画法，弹簧、轴承介绍	5
7	零件图	零件图、零件的结构分析、表达方案的选择，零件图尺寸的标注、零件图上的技术要求，零件图的读图，典型零件的图例分析	7
8	装配图	装配图的内容、尺寸标注、序号及明细表、装配结构、装配图画法；由装配图拆画零件图（零件表达方案、添加工艺结构、注写技术要求、标注零件尺寸）	4

续表

章节顺序	章节名称	知 识 点	参考学时
9	AutoCAD 绘图	AutoCAD 基本绘图命令、目标捕捉、图限、绝对坐标和相对坐标、编辑命令、图层、显示控制等，输入文字、尺寸标注、非 1 ：1 的尺寸标注、公差标注等，公差标注、拉伸命令、purge 命令等，格式刷、样板图、剖视图、局部放大图，绘制装配图和拆画零件图时 AutoCAD 对应的方法	5

5.2.5 教学安排详表

序号	教学内容	学时分配	教学方式（授课、实验、上机、讨论）	教学要求（知识要求及能力要求）
第 1 章	图学的历史	1	授课	本章重点：掌握面上取点、取线的作图方法及几何元素重合、平行、相交、交叉的投影特性及作图方法；
	投影和视图，点的投影和直线的投影	1	授课	
	两直线相对位置，属于直线上的点的投影	2	授课	能力要求：了解正投影法的基本投影规律；建立三面投影体系，通过点、线、面的投影强化正投影法如何表达空间几何元素的形状和位置；由投影规律理解正投影的作图方法
	平面的投影，属于平面的点和直线的投影	2	授课	
第 2 章	平面立体的投影及其表面点的投影	1	授课	本章重点：掌握两回转体相交时相贯线的形成，掌握利用积聚性表面取点法和辅助截平面法求相贯线的作图方法； 能力要求：理解平面立体的棱、回转体的转向轮廓线在确定点及其可见性分析时的作用；透彻了解立体与平面截交线的形成、形状和作图方法
	回转体的投影及其表面点的投影	2	授课	
	圆柱、圆锥和球的截交线的作图方法	2	授课	
	利用积聚性取点相贯线的作图方法	2	授课	
	利用“三面共点”原理，采用辅助平面求相贯线的作图方法	1	授课 讨论	
第 3 章	制图基本知识与技能、GB、尺寸标注初步	1	授课	本章重点：掌握几何作图方法，具备用尺寸约束二维平面图形的初步能力； 能力要求：了解有关国家标准的简介，国家标准和地方标准（省标、部标）的内涵和外延关系；机械制图国家标准介绍（图纸格式、比例、字体、图线、尺寸标注格式等）；平面图形的合理绘图过程
	圆弧连接、斜度和锥度等几何作图	1	授课	

续表

序号	教学内容	学时分配	教学方式（授课、实验、上机、讨论）	教学要求（知识要求及能力要求）
第 4 章	组合体的三视图	2	授课	本章重点：掌握利用形体表面邻接关系（相错、共面、相交、相切）理性分析投影的方法； 能力要求：了解组合体的基本构形方式（拉伸与旋转、叠加与挖切）；组合体的尺寸标注；形体分析法和线面分析法读组合体视图
	组合体的尺寸标注	1	授课	
	读组合体视图（形体分析）	2	授课	
	读组合体视图（线面分析）	2	授课 讨论	
第 5 章	基本视图、剖视图	1	授课	本章重点：掌握基本视图的概念及其配置方式；各种视图的应用、配置标注； 能力要求：掌握斜视图、局部视图的应用、配置、标注；剖视图的概念及其配置、标注方式；全剖、半剖、局剖的适用条件；阶梯剖、旋转剖的合理使用和标注方法
	剖视图、断面图及其他表达方法	1	授课	
	机件的综合表达方法	2	授课 讨论	
第 6 章	螺纹结构及其标记和表达、内外螺纹连接	1	授课	本章重点：掌握螺纹紧固件的工作方式及其连接画法； 能力要求：理解标准件的概念，常用标准件简介，螺纹五要素、内外螺纹及其连接的规定表达方法，螺纹标注
	螺纹紧固件标记、表达及其连接画法（比例画法）	2	授课	
	键、销标记及其连接画法	1	授课	
	弹簧、轴承介绍	1	授课	
第 7 章	零件图、零件的结构分析，表达方案的选择	2	授课	本章重点：掌握四类典型零件表达，尺寸的合理标注以及常见的技术要求的注写； 能力要求：了解表面粗糙度的选用原则；能正确标注表面粗糙度符号及形位公差符号；对零件图的设计基准及工艺基准有所了解，合理标注尺寸；具备通过阅读轴套类零件图基本了解该零件的加工工艺
	零件图尺寸的标注、零件图上的技术要求	1	授课	
	零件图的读图、典型零件的图例分析	2	授课	
	零件图的读图	2	授课 讨论	
第 8 章	装配图的内容、尺寸标注、序号及明细表	1	授课	本章重点：掌握装配图的内容和作用，装配图表达中的规定画法和特殊画法； 能力要求：掌握装配图的尺寸标注（四类尺寸）；装配图中的序号、明细等；装配图的绘制方法和步骤（装配干线）；装配结构的合理性在绘图表达中的体现
	装配结构、装配图画法	2	授课	
	由装配图拆画零件图	1	授课 讨论	

续表

序号	教学内容	学时分配	教学方式（授课、实验、上机、讨论）	教学要求（知识要求及能力要求）
第9章	AutoCAD 基本绘图命令、目标捕捉、图限、绝对坐标和相对坐标	1	授课	本章重点：掌握 AutoCAD 的基本操作； 能力要求：熟悉软件及软件界面简介，AutoCAD 基本绘图命令和编辑命令
	编辑命令、图层、显示控制等	1	授课	
	输入文字、尺寸标注、非 1：1 的尺寸标注、公差标注等	1	授课	
	公差标注、拉伸命令、purge 命令等	1	授课	
	格式刷、样板图、剖视图、局部放大图	1	授课 讨论	

5.2.6 考核及成绩评定方式

【考核方式】

考核方式包括过程考核和期末考试。

1. 过程考核

过程考核包括课堂表现、平时作业两个部分。课堂表现成绩依据每堂课的出勤情况、课堂提问、课堂测试情况评定；平时作业成绩依据每次作业提交的及时性和完成质量评定。过程考核主要考查学生对已学知识掌握的程度以及自主学习的能力。

2. 期末考试

期末考试为闭卷笔试。期末考试是对学生学习情况的全面检验，强调考核学生对基本概念、基本方法等方面知识的掌握程度。

【成绩评定】

课堂表现占 20%，平时作业占 20%，期末考试占 60%。

大纲制定者：李丽，王国勋（沈阳理工大学）

大纲审核者：刘娣，李宏胜，杨旗

最后修订时间：2023 年 5 月 16 日

5.3 “工程力学”理论课程教学大纲

5.3.1 课程基本信息

<table>
<tr><td rowspan="2">课程名称</td><td colspan="3">工程力学</td></tr>
<tr><td colspan="3">Engineering Mechanics</td></tr>
<tr><td>课程学分</td><td>3</td><td>总　学　时</td><td>48</td></tr>
<tr><td>课程类型</td><td colspan="3">■专业大类基础课　□ 专业核心课　□ 专业选修课　□ 集中实践</td></tr>
<tr><td>开课学期</td><td colspan="3">□1-1　□1-2　■ 2-1　□2-2　□3-1　□3-2　□4-1　□4-2</td></tr>
<tr><td>先修课程</td><td colspan="3">高等数学、线性代数</td></tr>
<tr><td>参考资料</td><td colspan="3">张春梅 . 工程力学 . 机械工业出版社，2022
郭金泉 . 工程力学 . 清华大学出版社，2022
孙伟等 . 工程力学（第 2 版）. 机械工业出版社，2021
唐静静 . 工程力学（第 4 版）. 高等教育出版社，2023</td></tr>
</table>

5.3.2 课程描述

工程力学是机器人工程专业开设的专业大类基础课程，包括理论力学和材料力学两部分内容。理论力学主要介绍质点、质点系和刚体机械运动（包括平衡）的基本规律和研究方法，材料力学主要介绍构件的强度、刚度及稳定性的计算方法，使学生初步学会应用理论力学和材料力学的基本概念、理论和分析方法，解决一些简单的工程实际问题，为学生学习相关后继课程打下必要的基础，培养学生的辩证唯物主义世界观及独立分析问题、解决问题的能力。

Engineering Mechanics is a major basic course for robot engineering, which includes theoretical mechanics and material mechanics. Theoretical mechanics mainly introduces the basic laws and research methods of particle, particle system and rigid body mechanical motion（including balance）, and material mechanics mainly introduces the calculation methods of strength, stiffness and stability of components. So that students initially learn to apply the basic concepts, theories and analysis methods of theoretical mechanics and material mechanics to solve some simple practical engineering problems. Through learning, it lays a necessary foundation for students to learn relevant follow-up courses, cultivates students’ dialectical materialist world outlook and their ability to analyze and solve problems independently.

5.3.3 课程教学目标和教学要求

【教学目标】

通过本课程的学习，要求学生掌握静力学、运动学、动力学和材料力学的基本概念、理论和分析计算方法，具有对实际工程问题进行分析与计算的能力，以及对简单构件的强度和刚度进行计算的能力，培养学生独立分析、解决问题的能力。

课程目标1：掌握静力学、运动学和动力学的基本概念和公理，掌握相关质点、质点系、平移刚体、绕定轴转动刚体以及平面运动刚体的动力学分析方法；掌握杆件基本变形的内力、应力分布规律及其计算方法，掌握杆件在外力作用下变形、刚度计算方法。

课程目标2：能运用理论力学和材料力学的基本知识，进行工程中的静力平衡问题分析求解、平面运动机构的速度和加速度分析，以及杆件在外力作用下的刚度、强度校核，能基于工程力学相关科学原理和定律正确表达和描述相关工程问题。

课程目标与专业毕业要求的关联关系

课程目标	毕业要求	
	工程知识 1	问题分析 2
1	M	
2		H

注：毕业要求 1，2，…，分别对应毕业要求中各项具体内容。

【教学要求】

本课程总学时 48 学时，课程教学以课堂讲授为主。通过提前发布课程视频，要求学生提前完成课程主要内容的预习和自学，培养学生的自主学习能力。通过课堂讲授对相关内容进行重点讲解，与学生讨论和交流，对学生在预习过程中遇到的问题进行解答。通过发布与课程相关的话题讨论，要求学生积极参与课程的课外学习，了解新技术的发展。通过作业和测试帮助学生巩固课程知识，及时了解学生对课程的掌握情况。课内讲授以知识为载体，传授工程力学的基础知识和分析方法，引导和鼓励学生通过实践和自学获取更广泛的知识。

5.3.4 教学内容简介

章节顺序	章节名称	知识点	参考学时
1	静力学	（1）静力学基础（静力学的基本概念和公理，常见约束类型及约束力的画法，物体受力分析及受力图的画法）。	12

续表

章节顺序	章节名称	知　识　点	参考学时
1	静力学	（2）平面汇交力系（力在平面直角坐标系中的投影，汇交力系合成与平衡的计算方法）。 （3）平面力偶系的平衡问题（力偶、力偶矩的概念和性质，力偶的合成方法与力偶平衡方程的应用）。 （4）平面任意力系的平衡问题（平面任意力系的简化和简化结果，平面任意力系平衡条件和平衡方程，静定和超静定问题）。 （5）空间力系（空间力在直角坐标系中投影的计算，空间力对点之矩的计算，空间力对轴之矩的计算方法，空间力偶的概念和性质）	12
2	运动学	（1）点的运动学（点的运动的矢量法实质，直角坐标法描述点的运动方程和轨迹、速度、加速度，自然坐标法描述点的运动方程和轨迹、速度、加速度）。 （2）刚体的基本运动（刚体的平行移动和定轴转动的概念及其内部各点的速度、加速度计算方法）。 （3）刚体的平面运动（刚体平面运动的概念，基点法求平面图形内点的速度，瞬心法和速度投影法求平面图形内点的速度，简单的平面机构运动分析的方法）	6
3	动力学	（1）质点动力学（质点动力学的基本定律，质点的运动微分方程）。 （2）动量定理（动量与冲量的概念，动量定理，质心运动定理）。 （3）动量矩定理（质点和质点系动量矩的概念，动量矩定理，刚体绕定轴的转动微分方程，单个刚体及简单组合体对轴的转动惯量计算方法）。 （4）动能定理（力的功的概念，质点和质点系动能计算方法，动能定理，功率、功率方程、机械效率的概念，势力场、势能、机械能守恒定律）	8
4	材料力学	（1）轴向拉伸与压缩（材料力学的任务、研究对象及基本假设，熟悉杆件变形的基本形式，掌握杆件拉压时的受力特点，熟练绘制杆件的轴力图，横截面、斜截面应力公式的应用，杆件纵向、横向绝对变形与相对变形的求解）。 （2）剪切与挤压（构件剪切与挤压时的受力特点及实用计算法的概念，剪切与挤压的强度计算方法，剪切面与挤压面面积的计算方法）。 （3）圆轴扭转（圆轴扭转的概念，扭矩和扭矩图，圆轴扭转时的应力与变形，极惯性矩和抗扭截面系数，圆轴扭转时的强度和刚度计算方法）。	22

续表

章节顺序	章节名称	知识点	参考学时
4	材料力学	(4) 弯曲（平面弯曲的概念，梁的计算简图，剪力和弯矩，剪力图和弯矩图，纯弯曲梁横截面上的正应力，梁的切应力，梁弯曲时的强度计算，梁的弯曲变形与刚度条件）。 (5) 应力状态与强度理论（一点处应力状态的概念，平面应力状态下应力分析的几何法，三向应力状态的最大应力和广义胡克定律，强度理论的概念）。 (6) 动载荷与交变应力（动载荷的概念，惯性力问题及自由落体冲击问题动应力的计算方法，动应力、静应力、动变形、静变形的概念，交变应力和疲劳破坏的概念，材料的持久极限与零件的持久极限的概念，应力循环特性的概念）	22

5.3.5 教学安排详表

序号	教学内容	学时分配	教学方式（授课、实验、上机、讨论）	教学要求（知识要求及能力要求）
第1章	静力学基础	4	授课	本章重点：物体受力分析及受力图的画法，汇交力系合成与平衡，力偶的合成与平衡，平面任意力系的平衡；
	平面汇交力系	2	授课	能力要求：具有运用相关力系的合成与平衡条件对工程实际问题进行受力分析、绘制受力图和静力学问题求解的能力
	平面力偶系的平衡问题	2	授课	
	平面任意力系的平衡问题	2	授课	
	空间力系	2	授课	
第2章	点的运动学	2	授课	本章重点：点的运动的直角坐标法和自然坐标法描述，刚体的平行移动和定轴转动的概念及其内部各点的速度、加速度，平面运动刚体内各点加速度的求解方法； 能力要求：具有运用点的运动学和刚体运动学的相关知识对工程实际问题进行速度、加速度等运动学参数求解的能力
	刚体的基本运动	2	授课	
	刚体的平面运动	2	授课	
第3章	质点动力学	2	授课	本章重点：动量定理，质心运动定理，动量矩定理，动能定理； 能力要求：具有运用动量定理、质心运动定理、动量矩定理和动能定理等动力学理论对工程实际问题进行动力学分析和求解的能力
	动量定理	2	授课	
	动量矩定理	2	授课	
	动能定理	2	授课	

续表

序号	教学内容	学时分配	教学方式（授课、实验、上机、讨论）	教学要求（知识要求及能力要求）
第 4 章	轴向拉伸与压缩	4	授课	本章重点：杆件应力与应变的求解，构件剪切与挤压时的强度计算，圆轴扭转时的强度和刚度计算，梁弯曲时正应力和切应力的计算和强度校核，动应力的概念及计算； 能力要求：具有运用材料力学的基本理论对杆件、圆轴和梁等工程构件的强度、刚度进行计算的能力
	剪切与挤压	2	授课	
	圆轴扭转	4	授课	
	弯曲	6	授课	
	应力状态与强度理论	2	授课	
	动载荷与交变应力	4	授课	

5.3.6　考核及成绩评定方式

【考核方式】

考核方式包括过程考核和期末考试。

1. 过程考核

过程考核包括课堂表现、平时作业两个部分。课堂表现成绩依据课堂提问、课堂练习情况评定；平时作业成绩依据每次作业提交的及时性和完成质量评定。

2. 期末考试

期末考试为闭卷笔试。建议设置选择题、填空题、简答题、计算题、综合题等题型，分值比例可根据实际情况灵活调整，卷面总成绩为 100 分。难度结构一般分为“容易”“中等偏易”“中等偏难”和“难”四个层次，比例构成建议为 3 ∶ 4 ∶ 2 ∶ 1。

【成绩评定】

课堂表现占 20%，平时作业占 20%，期末考试占 60%。

大纲制定者：汤玉东（南京工程学院）
大纲审核者：刘娣，李宏胜，杨旗
最后修订时间：2023 年 5 月 16 日

5.4 “机械设计基础”理论课程教学大纲

5.4.1 课程基本信息

课程名称	机械设计基础		
	Fundamentals of Mechanical Design		
课程学分	3	总学时	48
课程类型	■专业大类基础课 □专业核心课 □专业选修课 □集中实践		
开课学期	□1-1 □1-2 □2-1 ■2-2 □3-1 □3-2 □4-1 □4-2		
先修课程	工程制图		
参考资料	王大康．机械设计基础（第4版）．机械工业出版社，2020 杨可桢．机械设计基础（第7版）．高等教育出版社，2020 陈秀宁．机械设计基础（第4版）．浙江大学出版社，2019		

5.4.2 课程描述

机械设计基础是研究机械共性问题的一门专业大类基础课程，以机械中常用机构和通用零部件为研究对象，主要介绍其基本知识和基本设计方法，获得机械方面必要的基础知识，为今后学习相关课程和从事机械设计相关工作奠定基础。本课程主要内容：机械组成及设计方法、机构分析、常见机构与传动、常见机械零部件等。

Fundamentals of Mechanical Design is a basic course to study the common problems of machinery. It mainly introduces the basic knowledge and design methods of common mechanisms and parts in machinery, and obtains the necessary basic knowledge of machinery, laying a foundation for studying relevant courses and engaging in mechanical design in the future. The main content of this course: mechanical composition and design method, mechanism analysis, common mechanism and transmission, common mechanical parts, etc.

5.4.3 课程教学目标和教学要求

【教学目标】

通过本课程的学习，要求学生掌握常用机构和通用零部件的工作原理、结构特点等知识，能够对一般机械装置的组成和运动特性进行分析，并能够对典型零部件进行简单的设计和计算。通过典型工程应用案例，以及中国智能制造的发展现状，引导学生树立远大理想，传承精益求精的工匠精神。

课程目标 1：掌握常用机构和通用零部件的工作原理、组成、性能特点，掌握通用机械产品设计原理和设计方法。

课程目标 2：能够运用常用机构和通用零部件等方面的基本知识，通过了解和查阅相关设计标准，学会在机构设计和传动中对相关问题进行分析，能获得有效结论，并具有对机构和零部件的分析计算能力和技术资料使用能力。

课程目标 3：能综合运用相关知识，根据机械产品的设计需求、功能和参数要求，给出机械产品或关键零部件的设计方案，完成结构设计，具备创新性的设计思想。

课程目标 4：能够正确评价机械产品设计方案对安全、社会等影响，并树立责任意识。

课程目标与专业毕业要求的关联关系

课程目标	毕业要求			
	工程知识 1	问题分析 2	设计 / 开发解决方案 3	工程与社会 6
1	H			
2		M		
3			L	
4				L

注：毕业要求 1，2，3，4，5，6…，分别对应毕业要求中各项具体内容。

【教学要求】

本课程总学时 48 学时，以课堂讲授为主。在课程教学过程中，根据课程内容特点，合理运用案例式教学、问题探索式教学、项目式教学等各类互动式教学方法，以提升学生的学习兴趣；鼓励学生多关注日常生活中的机械结构，认真观察其组成和运动情况；鼓励学生自学相关软件实现一些零件的设计，或自行设计及组装一些机器人相关的机械装置，培养学生综合运用各方面知识的能力和动手能力。对于讲授原理时，采用动画演示的多媒体方式，对于公式推导等采用板书方式。同时，充分利用网络优质的课程资源，为学生学习提供良好的学习平台，以培养学生自主学习能力。

5.4.4 教学内容简介

章节顺序	章节名称	知 识 点	参考学时
1	绪论	机械的组成、机械设计的基本要求与一般步骤与设计方法、常用材料和选择原则	2

续表

章节顺序	章节名称	知识点	参考学时
2	平面机构的结构分析	平面机构的组成、运动简图、平面机构的自由度计算	2
3	平面连杆机构	平面四杆机构的基本形式和特性、传动特性、曲柄存在的条件、铰链四杆机构的演化、平面四杆机构的设计	4
4	凸轮机构	凸轮机构的应用和分类、常用运动规律、平面凸轮轮廓绘制、凸轮机构基本尺寸的确定	2
5	间歇运动机构	棘轮机构、槽轮机构、其他间歇运动机构	4
6	连接	螺纹、螺旋副的受力分析、效率和自锁、螺纹连接、螺纹连接的预紧和防松	4
7	挠性传动	带传动概述，带传动的工作情况分析，V 带传动的设计，V 带轮的设计，带传动的张紧、使用和维护，其他带传动简介	4
8	啮合传动	渐开线及渐开线齿轮、一对渐开线齿轮的啮合、渐开线齿轮轮齿的加工和根切现象、齿轮传动的失效形式及设计准则、齿轮的常用材料及精度选择、直齿圆柱齿轮传动的受力分析和强度计算、斜齿圆柱齿轮传动、锥齿轮传动、齿轮的结构设计、蜗杆传动	10
9	轮系	轮系的类型、定轴轮系传动比计算、周转轮系传动比计算、复合轮系传动比计算、轮系的功能	4
10	轴与轴承	轴的材料、轴的结构设计、轴的设计计算、滑动轴承典型结构、滑动轴承的润滑、滚动轴承的类型、代号和选择、滚动轴承的失效形式和选择计算	6
11	联轴器、离合器和制动器	联轴器的工作原理、类型与应用；离合器的工作原理、类型与应用；制动器的工作原理、类型与应用	6

5.4.5 教学安排详表

序号	教学内容	学时分配	教学方式（授课、实验、上机、讨论）	教学要求 （知识要求及能力要求）
1	绪论	2	授课	本章重点：机械组成、常用材料； 能力要求：掌握机械的组成、机械设计方法、常用材料和选择原则

续表

序号	教学内容	学时分配	教学方式（授课、实验、上机、讨论）	教学要求（知识要求及能力要求）
2	平面机构的结构分析	2	授课	本章重点：平面机构的组成、运动简图、平面机构的自由度计算； 能力要求：掌握各种运动副的一般表示方法；学习和绘制平面机构的运动简图；掌握一般平面机构自由度的计算方法，并能判断运动确定与否
3	平面连杆机构	4	授课	本章重点：铰链四杆机构的基本概念、曲柄存在条件； 能力要求：熟悉平面四连杆机构的基本形式、应用、极限位置、行程速比系数、传动角及压力角、死点等基本概念；掌握铰链四杆机构的曲柄存在条件
4	凸轮机构	4	授课	本章重点：常用的基本运动规律的特点及其位移线图的绘制法； 能力要求：了解凸轮机构的基本类型和应用；掌握从动件常用的基本运动规律的特点及其位移线图的绘制法；了解压力角与机构自锁关系、基圆半径对压力角的影响、滚子半径的确定方法
5	间歇运动机构	4	授课	本章重点：典型间歇运动机构的特点与应用； 能力要求：了解几种不同的间隙运动机构的特点及应用：棘轮机构、槽轮机构、不完全齿轮机构，凸轮间隙运动机构
6	连接	4	授课	本章重点：螺纹及螺纹连接的基本知识、失效形式； 能力要求：了解螺纹的类型、主要参数和标准；掌握螺纹连接的主要类型和应用；了解螺纹连接件的种类和标准；掌握螺栓连接的强度计算，了解螺旋传动的应用和计算
7	挠性传动	2	授课	本章重点：带传动的受力分析与应力分析、弹性滑动与打滑； 能力要求：了解带传动的特点、类型和应用以及带轮的标准；理解带传动失效形式；了解链传动的特点、类型和应用
8	啮合传动	8	授课	本章重点：齿廓啮合基本定律、直齿圆柱齿轮的几何尺寸计算、正确啮合条件等； 能力要求：了解齿轮机构的类型和应用，掌握齿廓啮合基本定理；掌握渐开线齿轮的啮合特性及正确啮合的条件、连续传动条件；熟悉渐开线齿轮各部分的名称、基本参数及几何尺寸计算；了解渐开线齿廓的范成法加工原理及根切现象；掌握斜齿圆柱齿轮机构端、法面参数关系，了解其尺寸计算方法；了解圆锥齿轮传动和蜗杆蜗轮传动
	习题课	2	讨论	
9	轮系	4	授课	本章重点：定轴轮系和周转轮系传动比计算； 能力要求：了解齿轮系的应用和分类；掌握定轴轮系和行星轮系传动比的计算

续表

<table>
<tr><th>序号</th><th>教学内容</th><th>学时分配</th><th>教学方式（授课、实验、上机、讨论）</th><th>教学要求
（知识要求及能力要求）</th></tr>
<tr><td>10</td><td>轴与轴承</td><td>6</td><td>授课</td><td>本章重点：轴的结构设计、强度计算、滚动轴承组合设计；
能力要求：了解轴的分类，应用和材料；掌握轴的结构设计要求和方法；掌握轴的强度计算；了解滑动轴承的分类，轴承的结构形式，轴瓦及轴承的材料；熟悉滚动轴承的类型、代号、结构及其特点；掌握滚动轴承组合设计的基本要求与方法</td></tr>
<tr><td rowspan="2">11</td><td>联轴器、离合器和制动器</td><td>4</td><td>授课</td><td rowspan="2">本章重点：联轴器、离合器和制动器工作原理与应用；
能力要求：了解常用联轴器的类型和特点，联轴器的选择、标记方法；了解常用离合器的类型和特点；了解常用制动器的类型和特点</td></tr>
<tr><td>习题课</td><td>2</td><td>讨论</td></tr>
</table>

5.4.6 考核及成绩评定方式

【考核方式】

考核方式包括过程考核和期末考试。

1. 过程考核

过程考核包括课堂表现、平时作业两个部分。课堂表现成绩依据课堂互动、课堂讨论、课堂测验情况评定；平时作业成绩依据每次作业提交的及时性和完成质量评定。过程考核主要考查学生对已学知识掌握的程度以及自主学习的能力。

2. 期末考试

期末考试为闭卷笔试。期末考试强调考核学生对基本概念和基本方法等知识的掌握程度，建议设置选择题、填空题、简答题、综合题、分析题等题型，分值比例可根据实际情况灵活调整，卷面总成绩为 100 分。难度结构一般分为“容易”“中等偏易”“中等偏难”和“难”四个层次，比例构成建议为 3 ∶ 4 ∶ 2 ∶ 1。

【成绩评定】

课堂表现占 20%，平时作业占 20%，期末考试占 60%。

大纲制定者：周伯荣，许有熊（南京工程学院）

大纲审核者：刘娣，李宏胜，杨旗

最后修订时间：2023 年 5 月 16 日

5.5 “电路原理”理论课程教学大纲

5.5.1 课程基本信息

课程名称	电路原理		
	Circuit Principle		
课程学分	3.5	总 学 时	56
课程类型	■专业大类基础课 □ 专业核心课 □ 专业选修课 □ 集中实践		
开课学期	□1-1 ■ 1-2 □2-1 □2-2 □3-1 □3-2 □4-1 □4-2		
先修课程	高等数学、大学物理、线性代数		
参考资料	邱关源 . 电路（第 6 版）. 高等教育出版社，2022 尼尔森，等 . 电路（第 10 版）. 周玉坤，等译 . 电子工业出版社，2015 于歆杰 . 电路原理 . 哈尔滨工程大学出版社，2020 汪健 . 电路原理（第 2 版）. 清华大学出版社，2016		

5.5.2 课程描述

电路原理是机器人工程专业的一门专业大类基础课，主要内容包括电路模型和定律、电路等效变换、电路分析方法、电路基本定理、一阶暂态电路分析、正弦稳态电路分析和三相电路分析。通过本课程的学习，使学生能够掌握直流电路、暂态电路和交流电路的基本概念、基本定律定理、基本分析和计算方法，能运用所学知识解决工程中的实际电路问题，从而培养学生的科学思维能力、分析计算能力和实验研究能力。

Circuit Principle is a professional basic course of the major of robotics engineering, which mainly includes circuit models and laws, circuit equivalent transformation, circuit analysis methods, circuit basic theorems, first-order transient circuit analysis, sinusoidal steady-state circuit analysis, and three-phase circuit analysis. Through the study of this course, students can master the basic concepts, basic laws and theorems, fundamental analysis and calculation methods of DC circuit, transient circuit and AC circuit, and can use the knowledge learned to solve the actual circuit problems in engineering, so as to cultivate students’ scientific thinking ability, analysis and calculation ability, and experimental research ability.

5.5.3 课程教学目标和教学要求

【教学目标】

通过本课程的学习，使学生掌握电路的基本知识和电路分析的基本方法，培养学生分析和解决工程实际电路问题的能力，在传授知识的同时，帮助学生养成实事求是、积极探索的治学态度。

课程目标 1：掌握构成电路基本元件的物理量数学关系，掌握电路的基本概念、基本定律和定理，使学生能够运用电路知识解决专业后续相关课程中的电路问题。

课程目标 2：能够对直流电路、暂态电路和交流电路进行原理分析、等效变换和分析计算，初步具备电路系统的分析、测试和设计能力，培养学生的科学思维能力和分析计算能力。

课程目标与专业毕业要求的关联关系

课程目标	毕业要求	
	工程知识 1	问题分析 2
1	H	
2		H

注：毕业要求 1，2，…，分别对应毕业要求中各项具体内容。

【教学要求】

本课程总学时 56 学时，以课堂讲授为主，独立开设电路实验课程。课程理论教学以典型案例为引导，讲授直流电路、暂态电路和交流电路的基本概念、基本定理和分析方法，以及电路的频率响应和含有耦合电感电路的分析。依托中国 MOOC、雨课堂等网络教学平台，通过课前预习、课堂学习讨论、课堂测验、课后作业等方式，使学生能够深入理解掌握课程知识点。在独立设课的实验环节，进一步验证和巩固所学理论知识，提高学生的动手操作实践能力，培养学生严谨务实的科学态度和认真踏实的工作作风。

5.5.4 教学内容简介

章节顺序	章节名称	知 识 点	参考学时
1	电路基本概念和定律	电路的概念和基本物理量；受控源；基尔霍夫定律；电阻的串并联、星三角等效变换，电压源、电流源及其等效变换；输入电阻的计算	10
2	直流电路分析	支路法、网孔法、回路法、结点法等常用电路分析方法；叠加定理、替代定理、戴维南定理、诺顿定理；最大功率传输定理	10

续表

章节顺序	章节名称	知识点	参考学时
3	暂态电路分析	储能元件的电学特性；动态电路方程；换路定理；一阶电路零输入响应、零状态响应及全响应；一阶动态电路的三要素法	8
4	单相正弦稳态电路分析	正弦量的三要素与相量表示方法；电路定律的相量形式；阻抗和导纳；正弦稳态电路的分析；正弦稳态电路的功率；复功率；最大功率传输	10
5	电感电路与变压器	互感、耦合电感电路计算；耦合电感的功率；变压器的结构与工作原理；理想变压器	6
6	电路的频率响应	RLC 串联谐振电路；RLC 并联谐振电路；频率响应；滤波器	6
7	三相电路	三相四线制电路、Y 形与△形接法；对称三相电路中线、相电压、电流的关系；对称三相电路电压、电流与功率的计算；不对称三相电路概念	6

5.5.5 教学安排详表

序号	教学内容	学时分配	教学方式（授课、实验、上机、讨论）	教学要求（知识要求及能力要求）
第 1 章	电路和电路模型；电流和电压的参考方向；电功率和能量；电路元件；电阻元件	2	授课	本章重点：电流和电压的参考方向；基尔霍夫定律；电阻的星三角等效变换；电压源和电流源的串并联；实际电源的两种模型及其等效变换； 能力要求：掌握电阻电路模型，熟练掌握基尔霍夫定律，电压源和电流源模型及等效变换，具备利用电阻电路模型解决实际工程问题的能力
	电压源和电流源；受控电源；基尔霍夫定律	4	授课	
	电路的等效变换；电阻的串联和并联；电阻的 Y 形连接和△形连接的等效变换；电压源和电流源的串并联；实际电源的两种模型及其等效变换；输入电阻	4	授课 讨论	
第 2 章	KCL 和 KVL 的独立方程数；支路电流法；网孔电流法；回路电流法；结点电压法	4	授课	本章重点：回路电流法；结点电压法；叠加定理；戴维南定理；最大功率传输； 能力要求：掌握常用电路分析方法和基本定理，并具备利用其解决实际电路问题的能力
	叠加定理；替代定理	2	授课	
	戴维南定理	2	授课	
	诺顿定理；最大功率传输	2	授课 讨论	

续表

序号	教学内容	学时分配	教学方式（授课、实验、上机、讨论）	教学要求（知识要求及能力要求）
第 3 章	电容元件；电感元件；电容电感元件的串联和并联；动态电路的方程及其初始条件	4	授课	本章重点：动态电路的方程及其初始条件；一阶电路的零输入响应、零状态响应、全响应； 能力要求：理解储能元件的电学特性，电路的暂态、稳态、时间常数的物理意义；掌握换路定理与一阶动态电路的三要素法
	一阶电路的零输入响应；一阶电路的零状态响应；一阶电路的全响应；一阶动态电路的三要素法	4	授课 讨论	
第 4 章	复数；正弦量；相量法的基础	2	授课	本章重点：相量法的基础；电路定律的相量形式；正弦稳态电路的功率；最大功率传输； 能力要求：理解正弦量的三要素与相量表示方法；熟练掌握使用相量法分析计算正弦稳态电路；熟练掌握正弦稳态电路功率的概念及功率因数的提高
	电路定律的相量形式；阻抗和导纳；电路的相量图；电路定律的相量形式；正弦稳态电路的分析	4	授课	
	正弦稳态电路的功率；复功率；最大功率传输	4	授课 讨论	
第 5 章	互感；含有耦合电感电路的计算；耦合电感功率	4	授课	本章重点：互感；含有耦合电感电路的计算；理想变压器； 能力要求：掌握互感、耦合电感电路计算；理解并掌握变压器的结构与工作原理；掌握理想变压器计算
	变压器原理；理想变压器	2	授课	
第 6 章	RLC 串联电路的谐振；RLC 串联电路的频率响应	4	授课	本章重点：RLC 串联电路的谐振；RLC 串联电路的频率响应； 能力要求：掌握 RLC 串联谐振电路的分析与计算；掌握 RLC 并联谐振电路的分析与计算
	RLC 并联谐振电路；滤波器	2	授课	
第 7 章	三相电路；Y 形与△形接法；对称三相电路中线相电压电流的关系	2	授课	本章重点：三相电路概念，对称三相电路中线、相电压、电流的关系；对称三相电路的计算；三相电路的功率； 能力要求：理解三相四线制电路、Y 形与△形接法；掌握对称三相电路中线、相电压、电流的关系；掌握对称三相电路的计算；了解不对称三相电路的概念；掌握三相电路的功率计算和测量
	对称三相电路的计算	2	授课	
	不对称三相电路的概念；三相电路的功率	2	授课 讨论	

5.5.6 考核及成绩评定方式

【考核方式】

考核方式包括过程考核和期末考试。

1. 过程考核

过程考核包括课堂表现、平时作业和章节测验三个部分。课堂表现成绩依据课堂提问、课堂讨论情况评定；平时作业成绩依据每次作业提交的及时性和完成质量评定；章节测验为闭卷笔试，成绩依据实际测验结果评定。

2. 期末考试

期末考试为闭卷笔试。建议设置判断题、选择题、填空题、简答题、计算题、分析题等题型，分值比例可根据实际情况灵活调整，卷面总成绩为 100 分。难度结构一般分为“容易”“中等”和“难”三个层次，比例构成建议为 6 ∶ 3 ∶ 1。

【成绩评定】

课堂表现占 10%，平时作业占 20%，章节测验占 10%，期末考试占 60%。

大纲制定者：王鑫，张建化（徐州工程学院）
大纲审核者：刘娣，李宏胜，杨旗
最后修订时间：2023 年 05 月 16 日

5.6 “模拟电子技术”理论课程教学大纲

5.6.1 课程基本信息

<table>
<tr><td rowspan="2">课程名称</td><td colspan="3">模拟电子技术</td></tr>
<tr><td colspan="3">Analog Electronics Technique</td></tr>
<tr><td>课程学分</td><td>3</td><td>总学时</td><td>48</td></tr>
<tr><td>课程类型</td><td colspan="3">■专业大类基础课 □专业核心课 □专业选修课 □集中实践</td></tr>
<tr><td>开课学期</td><td colspan="3">□1-1 □1-2 □2-1 ■ 2-2 □3-1 □3-2 □4-1 □4-2</td></tr>
<tr><td>先修课程</td><td colspan="3">高等数学、线性代数、复变函数与积分变换、电路原理</td></tr>
<tr><td>参考资料</td><td colspan="3">[1] 童诗白，等 . 模拟电子技术基础（第 6 版）. 高等教育出版社，2023
[2] 郝艾芳 . 模拟电子技术基础（第 4 版）. 科学出版社，2021
[3] 黄丽亚，等 . 模拟电子技术基础（第 4 版）. 机械工业出版社，2022
[4] 李国丽 . 模拟电子技术基础（第 2 版）. 高等教育出版社，2022
[5] 刘珺蕙 . 模拟电子技术基础 . 西南交通大学出版社，2021</td></tr>
</table>

5.6.2 课程描述

模拟电子技术是机器人工程专业的一门专业大类基础课，也是该专业的主干必修课之一。通过对本课程的学习，使学生掌握分析、设计低频电子线路基本理论和基本方法，初步具备分析与解决模拟电子线路故障的能力，为进一步学习和研究电子线路理论创造一定条件，为“数字电子技术”“运动控制系统”等后续课程奠定坚实的基础。

Analog Electronic Technology is a major foundational course in the field of robotics engineering, and it is also one of the main compulsory courses in this field. Through the study of this course, students will master the basic theories and methods of analyzing and designing low-frequency electronic circuits, and have a preliminary ability to analyze and solve simulated electronic circuit faults. This will create certain conditions for further learning and research on electronic circuit theory, and lay a solid foundation for subsequent courses such as “Digital Electronic” and “Motion Control Systems”.

5.6.3 课程教学目标和教学要求

【教学目标】

通过本课程的学习，要求学生掌握电子器件的工作原理及特性，掌握反馈电路、放大电路和整流电路等典型电路的工作原理和分析方法。

课程目标1：掌握模拟电子技术的基本概念，半导体器件的基本工作原理和主要特性；掌握放大电路、场效应管放大电路、运算放大电路、功率放大电路、整流电路、滤波电路、稳压电路、电源电路的工作原理、基本特点、分析方法、主要参数等工程知识。

课程目标2：掌握负反馈的基本概念、判定方法以及反馈组态的判定、负反馈对放大电路性能的影响和深负反馈的计算；掌握理想运放的线性运用和非线性运用的条件及分析方法，掌握理想运放的电路结构及其性能、特点和常见的运算电路；掌握RC有源滤波器的构成，通带增益和截止频率的计算；掌握正弦波产生电路的原理和频率的计算；OCL和OTL功率放大电路输出功率的计算、选管原则；掌握交越失真产生的原因及克服交越失真的电路等工程问题分析能力。

课程目标与专业毕业要求的关联关系

课程目标	毕业要求	
	工程知识1	问题分析2
1	H	
2		H

注：毕业要求1，2，…，分别对应毕业要求中各项具体内容。

【教学要求】

本课程以教师讲授为主，实验单独设课。教师应注重以任务引领型实例或项目诱发学生兴趣，更多地融入学生课堂讨论、工程现场模拟来进行教学，加强对学生实际职业能力培养。教学中注意以学生为本，注重“教”与“学”的互动。通过选用典型活动项目，由教师提出要求或示范，组织学生进行活动，如在教学过程中教师可以辅助以 Multisim 程序演示或让学生进行互动操作。所涉及的知识面宽、交叉融合、前后贯通，教学过程中必须注意内容的选取、案例的提炼和教学方法的优化，注重加强学生实际动手能力的培养。同时，教师在教学中应根据学生的数学、物理基础掌握程度和实际教学进度，适时适当地补充，尽量避免一些理论公式的单纯推导，增强学生学习自信。

5.6.4　教学内容简介

章节顺序	章节名称	知识点	参考学时
1	半导体器件	半导体的基础知识，PN 结，半导体三极管	4
2	放大电路分析基础	放大电路的工作原理，放大电路的直流工作状态，放大电路的动态分析，静态工作点的稳定及其偏置电路，多级放大电路	10
3	场效应管放大电路	结型场效应管，绝缘栅场效应管，场效应管的主要参数，场效应管的特点，场效应管的放大电路	4
4	负反馈放大电路	反馈的基本概念，负反馈对放大器性能的影响，负反馈放大电路的指标计算，负反馈放大器的自激振荡	8
5	集成运算放大器	零点漂移，差动放大电路，电流源电路，集成运算放大器的介绍，集成运算放大器的性能指标	8
6	集成运算放大器的应用	集成运放应用基础，运算电路，有源滤波电路，电压比较器	8
7	波形产生与变换电路	非正弦波产生电路，正弦波产生电路	2
8	低频功率放大电路	低频功率放大电路概述，互补对称功率放大器	2
9	直流电源	单相整流电路，滤波电路	2

5.6.5　教学安排详表

序号	教学内容	学时分配	教学方式（授课、实验、上机、讨论）	教学要求（知识要求及能力要求）
第 1 章	半导体基础知识	1	授课	本章重点：掌握半导体器件的导电特性；PN 结的工作原理和主要特性；二极管和三极管的工作原理和主要特性。着重掌握和了解管子的外特性，即管子的电流和各极电压的关系以及管子的主要参数；能力要求：具备半导体管特性分析能力
	PN 结	1	授课	
	半导体三极管	2	授课	

续表

序号	教学内容	学时分配	教学方式（授课、实验、上机、讨论）	教学要求（知识要求及能力要求）
第 2 章	放大电路的工作原理	2	授课	本章重点：掌握放大器电路的基本结构，掌握模拟电路的基本概念：交流通路和直流通路、静态工作点、直流和交流负载线、饱和和截止失真、放大倍数、输入电阻和输出电阻等； 能力要求：具备放大电路性能分析能力；掌握电路参数调整方法
	放大电路的直流工作状态	2	授课	
	放大电路的动态分析	2	授课	
	静态工作点的稳定及其偏置电路	2	授课	
	多级放大电路	2	授课	
第 3 章	结型场效应管	1	授课	本章重点：熟悉场效应管的结构、工作原理及其特性曲线，掌握场效应管的特点，了解场效应管的参数； 能力要求：具有场效应管特性分析能力
	绝缘栅场效应管	1	授课	
	场效应管的主要参数	0.5	授课	
	场效应管的特点	0.5	授课	
	场效应管的放大电路	1	授课	
第 4 章	反馈的基本概念	2	授课	本章重点：掌握反馈的基本概念，正负反馈的定义及判定方法，反馈组态的判定。掌握负反馈对放大器性能的影响；掌握对深度负反馈的闭环增益估算。了解自激振荡产生的原因及条件以及消除自激振荡的方法； 能力要求：具有反馈电路分析与设计能力
	负反馈对放大器性能的影响	2	授课	
	负反馈放大电路的指标计算	2	授课	
	负反馈放大器的自激振荡	2	授课	
第 5 章	零点漂移	1	授课	本章重点：掌握零漂产生的原因以及零漂的测量方法；掌握差动放大电路抑制零漂的原理，掌握运放的主要指标；了解各种恒流源电路的结构特点和工作原理； 能力要求：具备差动放大器的静态性能分析能力
	差动放大电路	2	授课	
	电流源电路	2	授课	
	集成运算放大器的介绍	2	授课	
	集成运算放大器的性能指标	1	授课	
第 6 章	集成运放应用基础	2	授课	本章重点：掌握反相、同相和代数求和电路结构及其性能、特点。掌握反相积分器和微分器的输出电压的计算及输出电压波形的画法。了解乘法器的基本原理及其应用。掌握一阶 RC 滤波器的构成、通频带和截止频率的计算、幅频特性曲线的画法；了解高通滤波电路、低通滤波电路和带通带阻滤波电路；掌握电压比较器的原理，电压比较器的阈值求解，传输特性的画法； 能力要求：具有集成电路的分析与设计能力
	运算电路	2	授课	
	有源滤波电路	2	授课	
	电压比较器	2	授课	

续表

序号	教学内容	学时分配	教学方式（授课、实验、上机、讨论）	教学要求（知识要求及能力要求）
第 7 章	非正弦波产生电路	1	授课	本章重点：掌握矩形波产生电路，三角波产生电路，锯齿波产生电路的基本理论和基本特性；产生正弦波振荡条件，RC 正弦波振荡电路、LC 正弦波振荡电路的基本理论； 能力要求：具备波形产生电路的设计能力
	正弦波产生电路	1	授课	
第 8 章	低频功率放大电路概述	1	授课	本章重点：掌握功率放大器的特征、分类；掌握互补对称功率放大器（OCL）的工作原理，输出功率的计算、选管原则；掌握交越失真产生的原因及克服交越失真的电路；掌握复合管组成的原则及复合管在功放管中的作用；了解单电源互补对称功率放大器（OTL）的原理及其与 OCL 电路的异同点； 能力要求：具备功率放大电路的分析能力
	互补对称功率放大器	1	授课	
第 9 章	单相整流电路	1	授课	本章重点：掌握单相整流电路、滤波电路、稳压电路工作原理；了解稳压电路的主要指标； 能力要求：具备整流滤波电路的分析能力
	滤波电路	1	授课	

5.6.6　考核及成绩评定方式

【考核方式】

考核方式包括过程考核和期末考试。

1. 过程考核

过程考核包括课堂表现、平时作业、期中考试三个部分。课堂表现成绩依据课堂测验、课堂互动情况评定；平时作业成绩依据每次作业提交的及时性和完成质量评定；期中考试成绩为期中闭卷笔试卷面成绩。

2. 期末考试

期末考试为闭卷笔试，是对学生学习情况的全面检验，强调考核学生对基本概念、方法、理论等方面掌握的程度，及学生应用所学知识解决复杂问题的能力。

【成绩评定】

课堂表现占 10%，平时作业占 20%，期中考试占 20%，期末考试占 50%。

大纲制定者：吴光永，付强（重庆文理学院）

大纲审核者：刘娣，李宏胜，杨旗

最后修订时间：2023 年 5 月 16 日

5.7 “数字电子技术”理论课程教学大纲

5.7.1 课程基本信息

<table>
<tr><td rowspan="2">课程名称</td><td colspan="3">数字电子技术</td></tr>
<tr><td colspan="3">Digital Electronic Technology</td></tr>
<tr><td>课程学分</td><td>2</td><td>总学时</td><td>32</td></tr>
<tr><td>课程类型</td><td colspan="3">■专业大类基础课 □专业核心课 □专业选修课 □集中实践</td></tr>
<tr><td>开课学期</td><td colspan="3">□1-1 □1-2 ■ 2-1 □2-2 □3-1 □3-2 □4-1 □4-2</td></tr>
<tr><td>先修课程</td><td colspan="3">高等数学、大学物理</td></tr>
<tr><td>参考资料</td><td colspan="3">[1] 阎石 . 数字电子技术基础（第 6 版）. 高等教育出版社，2016
[2] 陈龙，等 . 数字电子技术基础（第 3 版）. 科学出版社，2020
[3] 王友仁 . 数字电子技术基础（第 2 版）. 机械工业出版社，2022
[4] 胡晓光 . 数字电子技术基础（第 3 版）. 北京航空航天大学出版社，2021
[5] 王美玲 . 数字电子技术基础（第 4 版）. 机械工业出版社，2021</td></tr>
</table>

5.7.2 课程描述

数字电子技术是机器人工程专业的一门专业大类基础课，是该专业学生了解和掌握必要电类知识和技能的必修课程。本课程通过对常用电子器件、数字电路及其系统的分析和设计的学习，使学生获得数字电子技术方面的基本知识、基本理论和基本技能，为深入学习数字电子技术及其在专业中的应用打好基础。

Digital Electronic Technology is a major basic course of robot engineering. This course is a compulsory course for robot engineering to understand and master the necessary electrical knowledge and skills. Through the study of common electronic devices, digital circuits and their systems, this course enables students to acquire basic knowledge, basic theory and basic skills in Digital Electronic Technology. And it lays a good foundation for in-depth learning of Digital Electronic Technology and its application in the profession.

5.7.3 课程教学目标和教学要求

【教学目标】

通过本课程的学习，学生应掌握数字电子技术的基本概念、基础理论、基本分析方法、基本测量技能和基本电路设计方法，培养学生的逻辑思维能力以及综合运用数字电路理论分析问题和解决实际问题的能力，为后续课程学习和研究打下坚实的理论和实践基础。

课程目标 1：掌握数字电路的基础知识，掌握组合逻辑电路的基本特点与设计方法，掌握时序逻辑电路的基本特点与设计方法、典型时序逻辑电路的工作原理与分析方法，了解常用的可编程逻辑器件的结构与编程方法。

课程目标 2：熟悉常用数字电路器件的特性及应用，能够正确识别常用数字电路器件，初步具备数字电路的分析与设计能力。通过文献调研，能对相关的工程问题进行抽象化、逻辑化，寻找数字电路设计解决方案并进行优化。

课程目标与专业毕业要求的关联关系

课程目标	毕业要求	
	工程知识 1	问题分析 2
1	H	
2		H

注：毕业要求 1，2，…，分别对应毕业要求中各项具体内容。

【教学要求】

本课程总学时 32 学时（课堂讲授）。本课程以理论教学为主，实验单独设课。教学应注重以任务引领型实例或项目诱发学生兴趣，更多地融入学生课堂讨论、工程现场模拟来进行教学，加强对学生实际职业能力培养。教学中注意以学生为本，注重“教”与“学”的互动。通过选用典型活动项目，由教师提出要求或示范，组织学生进行活动。

5.7.4　教学内容简介

章节顺序	章节名称	知　识　点	参考学时
1	数字电路基础	数制和编码，逻辑代数基础，分立元件门电路，TTL 集成逻辑门电路，CMOS 逻辑门电路	8
2	组合逻辑电路	组合逻辑电路的分析与设计，译码器，编码器，数据选择器，加法器，组合逻辑电路的竞争冒险	8
3	触发器与时序逻辑电路	触发器，时序电路的分析，计数器，寄存器与移位寄存器，555 定时电路及其功能，施密特触发器，单稳态触发器，多谐振荡器，数模和模数转换	10
4	大规模集成电路	存储器，可编程逻辑器件	6

5.7.5 教学安排详表

序号	教学内容	学时分配	教学方式（授课、实验、上机、讨论）	教学要求（知识要求及能力要求）
第 1 章	数制和编码	1	授课	本章重点：数制和编码规则、逻辑代数的运算规则；门电路的逻辑功能、表示方法及硬件电路；逻辑函数的公式化简法； 能力要求：掌握数制的概念和转换方法，掌握逻辑电路的基本特点
	逻辑代数基础	1	授课	
	分立元件门电路	2	授课	
	TTL 集成逻辑门电路	2	授课	
	CMOS 逻辑门电路	2	授课	
第 2 章	组合逻辑电路的分析与设计	2	授课	本章重点：组合逻辑电路的分析与设计，译码器、编码器、数据选择器、加法器等常用中规模组合逻辑电路的应用； 能力要求：掌握组合逻辑电路的分析与设计方法
	译码器	1	授课	
	编码器	1	授课	
	数据选择器	1	授课	
	加法器	1	授课	
	组合逻辑电路的竞争冒险	2	授课	
第 3 章	触发器	1	授课	本章重点：时序逻辑电路的特点、触发器类型结构、状态表和特性方程以及逻辑功能的转换、分析方法；计数器和寄存器等常用时序逻辑电路的分析和使用；555 定时器的基本功能及电路特点；施密特触发器的组成及原理的类型、组成结构和基本原理； 能力要求：掌握时序逻辑电路的基本特点与设计方法，以及典型时序逻辑电路的工作原理与分析方法
	时序电路的分析	2	授课	
	计数器	1	授课	
	寄存器与移位寄存器	1	授课	
	555 定时电路及其功能	2	授课	
	施密特触发器	1	授课	
	单稳态触发器	1	授课	
	多谐振荡器	1	授课	
第 4 章	存储器	4	授课	本章重点：半导体存储器件的分类、结构及特点，几种可编程逻辑器件的特点及相关硬件语言； 能力要求：了解常用可编程逻辑器件的结构，掌握可编程逻辑器件的编程方法
	可编程逻辑器件	2	授课	

5.7.6 考核及成绩评定方式

【考核方式】

考核方式包括过程考核和期末考试。

1. 过程考核

过程考核包括课堂表现、平时作业两个部分。课堂表现成绩依据课堂测验、课堂互动情况评定；平时作业成绩依据每次作业提交的及时性和完成质量评定。过程考核主要考查学生对已学知识的掌握程度和自主学习的能力。

2. 期末考试

期末考试为闭卷笔试，是对学生学习情况的全面检验，强调考核学生对基本概念、方法、理论等方面掌握的程度，及学生应用所学知识解决复杂问题的能力。

【成绩评定】

课堂表现占 20%，平时作业占 20%，期末考试占 60%。

大纲制定者： 彭帅，付强（重庆文理学院）

大纲审核者： 刘娣，李宏胜，杨旗

最后修订时间： 2023 年 5 月 16 日

5.8 “专业导论”理论课程教学大纲

5.8.1 课程基本信息

课程名称	专业导论 Introduction to Robotics Engineering		
课程学分	1	总学时	16
课程类型	■专业大类基础课　□专业核心课　□专业选修课　□集中实践		
开课学期	■ 1-1　□1-2　□2-1　□2-2　□3-1　□3-2　□4-1　□4-2		
先修课程	无		
参考资料	[1] 张涛 . 机器人概论 . 机械工业出版社，2022 [2] 李云江 . 机器人概论（第 3 版）. 机械工业出版社，2021 [3] 孟昭军，刘班 . 机器人工程专业导论 . 清华大学出版社，2022 [4] 陈柏，吴青聪 . 机器人技术基础与应用 . 科学出版社，2022 [5] 谢广明 . 机器人引论—魅力无穷的机器人世界 . 北京大学出版社，2017 [6] 谷明信 . 服务机器人技术及应用 . 西南交通大学出版社，2019 [7]（意）西西利亚诺，（美）哈提卜 . 机器人手册 . 机械工业出版社，2013 [8] 日本机器人学会 . 机器人技术手册 . 科学出版社，2008		

5.8.2 课程描述

机器人工程专业导论是一门主要的基础课。本课程的主要任务是使学生了解机器人工程专业的知识体系，了解机器人产品的关键技术及应用领域，激发学生的专业兴趣，增强学生的专业意识，培养学生的工程意识、工程素质及工程能力，使学生明确专业方向，从

而提高后续课程学习的目的性和针对性。

Introduction to Robotics Engineering is a major basic course. The main task of this course is to make students understand the professional knowledge system of robot engineering, understand the key technologies and application fields of robot products, stimulate students' professional interest, enhance students' professional consciousness, cultivate students' engineering consciousness, engineering quality and engineering ability, and make students clear the professional direction, so as to improve the purpose and pertinence of the follow-up course learning.

5.8.3 课程教学目标和教学要求

【教学目标】

通过本课程的学习，使学生了解机器人工程专业的知识体系，明确专业方向，从而提高后续课程学习的目的性和针对性。

课程目标 1：使学生了解机器人工程的基本概念、基础知识、机器人产品设计方法；了解机器人行业的现状和发展趋势。

课程目标 2：使学生初步了解机器人领域相关的产品，初步具备对实际问题的分析能力，初步了解解决实际问题的分析方法。

课程目标 3：使学生能够理解机器人工程师的职业性质与责任，引导学生形成解决工程问题的思路。

课程目标与专业毕业要求的关联关系

课程目标	毕业要求		
	工程知识 1	问题分析 2	职业规范 8
1	L		
2		L	
3			H

注：毕业要求 1，2，3，4，5，6，7，8，…，分别对应毕业要求中各项具体内容。

【教学要求】

本课程总学时 16 学时，以课堂讲授为主。采用启发式教学，激发学生主动学习的兴趣，培养学生独立思考、分析问题和解决问题的能力，引导学生主动通过实践和自学获得自己想学到的知识。采用电子教案，多媒体教学与传统板书、教具教学相结合，增加课堂教学信息量，增强教学的直观性。采用案例教学，理论教学与工程案例相结合，引导学生了解机器人工程专业所涉及的相关专业知识。采用互动式教学，课内讨论和课外答疑相结合。

5.8.4　教学内容简介

章节顺序	章节名称	知识点	参考学时
1	机器人概述	介绍机器人的概念、发展历史、现状与趋势	2
2	现代工程教育及专业人才培养方案	介绍中国的工程教育，卓越工程师教育培养计划，CDIO 工程教育模式，专业目标	2
3	机器人基础	介绍学科体系、机器人学基础知识	2
4	机器人博览	介绍工业机器人种类、服务机器人种类及功能	4
5	机器人关键技术	介绍机器人关键技术	4
6	人工智能	介绍人工智能技术在机器人工程中的应用	2

5.8.5　教学安排详表

序号	教学内容	学时分配	教学方式（授课、实验、上机、讨论）	教学要求（知识要求及能力要求）
第 1 章	机器人的概念、分类和发展史	1	授课	本章重点：机器人的概念和分类；机器人发展史；机器人基本结构；机器人与人；机器人工程的研究内容； 能力要求：了解机器人的产生和发展，了解机器人结构及研究内容
	机器人基本结构和研究内容	1	授课	
第 2 章	工程教育、卓越工程师教育培养计划	1	授课	本章重点：专业目标、专业培养标准、专业教育内容与课程； 能力要求：了解中国工程教育的背景及发展战略，熟悉工程师的任务与责任；了解各门课程主要讲授的内容及其在机器人学科中的地位和作用
	CDIO 工程教育模式、专业目标	1	授课	
第 3 章	位姿表示与坐标系变换	1	授课	本章重点：位姿表示与坐标变换，运动学、静力学与动力学的关系； 能力要求：了解机器人运动学、静力学与动力学之间的关系，掌握机器人运动学求解方法
	运动学、静力学、动力学的关系	1	授课	
第 4 章	工业机器人	1	授课	本章重点：工业机器人种类及应用；特种机器人应用的意义；服务机器人种类与应用；特种机器人重点研究的科学问题；军用机器人应用实例； 能力要求：了解工业机器人种类及功能、服务机器人种类、功能与作用
	服务机器人	1	授课	
	特种机器人	1	授课	
	军用机器人	1	授课	

续表

序号	教学内容	学时分配	教学方式（授课、实验、上机、讨论）	教学要求（知识要求及能力要求）
第 5 章	控制技术	1	授课	本章重点：机器人控制系统的特点；控制方式；力控制；机器人传感器概述；内部及外部传感器；多传感器融合；机器人编程系统及方式；仿人机器人立体视觉系统；人机交互技术； 能力要求：了解机器人应用的关键技术
	感知技术	1	授课	
	智能控制技术	1	授课	
	人机交互技术	1	授课	
第 6 章	仿生机械学	1	授课	本章重点：仿生机械学定义；仿生机械学研究领域；仿生机械与机器人技术、康复工程；仿生机械实例；智能机器人系统的组成及其应用；智能机器人系统通信系统、电源子系统、硬件结构及软件结构； 能力要求：了解人工智能技术在机器人工程中的应用
	前沿机器人	1	授课	

5.8.6　考核及成绩评定方式

【考核方式】

考核方式包括过程考核和期末考查。

1. 过程考核

考核的环节包括课堂表现、平时作业（含阶段考查），最后折算出该项的成绩乘以其在总评成绩中所占的比例作为此环节的最终成绩。作业主要考查学生对每章节相关知识点的复习、理解和掌握程度；每次作业成绩按 100 分制单独评分，取各次作业成绩的平均值乘以其在总评成绩中所占的比例计入总评成绩。

2. 期末考试

考查成绩 100 分，以提交考查材料的评价成绩乘以其在总评成绩中所占的比例计入课程总评成绩；主要考查学生对相关知识的掌握程度。

【成绩评定】

课堂表现占 15%，平时作业（含阶段考查）占 25%，期末考查占 60%。

大纲制定者：姚辉晶，黄胜洲（安徽工程大学）

大纲审核者：刘娣，李宏胜，杨旗

最后修订时间：2023 年 5 月 16 日

5.9 “微处理器原理与应用”理论课程教学大纲

5.9.1 课程基本信息

课程名称	微处理器原理与应用		
	The Principle and Application of Microprocessor		
课程学分	3	总学时	48
课程类型	□ 专业大类基础课　■专业核心课　□ 专业选修课　□ 集中实践		
开课学期	□1-1　□1-2　□2-1　■ 2-2　□3-1　□3-2　□4-1　□4-2		
先修课程	计算机程序设计、电路原理、电工电子技术		
参考资料	[1] 张毅刚 . 单片机原理及接口技术 . 人民邮电出版社，2019 [2] 李晓林 . 单片机原理与接口技术（第 4 版）. 电子工业出版社，2020 [3] 王福元 . 单片机原理与接口技术 . 清华大学出版社，2021		

5.9.2 课程描述

微处理器原理与应用是机器人工程专业核心课程，本课程的主要内容包括计算机基础知识、微处理器基本工作原理、输入输出接口控制技术、人机接口与应用技术、微处理器应用系统设计等。通过本课程的学习，使学生掌握微处理器的工作原理、片内资源运用及片外扩展技术，能分析控制对象的功能要求，具备微处理器系统软硬件设计能力、硬软件故障的排错能力、自主学习及解决问题的能力。

The Principle and application of microprocessor is a core course of the major of robotics engineering. The main contents of the course include basic computer knowledge, basic working principle of microprocessor, input and output interface control technology, human-computer interface and application technology, microprocessor application system design, etc. Through the study of this course, students can master the working principle of microprocessor, the use of on-chip resources and off-chip expansion technology, the analysis of functional requirements of control objects, the design of software and hardware of microprocessor systems, the troubleshooting of hardware and software faults, and self-directed learning and problem-solving skills.

5.9.3 课程教学目标和教学要求

【教学目标】

通过本课程的学习，要求学生掌握微处理器的工作原理等基础知识，能根据控制对象的功能要求，初步具备微处理器系统的软硬件设计和调试能力，培养学生良好的工程素质与严谨的思维方式。

课程目标1：掌握应用微处理器实现系统控制的基本原理与基本方法，能够根据对象的功能要求，进行微处理器系统的方案设计与分析，并获得有效的设计方案。

课程目标2：掌握系统硬软件调试的基本方法，学生能够选择恰当的微处理器应用系统开发工具，具备运用开发工具进行软硬件设计与仿真调试的能力，并能对相关结果进行分析。

课程目标3：通过程序设计、定时器中断、A/D及D/A转换、键盘与显示等实验，使学生掌握微处理器应用系统的硬软件调试的基本方法，能够对实验过程中的结果进行分析，培养学生对硬软件故障的排错能力。

课程目标与专业毕业要求的关联关系

课程目标	毕业要求		
	问题分析2	研究4	使用现代工具5
1	M		
2			H
3		M	

注：毕业要求1，2，3，4，5，…，分别对应要求中各项具体内容。

【教学要求】

本课程总学时48学时，课堂讲授34学时，实验14学时。依据课程目标，围绕OBE理念，理论教学采用网络平台的在线学习功能与线下课堂混合式教学方式，搭建包含教学视频、作业、测试题的线上学习资源供学生自主学习，根据学习反馈信息进行线下课堂教学设计，重点讲解难点内容。同时，线上线下指导学生利用开发与仿真工具对案例或项目进行硬软件设计与仿真，真正理解所学知识，运用所学知识解决实际问题，鼓励学生实践创新，培养独立思考的能力。实验教学环节在实验室进行，课程组集体设计验证性实验、综合性实验项目，培养学生的工程实践能力及运用相关知识分析问题、解决问题的能力。

5.9.4　教学内容简介

章节顺序	章节名称	知识点	参考学时
1	计算机基础	数制和码制，算术运算和逻辑运算的基础，计算机的组成及工作原理	2
2	单片机概述、MCS-51 单片机内部结构及 CPU 工作过程	单片机的概念及国内外发展现状，单片机的引脚功能，单片机的内部结构及 CPU 的结构和工作原理，单片机的复位与复位电路，MCS-51 单片机并行输入 / 输出口电路结构、特点和使用，单片机的存储器结构及特殊功能寄存器，单片机的时钟电路与时序	6
3	C51 程序设计	C51 的语法基础，C51 结构化程序设计，C51 程序设计实例	8
4	MCS-51 单片机内部功能部件	数据输入 / 输出方式（无条件工作方式、查寻工作方式、中断工作方式），MCS-51 单片机中断系统（中断系统的结构、与中断有关的特殊功能寄存器、中断工作过程、中断初始化及中断服务程序设计），MCS-51 单片机的定时器 / 计数器（结构、方式和控制寄存器、工作方式、初始化编程与应用），串行口结构、工作原理、工作方式及应用	14
5	微处理器常用的并行接口、串行接口扩展技术	8255 并行接口扩展技术，RS-232C、422A 及 485 串行总线接口标准，SPI 串行总线，I2C 串行总线，串行扩展技术的应用	2
6	人机接口与应用	单片机键盘工作原理及其接口，键盘程序设计；LED 及 LCD 显示原理及显示接口，LED 及 LCD 显示程序设计，A/D 及 D/A 转换器的工作原理，A/D 及 D/A 转换器与单片机的接口连接、编程及应用	14
7	微处理器应用系统设计	微处理器应用系统的设计步骤，微处理应用系统举例	2

5.9.5　教学安排详表

序号	教学内容	学时分配	教学方式（授课、实验、上机、讨论）	教学要求（知识要求及能力要求）
第 1 章	计算机数制和码制，算术运算和逻辑运算的基础，计算机的组成及工作原理	2	授课	本章重点：数制和码制，算术运算和逻辑运算的基础，计算机的组成及工作原理； 能力要求：能够掌握计算机中常用的数制及编码、算术运算和逻辑运算的基础，并理解计算机的组成及工作原理

续表

序号	教学内容	学时分配	教学方式（授课、实验、上机、讨论）	教学要求（知识要求及能力要求）
第 2 章	单片机概述、MCS-51 单片机的内部结构及 CPU 的结构和工作原理	2	授课	本章重点：单片机的概念及国内外发展现状，单片机芯片的内部组成及存储器结构，单片机时钟电路与时序，单片机输入 / 输出口电路结构、特点和使用； 能力要求：能够理解和掌握单片机的概念、MCS-51 单片机的内部结构及 CPU 工作原理
	MCS-51 单片机的引脚功能及单片机并行输入 / 输出口电路结构、特点和使用	2	授课	
	单片机的存储器结构及特殊功能寄存器，单片机的复位与复位电路及时钟电路	2	授课	
第 3 章	C51 程序设计的语法基础	2	授课	本章重点：C51 语法基础及结构化程序设计； 能力要求：能够掌握 C51 编程方法，利用开发工具进行程序调试的方法
	C51 结构化程序设计	2	授课	
	C51 程序设计实例	2	授课	
	实验一 转换程序设计实验	2	实验	
第 4 章	数据输入 / 输出方式	2	授课	本章重点：MCS-51 单片机中断系统、定时 / 计数器及串行通信； 能力要求：能够通过单片机内部功能部件在工程中应用的多种实现方案，使学生理解工程问题有多种解决方案，通过查阅文献、分析论证，可获得有效方案
	MCS-51 单片机中断系统	2	授课	
	实验二 流水灯中断实验	2	实验	
	MCS-51 单片机定时 / 计数器	2	授课	
	实验三 定时器实验	2	实验	
	串行口结构、工作原理及工作方式	2	授课	
	实验四 串口通信实验	2	实验	
第 5 章	8255 并行接口扩展技术，RS-232C、422A 及 485 串行总线接口标准，SPI 串行总线，I2C 串行总线，串行扩展技术的应用	2	授课	本章重点：简单的 I/O 扩展技术和 8255A 芯片扩展并行接口； 能力要求：能够理解 8255 并行接口三总线扩展方法；了解 RS-232C、422A 及 485 串行总线接口标准及 SPI 串行总线、I2C 串行总线的工作原理及其应用
第 6 章	LED 结构与显示原理、显示接口及程序设计，LCD 显示原理及接口	4	授课	本章重点：静态和动态 LED 显示，A/D 转换和 D/A 转换的编程方法，矩阵键盘的识别和 LCD 显示的编程； 能力要求：能够掌握 LED 及 LCD 的显示原理及接口编程应用、键盘和 A/D 及 D/A 转换器与单片机的接口方式及编程方法，通过工程案例分析，使学生理解键盘、显示、A/D 及 D/A 转换在工程应用中有多种实现方案，分析性价比及系统稳定运行等各种因素，选择有效方案
	单片机键盘及其接口程序设计	2	授课	
	实验五 键盘扫描、数码管显示实验	2	实验	
	D/A 和 A/D 转换器的应用	2	授课	
	实验六 A/D 转换器实验	2	实验	
	实验七 D/A 转换器实验	2	实验	

续表

序号	教学内容	学时分配	教学方式（授课、实验、上机、讨论）	教学要求（知识要求及能力要求）
第 9 章	微处理应用系统设计	2	授课	本章重点：单片机应用系统的设计步骤，应用系统设计的实例； 能力要求：能够掌握微处理器应用系统的设计过程和开发方法，通过微处理应用系统案例分析，使学生理解工程问题有多种解决方案，通过查阅文献、分析论证，可获得有效方案

5.9.6　考核及成绩评定方式

【考核方式】

考核方式包括过程考核和期末考试。

1. 过程考核

过程考核包括课堂表现、平时作业、平时测试、实验四个部分。课堂表现成绩依据课堂提问情况评定；平时作业成绩依据每次作业提交的及时性和完成质量评定；平时测试为闭卷笔试，主要考查学生对所学知识的掌握情况；实验成绩依据每次参加实验情况和实验完成质量情况评定。

2. 期末考试

期末考试为闭卷笔试和微处理器系统应用设计。闭卷笔试建议设置选择题、填空题、简答题、综合题、分析题等题型，分值比例可根据实际情况灵活调整，卷面总成绩为 100 分。难度结构一般分为“容易”“中等偏易”“中等偏难”和“难”四个层次，比例构成建议为 3 ∶ 4 ∶ 2 ∶ 1。微处理器系统应用设计建议利用微处理器实验开发板设计一个综合的应用项目，并撰写项目报告。

【成绩评定】

课堂表现占 10%，平时作业占 10%，平时测试占 10%，实验占 20%，期末考试笔试占 30%，微处理器系统应用设计占 20%。

大纲制定者：田磊，盛党红（南京工程学院）
大纲审核者：刘娣，李宏胜，杨旗
最后修订时间：2023 年 5 月 16 日

5.10 “自动控制原理”理论课程教学大纲

5.10.1 课程基本信息

<table>
<tr><td rowspan="2">课程名称</td><td colspan="3">自动控制原理</td></tr>
<tr><td colspan="3">Theory of Automatic Control</td></tr>
<tr><td>课程学分</td><td>4</td><td>总学时</td><td>64</td></tr>
<tr><td>课程类型</td><td colspan="3">□ 专业大类基础课 ■专业核心课 □ 专业选修课 □ 集中实践</td></tr>
<tr><td>开课学期</td><td colspan="3">□1-1 □1-2 □2-1 □2-2 ■ 3-1 □3-2 □4-1 □4-2</td></tr>
<tr><td>先修课程</td><td colspan="3">高等数学、复变函数与积分变换、电路原理、电工电子技术</td></tr>
<tr><td>参考资料</td><td colspan="3">胡寿松 . 自动控制原理（第 7 版）. 科学出版社，2022
张爱民 . 自动控制原理（第 2 版）. 清华大学出版社，2019
田玉平 . 自动控制原理（第 2 版）. 科学出版社，2022
陈复扬 . 自动控制原理 . 高等教育出版社，2022</td></tr>
</table>

5.10.2 课程描述

自动控制原理是机器人工程专业的一门必修专业核心课。本课程是分析和设计自动控制系统的理论基础，主要内容包括自动控制系统建模、自动控制系统分析和自动控制系统设计（校正）三个方面。通过本课程的教学，使学生掌握分析自动控制系统性能的基本方法，并能结合实际，初步具备自动控制系统设计能力，能在 Matlab 环境下对控制系统进行计算机辅助分析和设计，为今后进一步深入学习其他控制理论、设计控制系统打下坚实的基础。

Theory of Automatic Control is a core course for robot engineering majors. This course is the theoretical basis for analyzing and designing automatic control systems. Its main contents include three aspects: automatic control system modeling, automatic control system analysis, and automatic control system design（correction）. Through the teaching of this course, students will master the basic methods of analyzing the performance of automatic control systems, and combine with the actual situation, have fundamental capability to design automatic control systems, and be able to carry out computer-aided analysis and design of control systems in Matlab. This course will lay a solid foundation for learning other control theories and designing control systems in the future.

5.10.3　课程教学目标和教学要求

【教学目标】

通过本课程的学习，要求学生掌握自动控制的基本理论和方法，能分析自动控制系统的性能，初步具备自动控制系统设计与校正能力。理论教学过程中紧密联系实际，培养学生精益求精、创新的工程素养；实验教学中，严格要求操作规范，培养学生的责任意识和职业素养。

课程目标 1：能够根据典型控制系统的工作原理识别其控制要求及组成部件，对于线性连续系统能根据约束条件建立其数学模型，并进行求解和分析。

课程目标 2：能够利用时域分析方法、根轨迹分析法和频率特性法分析和表述系统的稳定性、快速性和准确性；能够根据被控对象特征和性能要求，通过校正手段对其进行有效改进，并找出复杂工程问题的内在规律，确定有效的问题解决方案。

课程目标 3：能够按照实际需要搭建控制系统实验电路和 Matlab 仿真平台，按照实验规程和步骤安全开展实验，准确获得实验数据，并能够对实验数据进行分析和解释，总结实验结果的影响因素和需要进一步改进完善的装置或元器件参数。

课程目标与专业毕业要求的关联关系

课程目标	毕业要求		
	工程知识 1	问题分析 2	研究 4
1	H		
2		H	
3			M

注：毕业要求 1，2，3，…，分别对应毕业要求中各项具体内容。

【教学要求】

本课程总学时 64 学时，课堂讲授 56 学时，实验 8 学时。本课程主要内容采用板书与多媒体课件相结合的方式进行课堂教学，同时提供线上学习资源要求学生进行自主学习，Matlab 应用以自主学习为主，培养学生独立思考和自主学习的能力。秉承立德树人的教学理念，将专业知识和课程思政有机统一，在理论授课过程中，潜移默化地融入课程思政要素，让学生在掌握专业知识的同时，培养勇于钻研的科学探索精神，并引导学生利用所学知识和技能服务他人、服务社会。实验环节在实验室进行，实验中注重对实验规范的指导，使学生在实验中体验课堂所学知识的应用，培养学生理论联系实际、发现问题、解决问题的能力，同时引导学生养成认真负责的工作态度，增强学生的责任担当。

5.10.4 教学内容简介

章节顺序	章节名称	知 识 点	参考学时
1	概述	课程的性质及任务、自动控制与自动控制系统、自动控制系统的分类、动态过程、对系统性能的要求、自动控制理论的发展趋势与应用	2
2	自动控制系统的数学模型	控制系统的微分方程、传递函数及其求取、动态结构图及其化简、系统开环传递函数、闭环传递函数及误差传递函数	14
3	时域分析法	控制系统性能指标、一阶系统性能分析、二阶系统的单位阶跃响应及性能分析、控制系统的稳定性分析、控制系统的稳态误差分析	16
4	根轨迹分析法	根轨迹及根轨迹方程、绘制根轨迹的八大规则、用根轨迹法分析系统性能	9
5	频率特性法	频率特性及其几何表示法、典型环节与系统的频率特性曲线、根据最小相位系统的近似幅频特性求传递函数、用频率特性法分析系统稳定性、频率特性与系统性能的关系	15
6	控制系统的校正与设计	串联超前校正、串联滞后校正、串联滞后—超前校正、PID 控制器、先进 PID 控制技术在工业控制中的应用	8

5.10.5 教学安排详表

序号	教学内容	学时分配	教学方式（授课、实验、上机、讨论）	教学要求（知识要求及能力要求）
第 1 章	概述	2	授课	本章重点：自动控制理论的发展历程，自动控制及自动控制系统的组成，自动控制系统的分类，自动控制系统的控制方式及对控制系统性能的要求； 能力要求：能够运用所学的基础知识对闭环控制系统的抗扰机理进行分析
第 2 章	控制系统的微分方程	4	授课	本章重点：数学模型及其建立方法，微分方程的建立步骤，传递函数的定义及其性质，动态结构图的化简； 能力要求：能够对复杂系统的传递函数进行求取，能够建立系统的动态结构图并进行化简，为后续的系统分析设计打下基础
	传递函数	4	授课	
	动态结构图	4	授课	
	反馈控制系统的传递函数	2	授课	

续表

序号	教学内容	学时分配	教学方式（授课、实验、上机、讨论）	教学要求（知识要求及能力要求）
第 3 章	系统性能指标	1	授课	本章重点：系统性能指标的定义方法，一阶系统的分析方法，二阶系统的单位阶跃响应及其性能指标，系统稳定性及稳态误差的分析方法； 能力要求：掌握系统的分析方法，判定系统稳定性以及分析系统的稳态误差，具有运用时域分析法对控制系统进行分析计算的能力，为系统设计打下良好的基础
	一阶系统性能分析	2	授课、实验	
	二阶系统性能分析	5	授课、实验	
	控制系统的稳定性分析	3	授课、讨论	
	控制系统的稳态误差分析	5	授课、实验	
第 4 章	根轨迹的基本概念	2	授课	本章重点：系统根轨迹的概念、原理，根轨迹绘制的八大规则；掌握用根轨迹分析系统性能； 能力要求：能够根据根轨迹绘制的八大规则作出系统的根轨迹，并具有运用根轨迹分析法对控制系统进行分析的能力
	根轨迹的基本特征及作图方法	4	授课	
	用根轨迹分析系统性能	3	授课、实验	
第 5 章	频率特性的基本概念	2	授课	本章重点：控制系统频率特性的概念及其几何表示法，典型环节及控制系统频率特性曲线的绘制，频率特性与系统性能的关系，用频率特性法分析系统的稳定性； 能力要求：能够绘制系统的频率特性曲线，并进一步分析系统性能，具有对控制系统的分析能力并为系统的校正设计打下良好的基础
	典型环节与系统的频率特性	4	授课、讨论	
	用实验法确定系统的传递函数	2	授课	
	用频率分析法分析系统稳定性	4	授课、讨论	
	频率特性与系统性能的关系	3	授课、实验	
第 6 章	系统校正的一般方法	8	授课、实验	本章重点：串联超前校正、串联滞后校正、串联滞后—超前校正的设计方法，三种校正装置改善控制系统性能的原理； 能力要求：掌握三种校正装置的特点及其在工程实际中的应用，具有利用（设计）校正装置改善控制系统性能的能力

5.10.6　考核及成绩评定方式

【考核方式】

考核方式包括过程考核和期末考试。

1. 过程考核

过程考核包括课堂表现、平时作业、项目设计和实验四个部分。课堂表现成绩依据课堂提问情况评定；平时作业成绩依据每次作业提交的及时性和完成质量评定；项目设计成绩依据项目完成质量评定，主要考查学生对实际控制系统进行分析与校正的能力，能够针对自动化系统有关控制器设计等复杂工程问题提出解决方案；实验成绩依据每次参加实验情况和实验完成质量情况评定。

2. 期末考试

期末考试为闭卷笔试。建议设置填空题、选择题、简答题、计算题、综合题等题型，分值比例可根据实际情况灵活调整，卷面总成绩为 100 分。难度结构一般分为“容易”“中等偏易”“中等偏难”和“难”四个层次，比例构成建议为 3 ∶ 4 ∶ 2 ∶ 1。

【成绩评定】

课堂表现占 10%，平时作业占 10%，项目设计占 10%，实验占 10%，期末考试占 60%。

大纲制定者：张佳琦，王国勋（沈阳理工大学）
大纲审核者：刘娣，李宏胜，杨旗
最后修订时间：2023 年 05 月 16 日

5.11 “电机驱动与运动控制”理论课程教学大纲

5.11.1 课程基本信息

课 程 名 称	电机驱动与运动控制 Motor Drive and Motion Control		
课 程 学 分	4	总 学 时	64
课 程 类 型	□ 专业大类基础课 ■ 专业核心课 □ 专业选修课 □ 集中实践		
开 课 学 期	□1-1 □1-2 □2-1 □2-2 □3-1 ■ 3-2 □4-1 □4-2		
先 修 课 程	高等数学、线性代数、电路原理、微处理器原理及应用		
参 考 资 料	黄志坚 . 机器人驱动与控制及应用实例 . 化学工业出版社，2016 唐介 . 电机及拖动（第 3 版）. 高等教育出版社，2014 顾绳谷 . 电机及拖动基础（第 4 版）. 机械工业出版社，2008 刘景林，等 . 电机及拖动基础（第 2 版）. 化学工业出版社，2023		

5.11.2　课程描述

电机驱动与运动控制是机器人工程本科专业的必修专业核心课，是从事机器人及自动化科学研究与工程研发人才需要熟悉和掌握的基本知识之一。机器人驱动装置是驱使执行机构运动的机构，按照控制系统发出的指令信号，借助于动力元件使机器人进行动作。本课程结合大量工程应用实例，系统介绍交流电机、直流电机的基本结构，了解其基本工作原理、基本性能指标，单、双闭环直流电机速度控制系统、变压变频控制系统、异步电机矢量控制系统、无刷直流电动机速度控制系统、正弦波永磁同步电动机速度控制系统与位置控制系统等内容。

Motor Drive and Motion Control is a core course of the required major for undergraduate robot engineering. It is one of the basic knowledge that the talents engaged in robot and automation scientific research and engineering research and development need to be familiar with and master. The robot driving device is the mechanism that drives the actuator to move. According to the command signal sent by the control system, the robot moves with the help of power components. Combined with a large number of engineering application examples, this course systematically introduces the basic structure of AC motor and DC motor, the basic working principle, the basic performance indicators, the single and double closed-loop DC motor speed control system, the variable voltage variable frequency control system, the FOC control system of asynchronous motor, the speed control system of brushless DC motor, the speed control system of permanent magnet synchronous motor and position control system.

5.11.3　课程教学目标和教学要求

【教学目标】

通过本课程的学习，要求本专业学生掌握电机工作原理、电机驱动装置、运动控制原理和技术基础，熟悉位置检测传感器，掌握机器人常用的电机驱动和控制方法及应用等，培养学生在方案设计、参数计算、建模仿真、性能分析等方面的能力，培养学生分析问题与解决实际问题的能力。

课程目标1：掌握交、直流电机的基本结构、工作原理和运行过程等基础知识，理解运动控制系统组成、基本理论和控制方法。

课程目标2：掌握典型运动控制系统控制规律的分析方法，能够对机器人工程领域中所涉及的电机设备的选型、应用等工程技术问题进行分析和解释。

课程目标 3：掌握交、直流电机设备控制系统的工程设计方法，并能够将其应用于机器人系统设计与开发，能够根据典型机器人项目需求确定系统的设计目标，给出相应的解决方案。

课程目标 4：掌握交、直流电机运动控制系统的实验技术和方法，能够安全地开展实验研究，对实验结果进行分析、解释和处理，并通过信息综合得到有效的结论。

课程目标与专业毕业要求的关联关系

课程目标	毕业要求			
	工程知识 1	问题分析 2	设计 / 开发解决方案 3	研究 4
1	H			
2		H		
3			M	
4				L

注：毕业要求 1，2，3，4，…，分别对应毕业要求中各项具体内容。

【教学要求】

本课程总学时 64 学时，其中课堂讲授 58 学时，实验 6 学时。课程教学以课堂教学（包括线下 / 线上学习）、实验、讨论及作业相结合的方式进行。课堂教学以多媒体教学方式为主，重点内容结合板书进行讲解；教学中实施问题教学法，调动学生学习积极性，培养学生独立思考能力；借助实物、图片等给学生直观形象认识，加深理解和记忆；教学中穿插应用实例，理论联系实际，强化对学生工程意识的建立和工程实践能力的培养，学以致用。结合各章节专业知识，融入课程思政内容，如回顾我国运动控制技术的发展历程，激发青年学生科技强国的责任感和使命感。

5.11.4 教学内容简介

章节顺序	章节名称	知识点	参考学时
1	机器人驱动和运动控制概论	介绍机器人驱动和运动控制概念、机器人的组成、技术参数、分类、运动控制技术及主要应用等	2
2	直流电机的基本原理	理解直流电动机的工作原理、励磁方式、运行特性、电枢反应等，熟练运用直流电机的电磁转矩公式、电枢电势公式、基本平衡方程	6
3	三相异步电机的基本原理	了解三相异步电机的结构；理解并掌握三相异步电机的工作原理、运行特性、等效电路、基本方程、参数测试方法等，了解三相异步电机的定子磁场、工作特性以及相量图分析方法	6

续表

章节顺序	章节名称	知　识　点	参考学时
4	同步电机的基本原理	了解同步电机的工作原理、起动方法，掌握无刷直流电机的工作原理	8
5	机器人直流电机驱动和运动控制	掌握直流电机的运行分析、功率和转矩、驱动技术、运动控制原理和技术，并详细分析具体实例	10
6	机器人步进电机驱动和运动控制	掌握步进电机的工作原理运行分析、功率和转矩、驱动技术、运动控制原理和技术，并详细分析具体实例	8
7	机器人无刷直流电机驱动和运动控制	掌握无刷直流电机的运行分析、功率和转矩、驱动技术、运动控制原理和技术，并详细分析具体实例	10
8	机器人永磁同步电机驱动和运动控制	掌握永磁同步电机的运行分析、功率和转矩、驱动技术、运动控制原理和技术，并详细分析具体实例	14

5.11.5　教学安排详表

序号	教学内容	学时分配	教学方式（授课、实验、上机、讨论）	教学要求（知识要求及能力要求）
第 1 章	课程简介及本课程在工程实践中的应用，电机运动控制技术现状、发展趋势	1	授课	本章重点：现代电机运动控制系统的主要类型； 能力要求：理解和区分机器人驱动和运动控制概念、组成、技术参数、分类，以及运动控制系统基本类型
	现代电机运动控制系统的主要类型，回顾我国运动控制技术行业发展历程，激发青年学生的爱国热情	1	授课	
第 2 章	直流电机的工作原理、结构、铭牌数据、主要系列；直流电机电磁转矩和电枢电势的计算方法和计算公式	3	授课	本章重点：直流电机的工作原理、结构，直流电机的电磁转矩和电枢电势计算方法，基本平衡方程； 能力要求：理解直流电机的工作原理、励磁方式、运行特性、电枢反应等，掌握并且熟练运用直流电机的电磁转矩公式、电枢电势公式、基本平衡方程
	直流电机的励磁方式、空载磁场、负载磁场和电枢反应；直流电机的基本平衡方程，运行过程中电枢电流、负载转速及效率等主要物理量的变化规律及其数学分析	3	授课	
第 3 章	三相异步电机的原理、结构以及铭牌数据；三相异步电机的定子磁场及感应电动势；三相异步电机的运行原理、频率折算、等效电路；	3	授课	本章重点：三相异步电机的原理、结构，三相异步电机的功率转换过程、平衡方程以及电磁转矩公式；

续表

序号	教学内容	学时分配	教学方式（授课、实验、上机、讨论）	教学要求（知识要求及能力要求）
第3章	三相异步电机的参数测定原理、空载试验和短路试验；三相异步电机的功率转换过程、平衡方程以及电磁转矩公式；三相异步电机的工作特性以及相量图分析方法	3	授课	能力要求：了解三相异步电机的结构和铭牌数据；理解并掌握三相异步电机的工作原理、运行特性、等效电路、基本方程、参数测试方法等，了解三相异步电机的定子磁场、工作特性以及相量图分析方法
第4章	同步电机的工作原理、起动方法	3	授课	本章重点：同步电机的工作原理、起动方法；无刷电机的工作原理与调速方法； 能力要求：了解同步电机的工作原理、起动方法，掌握无刷直流电机的工作原理与调速方法
	无刷电机的工作原理与调速方法	3	授课	
	现代永磁同步电机技术在现代工业以及中国制造中的应用情况，特别是中国高速铁路、电动汽车、航空动力领域中的应用情况	2	讨论	
第5章	直流电机的控制基本原理及主要应用领域	1	讨论	本章重点：机器人直流电机运行分析、功率和转矩、驱动技术、运动控制原理和技术； 能力要求：理解电机工作原理；具备PWM调压调速应用能力；能够进行直流电机H桥PWM变换器驱动电路和控制方法设计；熟悉转速单闭环和转速电流双闭环直流调速系统的设计和进行系统性能分析
	直流电机控制中PWM调压调速原理	1	授课	
	直流电机H桥PWM变换器驱动电路结构、控制方法及工作原理	2	授课	
	转速单闭环和转速电流双闭环直流调速系统组成和控制结构	2	授课	
	转速单闭环和转速电流双闭环直流调速系统性能分析	1	授课	
	速度反馈信号检测和处理方法	1	讨论	
	直流电机调速系统实验	2	实验	
第6章	步进电机结构及主要应用领域	1	讨论	本章重点：机器人步进电机的工作原理、运行分析、功率和转矩、驱动技术、运动控制原理和技术； 能力要求：能够利用机器人步进电机的工作原理，进行运行分析、功率和转矩计算；能够设计步进电机控制系统和利用细分驱动技术
	步进电机的驱动原理	2	授课	
	步进电机控制系统结构	2	授课	
	步进电机细分驱动技术原理	3	授课	

续表

序号	教学内容	学时分配	教学方式（授课、实验、上机、讨论）	教学要求（知识要求及能力要求）
第 7 章	无刷直流电机主要应用领域	1	讨论	本章重点：机器人无刷直流电机的工作原理、运行分析、功率和转矩、驱动技术、运动控制原理和技术； 能力要求：能够熟练运用无刷直流电机的换相原理进行无刷直流电机控制系统设计；运用霍尔传感器的测速方法，无位置传感器实现无刷直流电机控制
	无刷直流电机的换相原理	1	讨论	
	无刷直流电机控制结构及控制方法	2	授课	
	霍尔传感器的测速方法	2	授课	
	无位置传感器的无刷直流电机控制方法	1	授课	
	无刷直流电机在工业行业领域的工程实例介绍，阐述中国制造与大国崛起的主题	1	讨论	
	无刷直流电机速度控制实验	2	实验	
第 8 章	三相永磁同步伺服电机主要应用领域，我国数字化伺服控制技术现状，举例雷达伺服、智能制造、机器人等的应用，培养学生学习热情，为民族复兴刻苦学习，报效祖国	1	讨论	本章重点：机器人永磁同步电机的工作原理、运行分析、功率和转矩、驱动技术、运动控制原理和技术； 能力要求：具备建立三相交流电机中的磁场定向矢量控制系统的能力；熟悉矢量控制技术在永磁同步电机控制中的应用；具备基于 SPWM 技术进行三相永磁同步伺服电机控制的能力
	三相交流电机中的磁场定向矢量控制系统的控制原理	1	授课	
	三相交流电机中坐标变换原理	1	授课	
	Park 变换和 Clark 变换方法	1	授课	
	典型三相交流电机基于坐标变换的磁场定向矢量控制系统结构	2	授课	
	矢量控制技术在永磁同步电机控制技术中的应用及实现方法；	2	授课	
	基于 SPWM 技术控制的三相永磁同步伺服电机原理、控制结构及方法	2	授课	
	基于 SVPWM 技术控制的三相永磁同步伺服电机原理、控制结构及方法	2	授课	
	正弦波永磁同步电机调速实验	2	实验	

5.11.6 考核及成绩评定方式

【考核方式】

考核方式包括过程考核和期末考试。

1. 过程考核

过程考核包括课堂表现、平时作业和实验三个部分。课堂表现成绩依据课堂提问、课堂测验情况评定；平时作业成绩依据每次作业提交的及时性和完成质量评定；实验成绩依据每次参加实验情况和实验完成质量情况评定。

2. 期末考试

期末考试为闭卷笔试。主要考核学生对基本概念、基本方法、基本理论等知识的掌握程度，及学生运用所学理论知识解决复杂问题的能力。建议设置选择题、填空题、简答题、综合题、分析题等题型，分值比例可根据实际情况灵活调整，卷面总成绩为100分。难度结构一般分为“容易”“中等偏易”“中等偏难”和“难”四个层次，比例构成建议为3 ∶ 4 ∶ 2 ∶ 1。

【成绩评定】

课堂表现占10%，平时作业占10%，实验占20%，期末考试占60%。

大纲制定者： 王世刚，李克讷（广西科技大学）
大纲审核者： 刘娣，李宏胜，杨旗
最后修订时间： 2023 年 5 月 16 日

5.12 “电气控制与PLC”理论课程教学大纲

5.12.1 课程基本信息

课程名称	电气控制与PLC Electrical Control and PLC		
课程学分	3	总学时	48
课程类型	□ 专业大类基础课 ■ 专业核心课 □ 专业选修课 □ 集中实践		
开课学期	□1-1 □1-2 □2-1 □2-2 ■ 3-1 □3-2 □4-1 □4-2		
先修课程	电路原理、模拟电子技术、数字电子技术		
参考资料	曾新红 . 电气控制与PLC应用技术 . 西南交通大学出版社，2022 王晓瑜 . 电气控制与PLC应用技术 . 西北工业大学出版社，2020 黄永红 . 电气控制与PLC应用技术 . 机械工业出版社，2018		

5.12.2 课程描述

电气控制与PLC是机器人工程本科专业的专业核心课程。该课程主要介绍电气控制与

PLC 基本原理、基本电气控制线路、程序设计指令及控制装置设计方法。本课程从教育规律和工程应用能力培养的需要出发，将理论教育、实验与电气控制技术实践融为一体。主要内容包含常用低压电器、电气控制系统的基本控制线路、典型电气设备控制线路分析、可编程控制器控制系统的原理与应用、常用 PLC 的指令及程序设计等。

Electrical control and PLC is a core course for robot engineering undergraduates. This course mainly introduces the basic principles of electrical control and PLC, traditional electrical control circuit, program design instructions and design methods of control device. This course combines theory education, experiment and electrical control technology practice from the needs of education law and engineering application ability training. The main contents include common low-voltage apparatus, basic control circuit of electrical control system, control circuit analysis of typical electrical equipment, principle and application of PLC control system, the instruction and program design of common PLC, etc.

5.12.3 课程教学目标和教学要求

【教学目标】

通过本课程的学习，要求学生掌握常用低压电器选型、基本电气控制线路设计、PLC 的基本概念和工作原理、常用 PLC 的基本指令和编程方法；熟悉 PLC 软硬件结构，以及 PLC 控制系统的设计与维护方法；了解电气图纸绘制，PLC 开发平台使用方法。具有根据控制系统工艺要求完成主电路、控制电路设计以及 PLC 控制程序编写的能力。培养学生求真务实、积极探索的科研精神和严谨求实的工匠精神。培养学生热爱脑力劳动、科技劳动，传承劳动精神，提升劳动素养。

课程目标 1：掌握常用低压电器、基本控制线路、控制线路分析与设计方法、PLC 原理、基础指令、功能指令；熟悉典型设备电气控制系统，掌握 PLC 典型应用程序设计方法；了解电气图纸、网络与通信等知识。

课程目标 2：运用常用电器元件、电气控制方式和 PLC 基本知识，选择合适的电气控制线路，设计基于基本控制线路的电气控制方案与基于 PLC 的电气控制方案。

课程目标 3：能够分析机器人工程领域的复杂工程技术问题的控制性能要求，具备初步设计与开发电气控制系统的能力。

课程目标 4：掌握 PLC 编程软件的使用方法，能够应用 PLC 编程软件开发 PLC 电气控制系统，进行调试、仿真、模拟与分析。

课程目标与专业毕业要求的关联关系

课程目标	毕业要求			
	工程知识 1	问题分析 2	设计 / 开发解决方案 3	使用现代工具 5
1	M			
2		M		
3			H	
4				M

注：毕业要求 1，2，3，4，…，分别对应毕业要求中具体内容。

【教学要求】

本课程总学时 48 学时，课堂讲授 40 学时，实验 8 学时。课程将理论教育、实践教育、分析讨论融为一体，通过理论课程的学习，使学生掌握常用 PLC 的组成、原理、基本指令和编程方法；通过实验学习，使学生熟悉 PLC 软硬件结构，熟悉 PLC 控制系统的设计与维护方法，培养学生对一般电气控制线路的独立分析能力，为今后从事安装调试、运行和维护等技术工作打下基础。在课程讨论学习过程中，要培养和提高学生对所学知识进行整理、概括、消化吸收的能力，以及围绕课堂教学内容，阅读参考书籍和资料，自我扩充知识领域的能力。同时培养学生沟通能力、分工协作意识和习惯。在创新能力提升方面，培养学生独立思考、深入研究的钻研精神，能对问题提出多种解决方案、选择不同设计方法，初步具备举一反三的能力。通过课程思政教育，树立科技强国思想，培养爱国主义情怀。

5.12.4 教学内容简介

章节顺序	章节名称	知识点	参考学时
1	继电器 - 接触器逻辑控制基础	低压电器的基本知识、电气控制系统图的类型及有关规定、电气控制的基本电路、机器人电气控制电路分析基础	14
2	电气控制装置系统设计方法	电气控制装置设计的基本知识、电气保护类型设计、电气控制装置工艺设计	4
3	可编程序控制器的组成与工作原理	PLC 的基本概念、工作原理、基本结构、软硬件组成和应用领域	5
4	PLC 的编程语言与指令系统	PLC 的基本指令及其编程应用、步进指令、功能指令、特殊功能 I/O 模块	15
5	编程软件及使用	西门子、三菱 PLC 编程软件的使用方法	2
6	机器人 PLC 控制系统设计	PLC 控制系统的设计方法、主机及模块的选用、机器人 PLC 典型应用程序设计方法、PLC 控制系统的安装与布局	8

5.12.5　教学安排详表

序号	教学内容	学时分配	教学方式（授课、实验、上机、讨论）	教学要求（知识要求及能力要求）
第 1 章	课程介绍、研究进展。低压电器的基础知识，机械设计电路中常用低压电器的结构、基本工作原理、作用、应用场合、主要技术参数、典型产品、图形符号和文字符号，主电路中常用低压电器的选择、整定、使用和维护方法等	12	授课	本章重点：主电路中常用低压电器的选择、整定、使用和维护方法等； 能力要求：具备识别和初步分析常用低压电器的工作原理及结构的能力，继电器 - 接触器的控制机理能力；引导学生对电气控制技术产生兴趣，并为整门课程的深入学习奠定知识和能力基础
	三相异步电机起动控制电路实验	2	实验	
第 2 章	电气图纸的类型、国家标准及电气原理图的绘制原则，组成电气控制线路的基本规律，交 / 直流电机起动、运行、制动、调速、生产机械的行程控制、电气联锁和保护环节等基本控制环节	3	授课	本章重点：组成电气控制线路的基本规律，交 / 直流电机起动、运行、制动、调速、生产机械的行程控制、电气联锁和保护环节等基本控制环节； 能力要求：通过本章学习，具备识别和分析电气图纸的类型、国家标准及电气原理图的绘制原则能力，理解组成电气控制线路的基本规律，掌握和应用交 / 直流电机起动、运行、制动、调速、生产机械的行程控制、电气联锁和保护环节等基本控制环节能力
	电气控制装置系统主要设计方法的优缺点	1	讨论	
第 3 章	PLC 的基本概念、工作原理、基本结构、软硬件组成和机器人领域主要应用	4	授课	本章重点：PLC 的工作原理及各种内部元件的功能、作用、代号、地址范围； 能力要求：熟悉可编程序控制器的基本原理和应用，熟悉 PLC 的基本工作原理，理解 PLC 控制与继电器控制的异同点，理解 PLC 系统的组成、基本结构和具备基本应用能力
	PLC 控制与继电器控制的异同点，PLC 控制在机器人控制中的发展前景	1	讨论	
第 4 章	PLC 的基本指令及其编程应用、步进指令、功能指令、特殊功能 I/O 模块	11	授课	本章重点：PLC 编程原则、简化方法、梯形图和助记符之间相互转换的方法，特殊功能 I/O 模块； 能力要求：具备运用指令、编写基本程序的能力；掌握编程原则、简化方法、梯形图和助记符之间相互转换的方法，掌握典型程序及其简单应用；具备进行应用程序设计的能力
	PLC 认知及基本指令编程练习实验； PLC 控制的十字路口交通灯实验	4	实验	

续表

序号	教学内容	学时分配	教学方式（授课、实验、上机、讨论）	教学要求（知识要求及能力要求）
第 5 章	西门子、三菱 PLC 编程软件的使用方法	1	授课	本章重点：比较两种编程软件的使用方法； 能力要求：能够熟练运用目前常用 PLC 编程软件编写控制程序
	作为技术研发人员，你愿意选择哪家公司的产品作为开发工具？国产化 PLC 产品的后发优势在哪里？	1	讨论	
第 6 章	PLC 控制系统的设计方法、主机及模块的选用、机器人 PLC 典型应用程序设计方法、PLC 控制系统的安装与布局	6	授课	本章重点：机器人 PLC 典型应用程序设计方法、PLC 控制系统的安装与布局； 能力要求：初步具备 PLC 系统的设计、分析、安装、调试能力
	PLC 控制的混料灌实验	2	实验	

5.12.6 考核及成绩评定方式

【考核方式】

考核方式包括过程考核和期末考试。

1. 过程考核

过程考核包括课堂表现、课程研讨和实验三个部分。课堂表现成绩依据课堂提问、课堂研讨情况评定；课堂研讨成绩依据参与课堂研讨的情况评定；实验成绩依据每次参加实验情况和实验完成质量情况评定。

2. 期末考试

期末考试为闭卷笔试。建议设置选择题、填空题、简答题、设计题、综合题、分析题等题型，分值比例可根据实际情况灵活调整，卷面总成绩为 100 分。难度结构一般分为“容易”“中等偏易”“中等偏难”和“难”四个层次，比例构成建议为 3 ∶ 4 ∶ 2 ∶ 1。

【成绩评定】

课堂表现占 20%，实验占 20%，期末考试占 60%。

大纲制定者：姜新通，吴国强（广西科技大学）

大纲审核者：刘娣，李宏胜，杨旗

最后修订时间：2023 年 5 月 16 日

5.13 “机器人技术基础”理论课程教学大纲

5.13.1 课程基本信息

<table>
<tr><td rowspan="2">课 程 名 称</td><td colspan="3">机器人技术基础</td></tr>
<tr><td colspan="3">Fundamentals of Robotics</td></tr>
<tr><td>课 程 学 分</td><td>3</td><td>总　学　时</td><td>48</td></tr>
<tr><td>课 程 类 型</td><td colspan="3">□ 专业大类基础课　■专业核心课　□ 专业选修课　□ 集中实践</td></tr>
<tr><td>开 课 学 期</td><td colspan="3">□1-1　□1-2　□2-1　□2-2　■ 3-1　□3-2　□4-1　□4-2</td></tr>
<tr><td>先 修 课 程</td><td colspan="3">高等数学、线性代数</td></tr>
<tr><td>参 考 资 料</td><td colspan="3">John J. Craig. 机器人学导论 . 机械工业出版社，2018
李宏胜 . 机器人控制技术 . 机械工业出版社，2020
蔡自兴 . 机器人学基础（第 3 版）. 机械工业出版社，2021
张宪民 . 机器人技术及其应用（第 2 版）. 机械工业出版社，2022
战强 . 机器人学 - 机构、运动学、动力学及运动规划 . 清华大学出版社，2019</td></tr>
</table>

5.13.2 课程描述

机器人技术基础是机器人工程专业开设的专业核心课程，本课程主要介绍机器人基本概念、机器人典型机构、空间描述和变换、机器人运动学、动力学、轨迹规划、机器人控制技术等相关知识。通过本课程的学习，要求学生掌握机器人系统基本理论和最新进展，掌握机器人技术的相关专业知识和专业技能，为进一步学习专业知识以及毕业后从事专业工作打下必要的基础。

Fundamentals of robotics is a core course of the major of robotics engineering. This course mainly introduces the basic concepts of robots, space description and transformation, kinematics, dynamics, trajectory planning, and robot control technology in robot systems. Through the study of this course, students are required to master the basic theory and latest progress of robot systems, and master the relevant professional knowledge and professional skills of robot technology, which will lay the necessary foundation for further learning of professional knowledge and professional work after graduation.

5.13.3 课程教学目标和教学要求

【教学目标】

通过本课程的学习，要求学生掌握机器人的基本概念，掌握机器人运动学和动力学分析方法，掌握机器人轨迹规划和机器人控制的基本方法，培养学生通过查阅文献和相关分析研究得出合理解决方案的能力，培养学生技术强国的责任感和使命感。

课程目标 1：掌握机器人基本概念和基础知识，了解机器人的主要技术参数，具备空间描述和变换的数学基础，掌握位置、姿态和坐标系的描述方法。

课程目标 2：具备运用机器人运动学知识对机器人关键参数进行识别和判断的能力，具备运用相关方法建立机器人动力学模型的能力，并能够对其进行分析。

课程目标 3：能够根据实际应用需求，充分考虑相关因素，提出合理的机器人轨迹规划方案，并能通过分析研究提出控制策略，初步具备机器人控制系统方案设计能力。

课程目标与专业毕业要求的关联关系

课程目标	毕业要求		
	工程知识 1	问题分析 2	设计 / 开发解决方案 3
1	M		
2		H	
3			H

注：毕业要求 1，2，3，…，分别对应毕业要求中各项具体内容。

【教学要求】

本课程总学时 48 学时，课堂讲授 40 学时，实验 8 学时。通过提前发布课程视频，要求学生提前完成课程主要内容的预习和自学，培养学生的自主学习能力。通过课堂讲授对相关内容进行重点讲解，与学生讨论和交流，对学生在预习过程中遇到的问题进行解答。通过发布与课程相关的话题讨论，要求学生积极参与课程的课外学习，了解新技术的发展。通过作业和测试帮助学生巩固课程知识，及时了解学生对课程的掌握情况。课内讲授以知识为载体，传授机器人基础知识，引导和鼓励学生通过实践和自学获取更广泛的知识。

5.13.4 教学内容简介

章节顺序	章节名称	知识点	参考学时
1	绪论	机器人的定义，机器人的特点，机器人的基本组成，机器人的发展，机器人的分类，机器人的主要技术参数	2

续表

章节顺序	章节名称	知识点	参考学时
2	机器人机构学	机器人总体设计、驱动形式、常用的减速器、典型的机构形式和特点	4
3	空间描述和变换	位姿描述、坐标系变换、算子、齐次变换矩阵、复合变换、逆变换，姿态的其他描述方法	4
4	机器人正逆运动学分析	连杆描述、机器人 D-H 参数的含义，建立连杆坐标系的步骤，机器人正逆运动学分析方法，Unimation PUMA560 机器人正逆运动学分析	8
5	操作臂静力学和动力学	速度雅可比与速度分析，雅可比含义，静力学分析，机器人动力学问题含义，动力学分析，二自由度平面关节型工业机器人动力学方程	8
6	机器人轨迹规划	轨迹规划的概念和基本方法，关节空间轨迹规划和笛卡儿空间轨迹规划的区别与联系，关节空间和笛卡儿空间路径的生成方法和步骤	8
7	机器人的线性控制	机器人控制系统的基本组成、要求和特点，控制律分解方法，位置控制和轨迹跟踪控制，机器人单关节建模和控制，Unimation PUMA 560 工业机器人控制系统实例	8
8	机器人的非线性控制	非线性系统和时变系统的含义，独立关节 PID 控制、附加重力补偿控制、解耦控制，利用李雅普诺夫函数判断系统稳定性的方法	4
9	机器人的力控制	机器人力控制的必要性，自然约束和人工约束的定义，力 / 位混合控制，质量弹簧系统的力控制系统和控制律	2

5.13.5　教学安排详表

序号	教学内容	学时分配	教学方式（授课、实验、上机、讨论）	教学要求（知识要求及能力要求）
第 1 章	绪论	2	授课	本章重点：机器人的定义、分类、基本组成、技术参数、控制方式等； 能力要求：能够了解机器人的发展现状和发展方向，并能结合具体的机器人掌握机器人的特点、基本组成和控制方式等
第 2 章	机器人机构学	4	授课	本章重点：机器人的驱动方式、减速器、典型结构的形式和特点； 能力要求：熟悉机器人的基本组成，掌握典型的机身及臂部结构
第 3 章	位姿描述与坐标变换	2	授课	本章重点：机器人位姿描述，坐标系变换；

续表

序号	教学内容	学时分配	教学方式（授课、实验、上机、讨论）	教学要求（知识要求及能力要求）
第3章	变换算法	1	授课	能力要求：能够掌握机器人空间描述和变换的数学基础，能够利用变换算法完成连续坐标系的变换
	姿态的描述	1	授课、讨论	
第4章	连杆描述与DH参数	2	授课	本章重点：连杆描述、DH参数含义，机器人正逆运动学分析； 能力要求：能够掌握连杆描述和DH参数的含义，能够利用运动学分析方法对典型机械臂进行正逆运动学分析，并掌握正逆解的求解步骤
	机器人正运动学	2	授课	
	机器人逆运动学	2	授课	
	机器人运动学建模仿真	2	实验	
第5章	机器人动力学基本概念	1	授课	本章重点：速度雅可比、力雅可比、静力学与动力学分析； 能力要求：能够掌握机器人静力学和动力学分析的基本方法，能够利用拉格朗日法建立两关节工业机器人动力学方程，能够分析关节空间和操作空间动力学方程的关系
	速度雅可比与速度分析	1	授课	
	力雅可比与静力学分析	2	授课	
	机器人动力学分析	2	授课	
	机器人动力学建模仿真	2	实验	
第6章	机器人轨迹规划基本概念	1	授课	本章重点：轨迹规划的基本概念，关节空间的轨迹规划； 能力要求：能够利用轨迹规划方法完成单关节或多关节机器人在关节空间的轨迹规划，能掌握机器人在笛卡儿空间进行轨迹规划的基本步骤
	关节空间轨迹规划方法	2	授课	
	笛卡儿空间规划方法	2	授课	
	路径的实时生成	1	授课	
	轨迹规划算法仿真实现	2	实验	
第7章	反馈与闭环控制	2	授课	本章重点：机器人的线性控制方法，反馈与闭环控制相关概念，二阶线性系统的控制方法； 能力要求：能够掌握反馈与闭环控制的相关概念，根据机器人应用需求选择正确的控制方式，能够利用二阶线性系统的分析方法进行机器人单关节建模和控制器设计并进行性能分析
	二阶线性系统与控制	2	授课	
	单关节建模与控制	2	授课、讨论	
	机器人控制算法仿真实现	2	实验	
第8章	非线性控制基础	2	授课	本章重点：非线性控制律的分解，李雅普诺夫稳定性分析方法； 能力要求：能够掌握机器人非线性控制的基本概念和方法，能够利用控制律分解方法设计控制器，能够利用李雅普诺夫稳定性理论分析简单系统的稳定性
	操作臂的非线性控制	2	授课	
第9章	质量-弹簧系统力控制约束运动	1	授课	本章重点：力控制的必要性，柔顺控制、约束运动的基本概念；

续表

序号	教学内容	学时分配	教学方式（授课、实验、上机、讨论）	教学要求（知识要求及能力要求）
第 9 章	力 / 位置混合控制 阻抗控制	1	授课	能力要求：能够了解机器人力控制基本方法，能够理解约束任务中的控制坐标系概念，并能理解力 / 位置混合控制方法

5.13.6　考核及成绩评定方式

【考核方式】

考核方式包括过程考核和期末考试。

1. 过程考核

过程考核包括课堂表现、平时作业和实验三个部分。课堂表现成绩依据课堂讨论和课堂练习情况评定；平时作业成绩依据每次作业提交的及时性和完成质量评定；实验成绩依据每次参加实验情况和实验完成质量情况评定。

2. 期末考试

期末考试为闭卷笔试。建议设置选择题、填空题、计算题、综合题、分析题等题型，分值比例可根据实际情况灵活调整，卷面总成绩为 100 分。难度结构一般分为“容易”“中等偏易”“中等偏难”和“难”四个层次，比例构成建议为 3 ∶ 4 ∶ 2 ∶ 1。

【成绩评定】

课堂表现占 10%，平时作业占 10%，实验占 20%，期末考试占 60%。

大纲制定者：张颖，刘娣（南京工程学院）
大纲审核者：刘娣，李宏胜，杨旗
最后修订时间：2023 年 5 月 16 日

5.14　“机器人传感器与检测技术”理论课程教学大纲

5.14.1　课程基本信息

<table>
<tr><td rowspan="2">课 程 名 称</td><td colspan="3">机器人传感器与检测技术</td></tr>
<tr><td colspan="3">Sensor and Detection Technology of Robot</td></tr>
<tr><td>课 程 学 分</td><td>3</td><td>总　学　时</td><td>48</td></tr>
</table>

续表

课程类型	□专业大类基础课 ■专业核心课 □专业选修课 □集中实践
开课学期	□1-1 □1-2 □2-1 □2-2 ■3-1 □3-2 □4-1 □4-2
先修课程	高等数学、大学物理、电路原理、模拟电子技术、数字电子技术
参考资料	宋爱国 . 传感器技术 . 东南大学出版社，2021 胡向东 . 传感器与检测技术（第 4 版），机械工业出版社，2021 迟明路 . 机器人传感器 . 电子工业出版社，2022 郭彤颖 . 机器人传感器及其信息融合技术 . 化学工业出版社，2017 陈杰 . 传感器与检测技术（第 3 版）. 高等教育出版社，2021

5.14.2 课程描述

机器人传感器与检测技术是机器人工程专业的专业核心课，课程介绍了传感器与检测技术的基本理论与基本应用，介绍了常用传感器的工作原理、测量电路及工程应用，以及机器人传感器技术与应用。通过本课程的学习，使学生掌握常用传感器的基本知识与基本应用，掌握检测系统的工程设计方法和实验研究方法，初步具有检测和控制系统设计分析的能力，从而为后续机器人系统工程设计及科学研究打下坚实的基础。

Sensor and Detection Technology of Robot is a professional core course in robotics engineering. The course introduces the basic theory and applications of sensor and detection technology, as well as the working principles, measurement circuits, and engineering applications of commonly used sensors. It also covers robot sensor technology and its applications. Through the study of this course, students will acquire a solid understanding of the fundamental knowledge and applications of commonly used sensors, grasp engineering design methods and experimental research methods for detection systems, and develop preliminary abilities in designing and analyzing detection and control systems. This lays a strong foundation for subsequent engineering design and scientific research in robotic systems.

5.14.3 课程教学目标和教学要求

【教学目标】

通过本课程的学习，要求学生能明确本课程的研究对象、研究内容、研究目的和意义，明晰本课程在应用型本科人才培养中的地位、作用、任务和功能。

课程目标 1：能够掌握检测技术的基本知识，理解检测与控制之间的逻辑关系，掌握常用传感器的基本知识和工程应用，熟悉机器人检测技术的基本原理和发展趋势，培养学生工程能力和创新意识。

课程目标 2：能够应用传感器的基本原理和方法，对所研究的问题能提出合理的检测方案，设计满足相应工程需求的机器人检测方案，并分析和评价所设计的机器人检测系统或装置对社会、健康、安全、法律以及文化的影响。

课程目标 3：通过电阻式、电感式、电容式、电磁式传感器实验和视觉传感器等实验，明确在测试中需要采用的测量和数据处理方法，使学生掌握传感器的测量电路、安装方法、实际应用技能和误差处理方法，培养学生独立分析问题和解决问题的能力、综合设计及创新能力。

课程目标与专业毕业要求的关联关系

课程目标	毕业要求		
	工程知识 1	设计 / 开发解决方案 3	研究 4
1	H		
2		H	
3			M

注：毕业要求 1，2，3，…，分别对应毕业要求中各项具体内容。

【教学要求】

本课程总学时 48 学时，课堂讲授 32 学时，实验 16 学时。理论教学以工程应用为导向，讲授常用传感器的基本原理、基本特性及工程应用，以及机器人常用传感器的基本原理、典型应用和检测控制方法。依托超星学习平台，搭建课程学习资源网络平台，通过课前预习、课堂学习、课堂讨论、课后再总结等方式，使学生能够对接工程实例深入理解掌握课程知识点。通过课程实验，进一步验证和巩固所学理论知识，提高学生的动手操作实践能力，培养学生提出问题、分析问题、解决问题的能力。

5.14.4　教学内容简介

章节顺序	章节名称	知　识　点	参考学时
1	绪论	传感器的基本概念、分类组成、基本特性及发展趋势，检测技术的基本知识，检测系统的基本结构和设计方法，测量数据的处理和误差分析	4
2	常用传感器原理与应用	常用传感器的工作原理、基本特性、测量电路及典型应用，包括：电阻式传感器、电感式传感器、电容式传感器、磁电式传感器、压电式传感器、光电式传感器、热电式传感器等	26

续表

章节顺序	章节名称	知识点	参考学时
3	机器人常用传感器	机器人系统的基本组成，机器人常用内部传感器：位置传感器、角度传感器、速度传感器、加速度传感器、惯性传感器等，机器人常用外部传感器：接近觉传感器、视觉传感器、听觉传感器、力传感器等	12
4	多传感器技术在机器人中的应用	多传感器信息融合，多传感器在装配机器人中的应用，多传感器在焊接机器人中的应用，多传感器信息融合在移动机器人中的应用	6

5.14.5 教学安排详表

序号	教学内容	学时分配	教学方式（授课、实验、上机、讨论）	教学要求（知识要求及能力要求）
第 1 章	检测技术概论：检测定义，检测系统的基本结构、发展趋势，误差表示和性质，误差合成与分配	2	授课 讨论	本章重点：检测系统的基本结构和设计方法，测量误差和测量数据的处理；传感器的定义、组成、分类和基本特性； 能力要求：熟悉检测技术定义、检测系统的基本结构，掌握测量数据的处理方法和误差的合成与分配，掌握传感器的定义、组成、分类、静动态特性和标定校准
	传感器概论：定义、组成、分类，动态特性和标定校准，发展趋势	2	授课 讨论	
第 2 章	电阻式传感器：工作原理，测量电桥的设计及温度误差和温度补偿，典型应用	4	授课 实验	本章重点：各类传感器的工作原理、工作特性、等效电路、测量电路，以及各类传感器的典型应用； 能力要求：掌握电阻式传感器、电感式传感器、电容式传感器、磁电式传感器、压电式传感器、光电式传感器、热电式传感器的工作原理、基本特性、测量电路及典型应用；
	电感式传感器：工作原理、输出特性、测量电路及典型应用	4	授课 实验	
	电容式传感器：结构原理、工作特性、测量电路及典型应用	4	授课 实验	
	磁电式传感器：工作原理、基本特性、测量电路及典型应用	4	授课 实验	
	压电式传感器：基本结构、工作原理、测量电路及典型应用	2	授课	
	光电式传感器：类别和基本形式，光电式编码器、光纤传感器、光栅传感器、图像传感器	4	授课 实验	
	热电式传感器：结构特性、测量电路及其典型应用	4	授课 实验	

续表

序号	教学内容	学时分配	教学方式（授课、实验、上机、讨论）	教学要求（知识要求及能力要求）
第 3 章	机器人内部传感器：位置传感器、角度传感器、速度传感器、加速度传感器、惯性传感器	4	授课 讨论	本章重点：机器人内部传感器、外部传感器的结构原理、工作特性和典型应用； 能力要求：了解机器人系统的基本组成，熟悉机器人常用内部传感器的用途、工作原理、检测方法及应用，熟悉机器人常用外部传感器用途、工作原理、检测方法及应用；
	机器人外部传感器：接近觉传感器、视觉传感器、听觉传感器、力传感器	8	授课 实验	
第 4 章	多传感器在装配机器人中的应用：系统组成、位姿传感器、工件识别传感器、力传感器、视觉传感器	2	授课 讨论	本章重点：多传感器信息融合，不同应用场景传感器检测方案设计； 能力要求：了解多传感器信息融合的基本概念，了解多传感器在装配机器人、焊接机器人、移动机器人中的应用
	多传感器在焊接机器人中的应用：焊接机器人常用的传感器、电弧传感系统、超声传感跟踪系统、视觉传感跟踪系统	2	授课 讨论	
	多传感器信息融合在移动机器人中的应用：在移动机器人导航中的应用、在移动机器人测距中的应用、在移动机器人避障中的应用	2	授课 讨论	

5.14.6　考核及成绩评定方式

【考核方式】

考核方式包括过程考核和期末考试。

1. 过程考核

过程考核包括课堂表现、平时作业、平时测验和实验四个部分。课堂表现成绩依据课堂提问情况评定；平时作业成绩依据每次作业提交的及时性和完成质量评定；平时测验为开卷笔试，依据测验结果的完成度和正确性评定；实验成绩依据每次参加实验情况和实验完成质量情况评定。

2. 期末考试

期末考试为闭卷笔试。建议设置选择题、填空题、简答题、计算题、分析题等题型，分值比例可根据实际情况灵活调整，卷面总成绩为 100 分。难度结构一般分为“容易”“中等偏易”“中等偏难”和“难”四个层次，比例构成建议为3 ∶ 4 ∶ 2 ∶ 1。

【成绩评定】

课堂表现占5%，平时作业占10%，平时测验占10%，实验占15%，期末考试占60%。

大纲制定者：杜雨馨，张建化（徐州工程学院）
大纲审核者：刘娣，李宏胜，杨旗
最后修订时间：2023年5月16日

5.15 “工业现场总线技术”理论课程教学大纲

5.15.1 课程基本信息

课程名称	工业现场总线技术		
	Industrial Fieldbus Technology		
课程学分	2	总学时	32
课程类型	□ 专业大类基础课 ■ 专业核心课 □ 专业选修课 □ 集中实践		
开课学期	□1-1 □1-2 □2-1 □2-2 ■ 3-1 □3-2 □4-1 □4-2		
先修课程	微处理器原理与应用、计算机程序设计		
参考资料	李正军. 工业以太网与现场总线（第2版）. 机械工业出版社，2022 张乐. 工业现场总线及应用技术. 机械工业出版社，2023 廉迎战. 现场总线技术与工业控制网络系统. 机械工业出版社，2023 许洪华. 现场总线与工业以太网技术（第2版）. 电子工业出版社，2021		

5.15.2 课程描述

工业现场总线技术是机器人工程专业开设的专业核心课程，本课程主要介绍数据通信基础知识，计算机网络基础知识，几种典型现场总线的技术特点、基本组成、通信模型和设计实现等知识。通过本课程的学习，要求学生掌握现场总线技术基本理论，掌握现场总线的设计方法，培养学生总线通信工程实践能力，为进一步学习专业知识以及毕业后从事专业工作打下必要的基础。

Industrial Fieldbus Technology is a professional core course of the major of robotics engineering. This course mainly introduces the basic knowledge of digital communications, computer networks, technical characteristics, basic compositions, communication model and design problems of typical fieldbuses. Through the study of this course, students are required to master the basic theory of fieldbus technology, the design method of typical fieldbuses, which will cultivate the practical ability of students in fieldbus communication technology and lay the necessary foundation for further learning of professional knowledge and professional work after graduation.

5.15.3　课程教学目标和教学要求

【教学目标】

通过本课程的学习，要求学生掌握现场总线的基本概念，掌握数据通信基础知识和性能指标分析方法，掌握计算机网络体系结构相关知识，掌握典型的现场总线技术特点，通过工程案例提高学生实践意识，培养学生解决现场总线通信工程实际问题的能力，引导学生树立工业强国的意识。

课程目标1：掌握现场总线的定义、组成、分类、技术特点等基本概念，了解现场总线技术的发展动向、技术标准体系、知识产权以及在企业网络中的作用地位等。

课程目标2：掌握数据通信基本知识，包括数据编码、数据传输、传输误差检测技术，通信系统性能指标分析，掌握计算机网络模型结构和各层基本功能。

课程目标3：掌握CAN总线、Profibus总线和工业以太网的通信模型以及技术特点，能根据现场需求，综合考虑影响因素，初步具备设计或开发现场总线系统解决方案的能力。

课程目标4：能使用软硬件开发软件设计CAN通信模块，使用组态工具实现Profibus通信系统组网，以及网络诊断工具对工业以太网进行监测和诊断。

课程目标与专业毕业要求的关联关系

课程目标	毕业要求			
	工程知识 1	设计 / 开发解决方案 3	使用现代工具 5	工程与社会 6
1				L
2	M			
3		L		
4			H	

注：毕业要求1，2，3，4，…，分别对应毕业要求中各项具体内容。

【教学要求】

本课程总学时32学时（课堂讲授）。通过提前发布课程视频，要求学生提前完成课程主要内容的预习和自学，培养学生的自主学习能力。通过课堂讲授对相关内容进行重点讲解，对学生在预习过程中遇到的问题进行解答。通过发布与课程相关的话题讨论，要求学生积极参与课程的课外学习，了解新技术的发展。通过课后作业和测试帮助学生巩固课程知识，及时了解学生对课程的掌握情况。通过课堂分组讨论，学生分享和交流现场总线应用案例，深入了解现场总线系统开发和集成的方法。充分利用在线教学平台，为学生提供丰富的学习资源，引导和鼓励学生通过实践和自学获取更广泛的知识。

5.15.4 教学内容简介

章节顺序	章节名称	知识点	参考学时
1	绪论	现场总线的定义，现场总线的技术特点，现场总线的基本组成，现场总线的分类	2
2	数据通信基础	数据通信术语，通信系统的性能指标，数据编码方法，信号传输方式，传输误差检测及纠正方法	6
3	控制网络基础	计算机网络与控制网络，网络拓扑，网络的传输介质及介质访问控制方式，网络互连方法，计算机网络的通信参考模型，网络互连设备	4
4	CAN 总线技术	CAN 总线技术特点，通信参考模型，总线访问控制方式，报文帧的类型与结构，定时与同步方式，差错控制技术，接收滤波方式，CAN 控制器和收发器芯片介绍，CAN 通信节点的设计方法	7
5	Profibus 总线技术	Profibus 总线技术特点，Profibus 子集，通信参考模型，总线访问控制方式，Profibus-DP，Profibus- PA，Profibus 站点的开发与实现	6
6	工业以太网技术	工业以太网的技术特点，通信参考模型，TCP/IP 协议组，三种工业以太网 Profinet、HSE 和 Ethernet/IP 介绍，嵌入式以太网节点开发，基于 Web 的远程监控	7

5.15.5 教学安排详表

序号	教学内容	学时分配	教学方式（授课、实验、上机、讨论）	教学要求（知识要求及能力要求）
第 1 章	绪论	2	授课	本章重点：现场总线的定义、分类、基本组成、技术特点等； 能力要求：能够掌握现场总线的基本概念、技术特点，了解现场总线的发展历史和应用现状
		2	授课	

续表

序号	教学内容	学时分配	教学方式（授课、实验、上机、讨论）	教学要求（知识要求及能力要求）
第 2 章	通信系统性能指标	2	授课	本章重点：通信系统性能指标，数据编码和差错检测； 能力要求：能够掌握通信系统性能指标的计算方法，能掌握数据编码类型和进行描绘，掌握差错检测方法的计算
	数据编码和信号传输	2	授课	
	差错检测和纠正	2	授课	
第 3 章	计算机网络与控制网络	1	授课	本章重点：计算机网络的基本知识，介质访问控制方式，计算机网络参考模型； 能力要求：能够掌握计算机网络与控制网络的联系和区别，掌握计算机网络的基本知识，能够掌握介质访问控制方式的主要类型和原理，掌握计算机网络通信参考模型的结构和主要功能
	网络互连、网络拓扑、网络传输介质	1	授课	
	介质访问控制方式	1	授课	
	计算机网络通信参考模型	1	授课	
第 4 章	CAN 总线技术特点	1	授课	本章重点：CAN 总线技术特点，通信参考模型，总线访问控制方式，CAN 节点设计方法； 能力要求：能够掌握 CAN 总线的通信参考模型、物理层的基本知识、总线访问控制方式、报文帧的类型、定时与同步方式、差错控制方式、接收滤波方式，掌握 CAN 通信节点的设计方法和步骤
	通信参考模型	1	授课	
	总线访问控制方式	1	授课	
	CAN 定时同步	1	授课	
	CAN 控制器和节点设计	2	授课	
	CAN 总线应用案例	1	讨论	
第 5 章	Profibus 总线技术特点	1	授课	本章重点：Profibus 总线子集和技术特点，通信参考模型，总线访问控制方式，Profibus-DP 相关知识； 能力要求：能掌握 Profibus 各个子集的组成和应用场合、物理层传输方式和总线访问控制方式，能了解 Profibus-DP 不同版本的基本功能，了解 DP 和 PA 网络互连方式，了解 Profibus 站点开发的一般方法
	通信参考模型	1	授课	
	Profibus-DP	2	授课	
	Profibus-PA	1	授课	
	Profibus 站点开发	1	授课	
第 6 章	工业以太网技术特点	1	授课	本章重点：工业以太网技术特点，以太网通信参考模型，TCP/IP 协议组，典型工业以太网的通信参考模型和应用； 能力要求：能够掌握工业以太网的技术优势和适应工业应用的技术方案、以太网的物理连接方式、数据帧基本结构和工业数据封装方法，能描述 TCP/IP 协议组的结构和各层功能，能掌握基于 IP 地址的路由选择和子网划分方法，掌握 TCP 和 UDP 协议的区别；了解典型的工业以太网的通信参考模型和技术特点以及应用场合
	通信参考模型	1	授课	
	TCP/IP 协议组	2	授课	
	典型工业以太网	2	授课	
	工业以太网应用案例	1	讨论	

5.15.6 考核及成绩评定方式

【考核方式】

考核方式包括过程考核和期末考试。

1. 过程考核

过程考核包括课堂表现、平时作业二部分。课堂表现成绩依据课堂讨论和课堂练习情况评定；平时作业成绩依据每次作业提交的及时性和完成质量评定。

2. 期末考试

期末考试为闭卷笔试。建议设置选择题、填空题、计算题、综合题、分析题等题型，分值比例可根据实际情况灵活调整，卷面总成绩为100分。难度结构一般分为“容易”“中等偏易”“中等偏难”和“难”四个层次，比例构成建议为3∶4∶2∶1。

【成绩评定】

课堂表现占20%，平时作业占20%，期末考试占60%。

大纲制定者：张颖，赵岚（南京工程学院）
大纲审核者：刘娣，李宏胜，杨旗
最后修订时间：2023年5月16日

5.16 “人工智能与机器学习”理论课程教学大纲

5.16.1 课程基本信息

<table>
<tr><td rowspan="2">课程名称</td><td colspan="3">人工智能与机器学习</td></tr>
<tr><td colspan="3">Artificial Intelligence and Machine Learning</td></tr>
<tr><td>课程学分</td><td>2</td><td>总学时</td><td>32</td></tr>
<tr><td>课程类型</td><td colspan="3">□ 专业大类基础课 ■ 专业核心课 □ 专业选修课 □ 集中实践</td></tr>
<tr><td>开课学期</td><td colspan="3">□1-1 □1-2 □2-1 □2-2 □3-1 ■ 3-2 □4-1 □4-2</td></tr>
<tr><td>先修课程</td><td colspan="3">高等数学、概率论与数理统计、计算机程序设计</td></tr>
<tr><td>参考资料</td><td colspan="3">史忠植. 人工智能. 机械工业出版社，2019
王秋月. 人工智能与机器学习. 中国人民大学出版社，2020
王万良. 人工智能导论（第4版）. 高等教育出版社，2017</td></tr>
</table>

5.16.2　课程描述

人工智能与机器学习是机器人工程专业开设的一门专业核心课程，是计算机科学研究和发展的一个重点，其终极目标就是让计算机具有像人一样的能力。本课程主要讲述知识与知识表示、自动推理、不确定性推理、机器学习、神经网络、专家系统、自然语言处理等方面的知识和内容。

Artificial Intelligence and Machine Learning is a core course of robot engineering. It is a key point of computer science research and development, its ultimate goal is to make the computer have the same ability as human. This course focuses on knowledge and knowledge representation, automatic reasoning, uncertain reasoning, machine learning, neural network, expert system, natural language processing and so on.

5.16.3　课程教学目标和教学要求

【教学目标】

通过本课程的学习，要求学生掌握人工智能和机器学习的基本概念、基本原理和重要算法，培养学生利用相关算法解决机器人领域简单实际工程问题的能力，鼓励学生保持科研好奇心，能够对现有人工智能的方法进行思辨性讨论，培养学生知难而进的钻研精神。

课程目标 1：了解人工智能的概念和发展，熟悉人工智能主要流派和研究领域。掌握知识表示方法、自动推理及不确定性推理的基本原理和方法，掌握机器学习的概念和相关学习方法。

课程目标 2：了解常见的人工智能和机器学习算法的应用场合，并能够利用搜索、推理、优化、学习等知识对实际问题进行分析和判别。

课程目标 3：熟悉智能机器人体系结构，具备针对机器人领域相关工程问题，利用人工智能和机器学习算法提出初步解决方案的能力，解决机器人领域相关的简单实际工程问题。

课程目标 4：正确认识人工智能、机器人对人类社会、经济和文化的影响，理解并考虑人工智能与工程伦理，树立积极的学习观和科学观。

课程目标与专业毕业要求的关联关系

课程目标	毕业要求			
	工程知识 1	问题分析 2	设计 / 开发解决方案 3	工程与社会 6
1	M			

续表

课程目标	毕业要求			
	工程知识 1	问题分析 2	设计 / 开发解决方案 3	工程与社会 6
2		H		
3			L	
4				H

注：毕业要求 1，2，3，4，…，分别对应毕业要求中各项具体内容。

【教学要求】

本课程总学时 32 学时，课堂讲授 24 学时，实验 8 学时。课程采用板书、多媒体课件、提问、讨论、作业相结合的方式进行教学，要求学生进行课前预习，课中认真听课，积极思考，课后认真复习并完成作业。本课程内容涉及较多的数学知识，教学内容应强调人工智能和机器学习基本概念的理解，不进行深入的数学推导；明确各章节的重点任务，从实际问题入手来讲解知识点，递进式展开课程内容，进行由浅入深的引导式教学；多媒体课件应大量采用图片、应用实例等，调动学生的学习兴趣，加深学生对课程知识的直观理解，达到学以致用的目的；充分利用在线教学平台，为学生学习提供丰富的学习资源。

5.16.4 教学内容简介

章节顺序	章节名称	知识点	参考学时
1	人工智能概论	人工智能发展历史及人工智能研究的基本内容	1
2	知识表示	产生式表示法、框架表示法、状态空间和面向对象的知识表示；根据不同知识选用知识表示方法	3
3	自动推理	盲目搜索、回溯策略、启发式搜索、博弈搜索产生式系统等	3
4	不确定性推理	不确定性知识分类、可信度方法、主观贝叶斯方法、模糊逻辑和模糊推理；不确定性推理方法的基本原理	3
5	机器学习	归纳学习、类比学习、统计学习、强化学习、进化学习、群体智能等；机器学习原理和方法	7
6	神经网络	感知机、前馈神经网络、Hopfield 网络、随机神经网络、深度学习、自组织神经网络	3
7	自然语言处理	词法分析、句法分析、语义分析、语用分析、语料库、信息检索、机器翻译等；自然语言处理方法	7
8	智能机器人	智能机器人体系结构、机器人视觉系统、机器人规划、机器人应用；机器人视觉实现方法和规划方法	5

5.16.5　教学安排详表

序号	教学内容	学时分配	教学方式（授课、实验、上机、讨论）	教学要求（知识要求及能力要求）
第 1 章	人工智能的发展历史、人工智能研究的基本内容	1	授课	本章重点：人工智能的发展历史； 能力要求：掌握人工智能的发展历史
第 2 章	产生式表示法、框架表示法、状态空间和面向对象的知识表示	3	授课	本章重点：产生式表示法、框架表示法、状态空间和面向对象的知识表示； 能力要求：根据不同知识选用知识表示方法
第 3 章	盲目搜索、回溯策略、启发式搜索、博弈搜索产生式系统	3	授课	本章重点：盲目搜索、回溯策略、启发式搜索、博弈搜索产生式系统等； 能力要求：熟悉各种搜索方法的基本原理
第 4 章	不确定性知识分类、可信度方法、主观贝叶斯方法、模糊逻辑和模糊推理	3	授课	本章重点：不确定性知识分类、可信度方法、主观贝叶斯方法、模糊逻辑和模糊推理等； 能力要求：熟悉各类不确定性推理方法的基本原理
第 5 章	归纳学习、类比学习、统计学习	2	授课	本章重点：归纳学习、类比学习、统计学习、强化学习、进化学习、群体智能等； 能力要求：理解各种机器学习方法的基本原理，能够运用简单的机器学习方法
	强化学习、进化学习、群体智能	3	授课	
	决策树算法的设计与实现	2	实验	
第 6 章	感知机、前馈神经网络、Hopfield 网络、随机神经网络、深度学习、自组织神经网络	3	授课	本章重点：感知机、前馈神经网络、Hopfield 网络、深度学习； 能力要求：理解各种神经网络的工作原理和适用范围
第 7 章	词法分析、句法分析、语义分析、语用分析、语料库、信息检索、机器翻译	3	授课	本章重点：词法分析、句法分析、语义分析、语用分析、语料库、信息检索、机器翻译等； 能力要求：熟悉自然语言处理方法
	自然语言处理	4	实验	
第 8 章	智能机器人的体系结构、机器人视觉系统、机器人规划、机器人应用等。机器人视觉实现方法和规划方法	3	授课	本章重点：智能机器人的体系结构、机器人视觉系统、机器人规划、机器人应用等； 能力要求：机器人视觉实现方法和规划方法
	规划算法的设计与实现	2	实验	

5.16.6 考核及成绩评定方式

【考核方式】

考核方式包括过程考核和期末考试。

1. 过程考核

过程考核包括课堂表现、平时作业和实验三个部分。课堂表现成绩依据课堂提问情况评定；平时作业成绩依据每次作业提交的及时性和完成质量评定；实验成绩依据每次参加实验情况和实验完成质量情况评定。

2. 期末考试

期末考试为闭卷笔试。建议设置选择题、填空题、简答题、综合题、分析题等题型，分值比例可根据实际情况灵活调整，卷面总成绩为 100 分。难度结构一般分为“容易”“中等偏易”“中等偏难”和“难”四个层次，比例构成建议为 3 ∶ 4 ∶ 2 ∶ 1。

【成绩评定】

课堂表现占 10%，平时作业占 10%，实验占 20%，期末考试占 60%。

大纲制定者：郑讯佳，谷明信（重庆文理学院）
大纲审核者：刘娣，李宏胜，杨旗
最后修订时间：2023 年 5 月 16 日

5.17 “学科前沿”理论课程教学大纲

5.17.1 课程基本信息

<table>
<tr><td rowspan="2">课程名称</td><td colspan="3">学科前沿</td></tr>
<tr><td colspan="3">Academic Frontier</td></tr>
<tr><td>课程学分</td><td>1</td><td>总学时</td><td>16</td></tr>
<tr><td>课程类型</td><td colspan="3">□ 专业大类基础课 ■专业课 □ 专业选修课 □ 集中实践</td></tr>
<tr><td>开课学期</td><td colspan="3">□1-1 □1-2 □2-1 □2-2 □3-1 □3-2 ■ 4-1 □4-2</td></tr>
<tr><td>先修课程</td><td colspan="3">专业导论、机器人技术基础</td></tr>
<tr><td>参考资料</td><td colspan="3">朱海洋 . 人工智能背景下机器人发展及其产业应用研究 . 北京工业大学出版社，2023
陶永 . 智能机器人创新热点与趋势 . 机械工业出版社，2022
中国电子学会 . 机器人及其未来发展 . 中国科学技术出版社，2021
谢志坚 . AI+ 智能服务机器人应用基础 . 机械工业出版社，2020
陈国华 . 工业机器人与智能制造 . 西安电子科技大学出版社，2020</td></tr>
</table>

5.17.2　课程描述

课程包括机器人的现在与未来、机器人机构创新设计、机器人动力学与智能控制、机器人系统集成应用关键技术、机器人与智能制造、服务机器人前沿技术等 6 个专题内容。通过该课程的学习，要求学生初步了解机器人技术的基本概念、专业知识和行业需求，熟悉机器人技术的发展趋势和热点前沿；培养学生的国际视野、自主学习意识和团队协作能力，能够针对行业知识进行沟通和交流。

The course includes six special topics: the present and future of robots, the innovative design of robot mechanisms, the robot dynamics and intelligent control, the key technologies for robot system integration and application, the robots and intelligent manufacturing, and the cutting-edge technologies for service robots. Through the study of this course, students are required to have a preliminary understanding of the basic concepts, the professional knowledge, and the industry needs of robotics technology, and be familiar with the development trends and hot frontiers of robotics technology. By developing students' international perspective, self-learning awareness and teamwork skills, they will be able to communicate and exchange industry knowledge.

5.17.3　课程教学目标和教学要求

【教学目标】

课程目标 1：了解机器人工程学科前沿、相关领域的发展趋势和技术热点，了解机器人在不同领域的应用和发展，为未来的研究和实践打下基础。

课程目标 2：培养学生的问题意识和分析能力，让学生能够独立思考并解决实际问题，具备对机器人机构设计等问题进行分析的能力。

课程目标 3：了解机器人相关的国家和行业标准，具有标准意识和运用标准的能力。能分析和评价机器人领域相关的工程实践对社会、安全等方面的影响。

课程目标 4：培养学生终身学习的意识，使其能够应对未来社会技术的快速发展。培养学生的创新思维和团队合作精神，以适应未来社会对人才的需求。

课程目标与专业毕业要求的关联关系

课程目标	毕业要求			
	工程知识 1	问题分析 3	工程与社会 6	终身学习 12
1	L			
2		L		

续表

课程目标	毕业要求			
	工程知识 1	问题分析 3	工程与社会 6	终身学习 12
3			M	
4				H

注：毕业要求 1，2，3，4，…，分别对应毕业要求中各项具体内容。

【教学要求】

本课程总学时 16 学时，以课堂讲授、研讨为主。课堂教学过程中应多采用互动教学及案例教学模式，注重理论教学与工程实践相结合，引导学生运用工程科学的基本原理，解决机器人实际工程应用和研究分析的实际问题。课程知识以教师讲授为引领、学生研讨为主体，采用提问、课堂讨论的方式，培养学生独立思考能力，激发求知欲望，提升自主学习能力。

5.17.4 教学内容简介

章节顺序	章节名称	知识点	参考学时
1	机器人的现在与未来	学科技术前沿，机器人相关领域技术热点和前沿知识，机器人发展的新内涵	2
2	机器人机构创新设计	机器人机构学基础；机器人机构创新设计案例分析	2
3	机器人系统集成应用关键技术	机器人系统集成应用案例分析及关键技术	2
4	机器人与智能制造	传统制造模式；机器人化智能制造系统关键技术及案例分析	2
5	服务机器人前沿技术	服务机器人案例分析及前沿技术	2
6	国家、行业标准及科技文献检索	国家、行业标准应用及内容介绍；科技文献检索方法及使用	2
7	企业专题讲座 1	机器人技术应用现状及前沿技术研讨	2
8	企业专题讲座 2	机器人技术应用现状及前沿技术研讨	2

5.17.5 教学安排详表

序号	教学内容	学时分配	教学方式（授课、实验、上机、讨论）	教学要求（知识要求及能力要求）
第 1 章	学科前沿和技术热点	1	授课	本章重点：学科前沿和技术热点； 能力要求：了解机器人发展的新内涵，了解机器人领域新技术、新发展、新趋势
	机器人发展的新内涵	1	授课	

续表

序号	教学内容	学时分配	教学方式（授课、实验、上机、讨论）	教学要求（知识要求及能力要求）
第 2 章	机器人机构学基础	1	授课	本章重点：机器人机构设计重要指标； 能力要求：掌握机器人机构设计的重要指标；理解机器人机构创新设计的思想与方法
	机器人机构创新设计案例分析	1	授课	
第 3 章	机器人系统集成应用案例分析	1	授课	本章重点：机器人系统集成应用关键技术； 能力要求：掌握机器人系统集成应用涉及的基础知识；理解机器人系统集成应用的关键技术
	机器人系统集成应用关键技术	1	授课	
第 4 章	传统制造模式	1	授课	本章重点：机器人化智能制造系统的优势； 能力要求：理解机器人化智能制造系统较传统制造模式的优势；理解机器人化智能制造系统的核心难题技术
	机器人化智能制造系统关键技术及案例分析	1	授课	
第 5 章	服务机器人案例分析	1	授课	本章重点：服务机器人的种类及应用； 能力要求：掌握服务机器人的种类及应用；理解服务机器人应用的前沿技术
	服务机器人前沿技术	1	授课	
第 6 章	国家、行业标准应用及内容介绍	1	授课	本章重点：标准的使用及科技文献检索方法； 能力要求：熟悉互联网和数据库文献查找方法、文献的追溯及整理；具有标准意识和运用标准的能力
	科技文献检索方法及使用	1	授课	
第 7 章	学科前沿研究现状	1	授课	本章重点：学科前沿研究现状； 能力要求：了解机器人技术相关的学科前沿
	学科前沿技术研讨	1	讨论	
第 8 章	机器人技术应用现状	1	授课	本章重点：机器人技术应用现状； 能力要求：了解机器人应用现状和相关领域前沿技术
	机器人前沿技术研讨	1	讨论	

5.17.6　考核及成绩评定方式

【考核方式】

考核方式包括过程考核和期末考查。

1. 过程考核

过程考核包括课堂表现和专题研讨两个部分。课堂表现成绩依据课堂提问情况评定；专题研讨考查专业知识的总结归纳能力、口头和文字表达能力，以及团队合作能力。

2. 期末考查

结合学科前沿专题内容，围绕相关主题，查阅文献资料，撰写科技论文 1 篇。要求观点明确，论述清晰，图文并茂，重点阐述对已有技术的总结凝练和个人心得体会；每位同学的题目和内容不允许重复，撰写论文不得抄袭，终稿需要自行查重，复制比不能超过20%（附查重报告）；科技论文格式参照模板格式要求。

【成绩评定】

课堂表现占10%，专题研讨占30%，期末考查占60%。

大纲制定者：鞠锦勇，黄胜洲（安徽工程大学）

大纲审核者：刘娣，李宏胜，杨旗

最后修订时间：2023年5月16日

5.18 “液压与气压传动”理论课程教学大纲

5.18.1 课程基本信息

<table>
<tr><td rowspan="2">课程名称</td><td colspan="3">液压与气压传动</td></tr>
<tr><td colspan="3">Hydraulic and Pneumatic Technology</td></tr>
<tr><td>课程学分</td><td>2</td><td>总学时</td><td>32</td></tr>
<tr><td>课程类型</td><td colspan="3">□ 专业大类基础课 □ 专业核心课 ■ 专业选修课 □ 集中实践</td></tr>
<tr><td>开课学期</td><td colspan="3">□1-1 □1-2 □2-1 □2-2 □3-1 ■ 3-2 □4-1 □4-2</td></tr>
<tr><td>先修课程</td><td colspan="3">工程制图、工程力学</td></tr>
<tr><td>参考资料</td><td colspan="3">游有鹏 . 液压与气压传动（第3版）. 科学出版社，2023
姜继海 . 液压与气压传动（第3版）. 高等教育出版社，2019
杨曙东 . 液压传动与气动传动（第4版）. 华中科技大学社出版，2019
左建民 . 液压与气压传动（第5版）. 机械工业出版社，2016
冀宏 . 液压气压传动与控制（第2版）. 华中科技大学出版社，2014</td></tr>
</table>

5.18.2 课程描述

液压与气压传动是机器人工程专业的一门专业选修课程。本课程内容主要包括液压传动和气压传动。其目的是使学生在已有知识的基础上，掌握液压和气压传动方面的基本理论、基本原理、特点以及应用方面的知识，以便具有阅读分析、合理选择使用液压和气压传动系统的能力。

Hydraulic and Pneumatic Transmission is an elective course of robot engineering. This course mainly includes hydraulic transmission and pneumatic transmission. The purpose is to enable students to master the basic theory, basic principle, characteristics and application knowledge of hydraulic and pneumatic transmission on the basis of existing basic knowledge, so as to have the ability to read, analyze and reasonably choose the hydraulic and pneumatic transmission system.

5.18.3　课程教学目标和教学要求

【教学目标】

本课程以液压与气压传动的组成元件、基本回路及传动系统为研究对象，主要目的是使学生了解和掌握液压与气压传动的基本结构、基本工作原理、基本分析方法和基本设计方法，培养学生分析和解决液压与气动问题的基本能力，为以后从事相关技术工作打下必要的基础。同时，结合本专业特点和《中国制造 2025》，引导学生了解先进液压与气动技术及其应用，培养学生科技强国的责任感和使命感，树立远大理想和爱国主义情怀。

课程目标 1：掌握流体、流体力学的基础知识，掌握液压与气压传动的基本原理、组成要素。理解液压与气压元件的结构、性能、相关参数的符号表示、单位及相关计算，掌握液压基本回路的组成和特点，具备在实际工作中选择液压、气压器件等能力。

课程目标 2：了解液压与气压传动技术在工业机器人中的应用，能基于相关知识对现有系统进行分析识别，初步具备一般液压气压系统的分析、设计并提出解决方案的能力，在设计环节具有创新意识和一定创新能力。

课程目标 3：了解液压、气压元件的国际标准、国家标准及气压标准，能够读懂已有液气压系统，能够根据原理利用计算机软件画图，同时考虑相关知识产权、产业政策与法律法规，以及液气压系统对社会、健康、安全以及环境等因素的影响等。

课程目标与专业毕业要求的关联关系

课程目标	毕业要求		
	工程知识 1	设计 / 开发解决方案 3	工程与社会 6
1	H		
2		L	
3			L

注：毕业要求 1，2，3，…，分别对应毕业要求中各项具体内容。

【教学要求】

本课程总学时 32 学时（课堂讲授）。本课程涉及较多复杂的结构原理图，采用多媒体课件为主、板书为辅的方式进行课程教学。讲授相关原理时，采用动画演示的方式加深学生对原理和知识的理解。在课程教学过程中，根据课程内容特点，合理运用案例式教学、问题探索式教学、项目式教学等各类互动式教学方法，以提升学生综合应用知识的能力，培养学生的自主学习能力。在实验过程中，注重对实验规范的指导，使学生在实验中体验课堂所学知识的应用，培养学生理论联系实际以及动手能力；引导学生养成认真负责的工作态度，独立完成实验，培养学生发现问题、解决问题的能力。

5.18.4 教学内容简介

章节顺序	章节名称	知识点	参考学时
1	绪论	液压、气压传动的特点、原理和组成；液压传动中两个重要参数压力、流量及其相互关系；液压、气压传动的优缺点及应用发展	2
2	流体力学基础知识	液压油的主要性质与选用、液体静力学基础、液体动力学基础、管路压力损失计算、孔口及缝隙流动特性、液压冲击及空穴现象	2
3	液压动力元件	概述、齿轮泵、叶片泵、柱塞泵、液压泵选用	3
4	液压执行元件	液压缸的类型及工作原理、液压缸的结构、液压马达的工作原理及主要性能参数、液压缸与液压马达的选用	3
5	液压控制元件及辅件	液压控制阀概述、方向控制阀、压力控制阀、流量控制阀、液压辅件	6
6	液压基本回路	方向控制回路、压力控制回路、速度控制回路、多缸工作控制回路	8
7	典型液压系统分析	组合机床动力滑台液压系统、液压机液压系统、塑料注塑成型机液压系统	4
8	气压传动基础回路	方向控制回路、速度控制回路、压力控制回路、位置控制回路	4

5.18.5 教学安排详表

序号	教学内容	学时分配	教学方式（授课、实验、上机、讨论）	教学要求（知识要求及能力要求）
第 1 章	液压、气压传动的特点、原理和组成	1	授课	本章重点：液压、气压传动的原理、特点、组成和作用； 能力要求：掌握液压、气压传动的原理
	液压传动中两个重要参数压力、流量及其相互关系	1	授课	
第 2 章	液压油的主要性质与选用、液体静力学基础、液体动力学基础	1	授课	本章重点：静力学基本方程、连续性方程、伯努利方程，管路压力损失计算，孔口液流特性；

续表

序号	教学内容	学时分配	教学方式（授课、实验、上机、讨论）	教学要求（知识要求及能力要求）
第 2 章	管路压力损失计算、孔口及缝隙流动特性、液压冲击及空穴现象	1	授课	能力要求：掌握孔口液流特性分析方法
第 3 章	概述、齿轮泵、叶片泵、柱塞泵	2	授课	本章重点：泵的基本工作原理、主要性能参数； 能力要求：掌握泵的基本工作原理
	液压泵选用	1	授课	
第 4 章	液压缸的类型及工作原理、液压缸的结构	2	授课	本章重点：液压缸与液压马达的类型及工作原理，液压马达的主要性能参数； 能力要求：掌握液压马达的工作原理
	液压马达的工作原理及主要性能参数、液压缸与液压马达的选用	1	授课	
第 5 章	液压控制阀概述、方向控制阀	3	授课	本章重点：各种阀的工作原理及应用； 能力要求：掌握先导式溢流阀的工作原理及作用
	压力控制阀、流量控制阀、液压辅件	3	授课	
第 6 章	方向控制回路、压力控制回路	4	授课	本章重点：各种控制回路的组成及应用； 能力要求：掌握压力控制回路的组成及应用
	速度控制回路、多缸工作控制回路	4	授课	
第 7 章	组合机床动力滑台液压系统、液压机液压系统	2	授课	本章重点：组合机床动力滑台液压系统和液压机液压系统的工作原理； 能力要求：掌握塑料注塑成型机液压系统的工作原理
	塑料注塑成型机液压系统	2	授课	
第 8 章	方向控制回路、速度控制回路	2	授课	本章重点：常用基本回路的组成及应用特点； 能力要求：掌握控制回路设计方法
	压力控制回路、位置控制回路	2	授课	

5.18.6 考核及成绩评定方式

【考核方式】

考核方式包括过程考核和期末考试。

1. 过程考核

过程考核包括课堂表现、平时作业和实验三个部分。课堂表现成绩依据每堂课的出勤情况与课堂提问情况评定；平时作业成绩依据每次作业提交的及时性和完成质量评定；实验成绩依据每次参加实验情况和实验完成质量情况评定。

2. 期末考试

期末考试为闭卷笔试。建议设置选择题、填空题、简答题、综合题、分析题等题型，分值比例可根据实际情况灵活调整，卷面总成绩为100分。难度结构一般分为“容易”“中等偏易”“中等偏难”和“难”四个层次，比例构成建议为3∶4∶2∶1。

【成绩评定】

课堂表现占10%，平时作业占10%，实验占20%，期末考试占60%。

大纲制定者：陈绪林，王自启（重庆文理学院）

大纲审核者：刘娣，李宏胜，杨旗

最后修订时间：2023年5月16日

第 6 章 机器人工程专业本科培养方案调研报告（应用型）

6.1 调研思路

2021 年 12 月 21 日，中国工业和信息化部发布《“十四五”机器人产业发展规划》，指出机器人是中国下一个五年中的重点发展领域之一。作为制造业皇冠顶端的明珠，机器人的研发、制造及应用是衡量一个国家科技创新和高端制造业水平的重要标志，机器人集多学科先进技术于一体，代表未来智能装备产业的发展方向。目前，机器人在汽车制造、电子制造、仓储运输、医疗康复、应急救援等领域的应用不断深入拓展。预计到 2024 年，全球机器人市场规模将有望突破 650 亿美元。随着我国逐渐成为世界最大的机器人市场，高素质应用型机器人工程技术人才在相当长时间内将呈紧缺之态。

机器人工程专业是顺应时代发展，为满足国家战略发展需求和国际发展趋势而新设立的特设专业。2015 年，东南大学新增备案全国首个机器人工程本科专业，2015—2022 年，全国共有 340 所高校新增备案机器人工程本科专业，其中应用型本科院校约占 70%，专业发展极其迅速。作为融合了控制工程、机械工程、计算机技术、电子学、生物学等多学科知识的新工科专业，机器人工程专业具有交叉性和综合性特点，大部分高校机器人工程专业人才培养还处于探索或优化阶段。为提高人才培养质量，进一步规范国内本科高校机器人工程专业应用型人才培养，在中国自动化学会教育工作委员组织领导下，开展了培养方案框架构建相关工作，为国内相关高校制定方案提供参考。

针对培养方案构建需求，开展了本次调研，主要包括对机器人领域具有代表性的企业进行调研，以及对国内外开设机器人工程专业的高校进行调研，调研内容主要包括以下两个方面。

1. 调研企业的用人需求情况

机器人市场规模持续快速增长，“机器人 +”应用不断拓展深入，为进一步了解机器人行业人才需求，对具有代表性的机器人领域相关企业进行调研，主要包括了解企业对机器人工程专业毕业生的用人需求，以及企业对本专业毕业生应具备的知识、能力、素质的要求。调研结果将为构建机器人工程专业应用型人才培养方案框架提供依据和参考。

2. 调研机器人专业开设情况

对国内外开设机器人相关专业的高校进行调研，主要用于了解目前机器人工程专业应用型人才培养方案的总体情况。分析机器人工程专业应用型人才培养目标，重点关注是否符合应用型人才培养定位，是否面向产业和经济发展需求；分析机器人工程专业课程体系设置情况，重点关注是否能体现专业特色，是否能紧跟技术发展，满足行业企业的人才需求。

6.2 调研对象

1. 机器人领域的相关企业

调研企业包括机器人关键零部件企业、机器人本体企业、机器人系统集成企业，以及机器人终端应用企业，调研企业业务范围基本涵盖机器人整个行业产业链，企业在行业内具有一定的业务特长和知名度。调研企业所处区域以长三角和珠三角为主，同时也包括华北、东北、西南等地区。

2. 开设机器人专业的高校

调研高校包括国内外开设机器人相关专业的高校，重点调研国内开设机器人工程专业的 30 所本科高校，涵盖华东、华南、华北、西南、东北等不同区域，包括公办高校和民办高校，大多数为培养机器人工程专业应用型人才的本科院校。

6.3 企业人才需求调研分析

1. 企业的基本情况分析

本次调研的用人单位包括南京埃斯顿自动化股份有限公司、无锡新松机器人、埃夫特智能装备股份有限公司、上海发那科机器人有限公司、上海 ABB 工程有限公司、上海新时达机器人有限公司、深圳市越疆科技股份有限公司、苏州汇川技术有限公司、节卡机器人股份有限公司、武汉华中数控股份有限公司、重庆广数机器人有限公司、芜湖行健智能机器人有限公司、南京科远智慧科技集团股份有限公司、菲尼克斯（南京）智能制造技术工程有限公司、杭州海康机器人技术股份有限公司、辽宁道为机器人智能装备有限公司、固博机器人（重庆）有限公司、南京汽车集团有限公司、苏州艾利特机器人有限公司、阿丘机器人、江苏集萃智能制造技术研究所有限公司、大族锂电智能装备有限公司、南京矽景自动化技术有限公司、南京软件谷移动互联网研究院、芜湖奥一精机有限公司、重庆宏高塑料机械有限公司、深圳市元创兴科技有限公司、商飞信息科技（上海）有限公司、深圳灏鹏科技有限公司、沈阳昌和永润科技有限公司、遨博（北京）智能科技股份有限公司、上海景格科技股份有限公司、亿嘉和科技股份有限公司、合肥中科深谷科技发展有限公司、北京昊科世纪信息技术有限公司、景德镇溪川德信教育科技有限公司、沈阳中德新松教育科技集团有限公司、知守科技（杭州）有限公司、优艾智合、佳顺智能装备等 40 余家单位。

所调研的用人单位中，民营企业 29 家（占比 69.05%），国有企业 5 家（占比 11.9%），外资和合资企业 7 家（占比 16.66%），研究院 1 家（占比 2.38%）。用人单位规模如表 6-1 所示，其中 100 人以上的企业共有 29 家（占比 69.05%），均为行业内具有代表性的企业。用人单位荣誉如表 6-2 所示，大部分企业为上市企业或高新技术企业或专精特新企业或产教融合型企业。用人单位业务范围如表 6-3 所示，部分企业同时为机器人核心零部件制造商、机器人本体制造商以及机器人系统集成商。

表 6-1　用人单位规模

选　　项	小　　计	比　　例
A、50 人以下	11	26.19%
B、51 ～ 100 人	2	4.76%
C、101 ～ 200 人	6	14.29%
D、201 ～ 500 人	9	21.43%
E、500 人以上	14	33.33%
本题有效填写人次	42	

表 6-2　用人单位荣誉

选　　项	小　　计	比　　例
A、上市企业	14	33.33%
B、高新技术企业	32	76.19%
C、专精特新企业	15	35.71%
D、产教融合型企业	18	42.86%
E、其他	5	11.9%
本题有效填写人次	42	

表 6-3　用人单位业务范围

选　　项	小　　计	比　　例
A、机器人核心零部件制造商	16	38.1%
B、机器人本体制造商	20	47.62%
C、机器人系统集成商	24	57.14%

续表

选　项	小　计	比　例
D、机器人终端用户	10	23.81%
E、其他	11	26.19%
本题有效填写人次	42	

2. 企业的岗位需求分析

用人单位招聘机器人技术领域应届毕业生的主要层次如表 6-4 所示，其中招聘本科生的单位数量最多，达 95.24%。用人单位招聘机器人工程专业（应用型）本科毕业生提供的岗位如表 6-5 所示，可以看出，企业能提供的研发岗位（机械、电气、软件）、技术支持岗位、售后服务岗位占比较高。毕业生可从事的具体岗位如表 6-6 所示，可以看出，工业机器人系统集成占比最高，达 83.33%，其次机器人设备及系统运维、机器人售后及技术支持、非标自动化系统设计及集成岗位需求较高，占比 70% 以上。相比而言，机器人零部件设计、本体制造、智能机器人系统开发占比较小，为 60% 以下。

表 6-4　用人单位招聘机器人技术领域应届毕业生的主要层次

选　项	小　计	比　例
A、高职	15	35.71%
B、本科	40	95.24%
C、研究生	34	80.95%
D、其他	4	9.52%
本题有效填写人次	42	

表 6-5　用人单位招聘本专业（应用型）本科毕业生提供的岗位

选　项	小　计	比　例
A、研发设计（机械）	33	78.57%
B、研发设计（电气）	33	78.57%
C、研发设计（软件）	34	80.95%
D、生产制造	21	50%
E、技术支持	31	73.81%
F、操作维护	21	50%
G、系统测试	23	54.76%
H、市场服务	20	47.62%
I、售后服务	29	69.05%
J、管理	7	16.67%
K、其他	3	7.14%
本题有效填写人次	42	

表 6-6 用人单位招聘本专业（应用型）本科毕业生提供的具体岗位

选项	小计	比例
A、工业机器人零部件设计	22	52.38%
B、工业机器人本体制造	20	47.62%
C、工业机器人系统集成	35	83.33%
D、非标自动化系统设计及集成	30	71.43%
E、工业机器人等专用设备安装调试	28	66.67%
F、机器视觉应用及开发	28	66.67%
G、智能机器人系统开发	25	59.52%
H、机器人设备及系统运维	31	73.81%
I、机器人销售及市场服务	28	66.67%
J、机器人售后及技术支持	32	76.19%
K、其他	3	7.14%
本题有效填写人次	42	

从机器人行业产业链的角度看，机器人关键零部件生产和机器人本体是机器人产业发展的基础，而机器人系统集成和终端用户（下游的应用）是工业机器人工程化和大规模应用的关键。我国工业机器人系统集成模式主要由专业系统集成商完成，针对终端客户提供满足其特定生产需求的非标准化成套工作站或生产线，而系统集成是典型的多学科知识的交叉融合，随着传统制造业的升级改造，亟需大量高素质应用型工程技术人才，能从事工业机器人系统集成、编程应用、运行维护、售后技术服务等方面工作的人才需求缺口极大。

3. 毕业生能力需求分析

为了解企业对机器人工程专业应用型本科毕业生应具备的知识和能力的要求，从毕业生必备的知识、应具备的软件技能、应具备的能力三个方面展开调研。调研结果如表 6-7 ～表 6-9 所示。由表 6-7 可以看出，企业认为学生应具备机械基础、机器人传动机构、夹具设计等机械领域知识，电气控制与 PLC 相关技术，机器人驱动与运动控制技术，机器人操作系统及应用相关知识占比较高，均在 80% 以上；其次为机器人传感器、机器视觉、导航等感知技术，工业机器人编程与操作，工业机器人系统集成及相关解决方案，均在 70% 以上。由表 6-8 可以看出，企业认为毕业生应具备的软件技能中，SolidWorks 等制图软件、C++ 编程、PLC 编程占比较高，均在 80% 以上；其次为嵌入式系统程序设计和 Python 编程，在 60% 以上。由表 6-9 可以看出，企业认为毕业生最应具备知识的应用能力、工程实践能力、表达交流沟通能力，均在 90% 以上，其次为终身学习能力以及团队协作能力。

表 6-7 机器人工程专业（应用型）本科毕业生必备的知识

选项	小计	比例
A、工程制图、工程力学基础知识	28	66.67%
B、机械基础、机器人传动机构、夹具设计等机械领域知识	38	90.48%
C、电工电子等电类基础知识	26	61.9%
D、电气控制与 PLC 相关技术	37	88.1%
E、嵌入式系统程序设计及应用技术	22	52.38%
F、机器人驱动与运动控制技术	34	80.95%
G、机器人建模及控制技术	26	61.9%
H、机器人传感器、机器视觉、导航等感知技术	32	76.19%
I、计算机网络、工业互联网等信息通信技术	21	50%
J、机器人操作系统及应用	35	83.33%
K、机器学习等人工智能知识	17	40.48%
L、工业机器人编程与操作	32	76.19%
M、工业机器人系统集成及相关解决方案	32	76.19%
N、数控机床、智能装备、智能制造等基础知识	16	38.1%
O、其他	1	2.38%
本题有效填写人次	42	

表 6-8 机器人工程专业（应用型）本科毕业生应具备的软件技能

选项	小计	比例
A、SolidWorks 等制图软件	36	85.71%
B、Altium Designer 等 PCB 设计软件	21	50%
C、嵌入式系统程序设计	28	66.67%
D、C++ 编程	34	80.95%
E、Python 编程	26	61.9%
F、ROS 编程	24	57.14%
G、PLC 编程	34	80.95%
H、其他	4	9.52%
本题有效填写人次	42	

表 6-9 机器人工程专业（应用型）本科毕业生应具备的能力

选项	小计	比例
A、知识的应用能力	39	92.86%
B、解决复杂工程问题的能力	26	61.9%
C、工程实践能力	39	92.86%

续表

选　项	小　计	比　例
D、创意和创新能力	29	69.05%
E、组织管理能力	20	47.62%
F、团队协作能力	33	78.57%
G、表达交流沟通能力	38	90.48%
H、外语应用能力	16	38.1%
I、跟踪前沿技术能力	19	45.24%
J、终身学习能力	35	83.33%
K、其他	2	4.76%
本题有效填写人次	42	

4. 企业校企合作及建议

机器人工程专业与行业产业密切联系，有明确的行业应用和产业背景，如何有效实施校企合作，切实提升人才培养质量，是各专业需要思考的问题，表 6-10 所示为用人单位认为的校企合作有效方式，其中建设产教融合专业占比最高，达到 90% 以上。表 6-11 所示为用人单位认为本专业毕业生在工作中存在的不足，其中认为实践操作能力不足的占比较大，达 85. 71%，其次是认为毕业生创新意识或创新能力不强的占比较大，接近 70%。

表 6-10　用人单位认为的有效校企合作方式

选　项	小　计	比　例
A、建设产教融合专业	38	90.48%
B、实施卓越工程师培养计划	28	66.67%
C、实施企业订单班或冠名班	14	33.33%
D、共建校企合作实习基地	32	76.19%
E、学校聘请企业兼职教师	28	66.67%
F、学校承担企业相关科研项目	25	59.52%
G、学生进企业实习	31	73.81%
H、学生在企业完成毕业设计	23	54.76%
I、其他	2	4.76%
本题有效填写人次	42	

表 6-11　用人单位认为本专业毕业生在工作中存在的不足

选　项	小　计	比　例
A、专业理论知识不足	18	42.86%
B、实践操作能力不足	36	85.71%
C、综合素质不高	10	23.81%

续表

选　项	小　计	比　例
D、创新意识或创新能力不强	29	69.05%
E、责任心不足	11	26.19%
F、团队协作及沟通交流能力不足	16	38.1%
G、行业标准及法律法规意识不强	6	14.29%
H、其他	2	4.76%
本题有效填写人次	42	

此外，本次调研企业给出了诸多有益建议，总体包括以下几方面：

（1）拓宽校企合作空间，搭建产教合作平台。进一步加强校企合作，企业全方位参与人才培养规格制定、课程体系设置、学业评价及实习就业工作。通过产学研基地，给学生提供更多的实践实习机会，让学生多参与企业实践课题项目，提升综合能力和素质。让学生多到企业实习，学生在校期间就能跟企业有深入接触，对于企业来说，减少了入职后的培训成本，对于学生来说，提升了技能，提早适应了企业环境。尝试定向实习＋就业的计划，结合企业和行业的实际应用进行教学体系建设和课程设置，针对性定向培养应用型人才，对标毕业即可就业的标准。

（2）教学模式及方法改革。目前较多的高校仍采取传统的课堂教学方式，教师发挥主导作用，学生被动地接受专业知识，导致学生缺乏独立创新精神和团队意识，互动性强的课堂更容易激发学习兴趣，可通过理论与实践相结合的方式进行课堂改革，加大实践环节的比例，提升学生实践能力。

（3）培养目标制定方面。在培养目标制定中，是否可以细分方向，如针对机械、电气、软件等方向给出不同的培养要求。

（4）课程体系设置方面。突破学科壁垒，紧跟技术前沿，制定“机电＋智能”的机器人工程专业课程体系结构，以企业用人需求为导向，服务所在区域的产业升级，适应市场需求。

（5）拓展学生知识方面。针对协作机器人、智能机器人、智能制造、工业互联网等热门方向，开设相关课程，紧跟技术前沿，拓展学生视野。

（6）提升学生能力方面。提升硬件操作和软件开发能力，提高机器人系统集成及调试能力，提高实践操作能力。进一步加强对学生创新能力和团队协作能力的培养。

（7）提升学生综合素质方面。培养学生脚踏实地、务实进取、吃苦耐劳的精神，目标坚定，不好高骛远。

5. 企业调研分析总结

由以上分析可看出，在工业机器人产业体系中，相比于数量较少的机器人本体厂，机器人系统集成与应用类企业、机器人终端用户数量庞大，其对机器人技术人才的需求规模远大于本体市场，且行业壁垒相对较低，行业的参与者众多、竞争较为激烈、国产化率高，人才需求量大。

因此，在机器人工程专业应用型人才培养方案构建中，可考虑主要针对机器人系统集成与应用行业、机器人终端用户的人才需求，培养可从事机器人系统应用开发、系统集成、运行维护、技术服务等方面工作的应用型工程技术人才。从企业的反馈中可看出，企业对毕业生的工程实践能力尤其看重，且认为毕业生工程实践能力偏弱。因此，在本专业应用型人才培养过程中，可重点关注实践环节的开设内容、实施方式、考评方式等问题。

6.4　国外机器人工程或相关专业开设情况分析

国外机器人工程专业的发展以美国为代表，大概经历了课程嵌入相关专业发展阶段和专业独立发展阶段。

1. 伍斯特理工学院

伍斯特理工学院（Worcester Polytechnic Institute，WPI）早在 2007 年创建了美国首个机器人工程本科专业培养计划，一直致力于推动全球机器人人才培养的标准化体系（ABET 认证），并由此获得 2016 年 ABET 创新奖。伍斯特理工学院机器人工程专业并不依托某个学科，而是通过工学院下设的跨学科培养计划实施，有效突破人才培养过程中可能存在的学科障碍。培养体系以跨学科课程为主导，专业课程涵盖了专业所涉及的机械工程、计算机科学、电气工程等领域的知识，要求学生将机器人工程看作基于机器人技术的一体化问题，开展系统性思维锻炼。

2. 卡内基 - 梅隆大学

卡内基 - 梅隆大学（Carnegie Mellon University，CMU）机器人专业课程高度重视与科研实践相结合，注重给学生自由发挥空间，在教师指导下以学生为中心开展各项教学活动。本科生首先通过导论课程初步了解机器人相关领域，并掌握一些基本技术。接着通过对认知、感知、执行等核心模块的学习，深入理解智能机器人所涉及的知识。在此基础上，通过选 1 门实践课程加强动手能力，并通过选 1 ～ 2 门选修课程增加知识的宽度。最后，通过机器人系统工程以及核心课程的学习和实践，将之前所学知识触类旁通，为将来的学习和工作奠定基础。

3. 俄勒冈州立大学

俄勒冈州立大学（Oregon State University，OSU）电子工程与计算机科学系在电子设计概念导论、数字逻辑设计、信号与系统、机械设计、编程等课程中使用 TekBots 机器人作为学习平台，把理论知识运用在具体机器人当中，加深了对理论知识的领悟。例如在计算机语言编程课程中，让学生通过 TekBots 平台调试自己编写的代码，体会代码在实际机器人中的运行。

4. 普利茅斯大学

普利茅斯大学（Plymouth University）是全球首所提供机器人本科专业教育课程的大学，其办学宗旨是向学生提供模拟的由实践到学习的经历，培养学生电子、嵌入式系统、机电、人工智能等学科的实践与分析能力，跟踪机器人研究的最新进展。

6.5 国内机器人工程专业开设情况分析

机器人工程专业隶属于一级学科“控制科学与工程”，在普通高等学校本科专业目录中属于“自动化类”。2015—2022 年，全国共有 340 所（不含二年制、二学位高校 2 所）高校新增备案机器人工程本科专业。如图 6-1 所示，2015 年，东南大学新增备案全国首个机器人工程本科专业，2016—2022 年全国新增备案机器人工程本科专业的高校分别为 25 所、60 所、101 所、62 所、53 所、20 所（不含二年制、二学位高校 1 所）、18 所（不含二年制、二学位高校 1 所），可以看出 2018 年新增备案机器人工程本科专业高校数量达到顶峰。

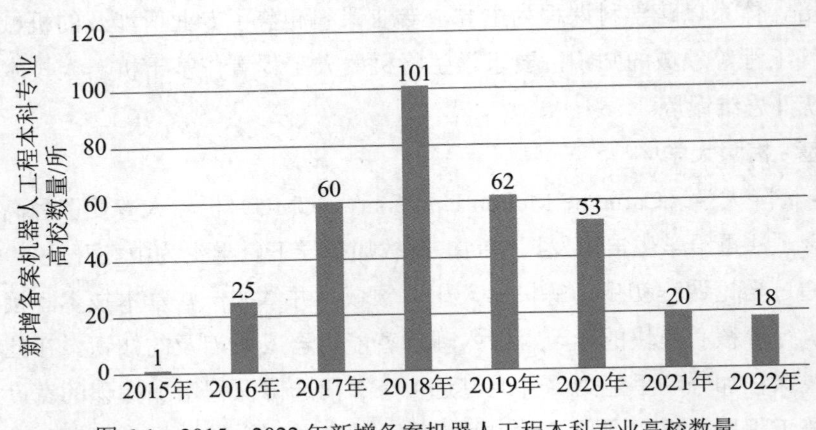

图 6-1　2015—2022 年新增备案机器人工程本科专业高校数量

1. 培养方案调研情况

对 30 所本科高校培养方案进行了调研，分析基础课、专业课、选修课以及实践环节的课程设置情况，了解各高校课程特色，各高校培养方案总学分基本在 160 ～ 180 学分，具体调研结果如下。

（1）南京工程学院（2016[①]），见表 6-12。

表 6-12　南京工程学院调研情况

课程类型	课程名称
基础课[②]	程序设计技术及应用、电路原理、工程制图、数字电子技术、模拟电子技术、机器人学导论、微处理器原理及应用、自动控制原理
专业课[③]	电机驱动与运动控制、液压与气动、机器人机械基础与机构学、检测与机器人传感器技术、电气控制与 PLC、人工智能基础、机器人视觉、工业机器人控制技术、现场总线技术、现代控制理论
选修课[④]	智能机器人技术、自主移动机器人、ROS 原理与应用、嵌入式微控制器设计及应用、C++/VC 程序设计、Python 语言设计、智能控制、DSP 原理与应用、数值分析、数据结构、数据库技术、电力电子技术、计算机控制技术、现代数控技术、智能制造导论
实践环节	金工实习、电路原理实验、模拟电子技术实验、数字电子技术实验、微处理器应用课程实习、电子线路 CAD 实习、机器人组装与调试实习、工业机器人编程与操作实习、企业实习、电气控制与 PLC 项目训练、运动控制系统项目训练、MATLAB 与机器人仿真项目训练、工业机器人系统集成综合实习、工业机器人控制技术课程设计、毕业设计
课程特色：总学分 177 学分，本专业以工业机器人技术和系统集成应用为核心，以移动机器人为拓展，融合控制科学与工程、机械工程、计算机工程等多学科知识构建课程体系；以工程技术应用能力和创新创业意识培养为核心，构建实践教学体系，从基础实践层次、综合实践层次、工程认知层次到创新实践层次逐层深入，培养机器人相关行业高素质应用型工程技术人才	

（2）重庆文理学院（2016），见表 6-13。

表 6-13　重庆文理学院调研情况

课程类型	课程名称
基础课	工程图学 1、工程图学 2、电工电子技术基础 1、电工电子技术基础 2、机械设计基础、材料力学、理论力学、传感器与检测技术、信号与系统、程序设计、控制工程基础、液气压传动控制
专业课	单片机原理与接口技术、机器人学基础、机器人运动控制、机器人虚拟仿真技术、机器人操作系统（ROS）、机器人 PLC 控制及应用

① 2016 表示新增备案机器人工程本科专业年份；
② 基础课：主要指专业大类基础课；
③ 专业课：主要指专业类必修课程；
④ 选修课：主要指专业类选修课程。下同。

续表

课程类型	课程名称
选修课	工业机器人仿真技术、工业机器人系统集成、移动机器人自主定位技术、移动机器人系统设计、机器人工程专业应用、机器视觉与图像处理、人工智能与模式识别、工程质量管理、文献检索
实践环节	专业认知实习、毕业实习、机械制造工程训练、非标件测绘与设计、智能小车系统设计、机器人结构设计、机器人传感与控制系统设计、机器人动力学建模与训练、工业机器人项目综合实训
课程特色：总学分 170 学分，以工业机器人集成应用、移动服务机器人为人才培养主线，推行基于工程应用的案例教学模式，加强校企深度合作，致力于培养工业机器人、服务机器人等机器人系统及工程应用领域的应用型工程师和技术骨干	

（3）安徽工程大学（2016），见表 6-14。

表 6-14　安徽工程大学调研情况

课程类型	课程名称
基础课	画法几何及机械制图、计算机辅助设计、制图测绘、工程力学、电工技术、电子技术、机械设计基础、自动控制原理
专业课	机器人工程专业导论、气压传动技术及应用、机电设备 PLC 控制、传感器原理及应用、机器人学、机器人驱动与控制、机器人建模与仿真、机器视觉、移动机器人定位与导航
选修课	Matlab 程序设计与应用、计算机辅助设计、互换性与技术测量、单片机原理与应用、计算方法、机器学习及应用、数字孪生技术、机械动力学、弹性力学、机械有限元法、机械工程材料、机械制造技术基础、Python 语言程序设计、安卓系统编程、智能制造概论、智能生成系统与 CPS、人工智能概论、模式识别
实践环节	机械设计课程设计、单片机综合实验、工业机器人本体拆装、工业机器人操作与编程、工业机器人集成应用、工业机器人应用创新专题设计、工业机器人本体课程设计、机器人驱动与控制设计实训、社会实践、认识实习、生产实习、学科竞赛与创新实践、毕业设计
课程特色：总学分 167.5 学分，本专业立足于工业机器人整机及关键零部件设计研发、驱动控制以及集成应用，形成机械工程、控制科学与工程、计算机科学与技术等多学科交叉融合特色，高度契合国家发展战略以及安徽省和芜湖市战略性新兴产业	

（4）广西科技大学（2016），见表 6-15。

表 6-15　广西科技大学调研情况

课程类型	课程名称
基础课	机器人工程专业导论、工程制图 C、计算机语言程序设计、计算机语言程序设计实验、电路理论 A1、模拟电子技术 A、数字电子技术 A、自动控制原理、电机及拖动基础、单片机原理及应用、工程力学及机械设计基础、机器人学基础、机器人基础实验
专业课	机器人电气控制及 PLC、机器人技术、机器人操作系统编程与应用、机器人专业综合实验

续表

课程类型	课程名称
选修课	专业基础选修课：液压与气动技术、机器人制造技术基础、计算机三维绘图与建模、机器人仿生学基础、机器人虚拟仿真、机器人控制系统设计与仿真、智能控制概论、FPGA 技术及应用、现代数控技术、Python 语言程序设计、工业互联网 专业选修课：语音信号处理、机器人驱动与运动控制、机器视觉与数字图像处理、机器人传感与检测技术、计算机控制技术、现代控制理论、嵌入式系统原理及应用、智能机器人系统设计、人工智能与机器学习、工业机器人系统集成与应用、机器人工程专业英语、医疗康复机器人技术、微特电机及其控制、无人机系统、现场总线技术、项目管理与工程伦理
实践环节	工程训练、计算机三维绘图与建模实训、电子线路 CAD、电子系统设计与实践、工程力学及机械设计基础课程设计、机器人感知与控制系统设计、机器人操作系统实践、机器人系统综合创新设计、毕业实习、毕业设计（论文）
课程特色：总学分 165 学分，培养基础扎实、专业面宽、适应性广、学习能力强、拥有良好的工程素质、较强的工程实践能力和创新精神。掌握坚实的自然科学基础、控制理论基础、机械基础、电气信息及机器人工程专业知识，重点掌握机器人结构与控制、机器人系统集成与编程、机器人感知与检测等技术。能在相关领域从事机器人及智能装备系统应用研究、工程设计与分析、技术开发与集成、系统运行管理与维护以及技术管理等方面工作的高素质应用型工程技术人才	

（5）沈阳理工大学（2017），见表 6-16。

表 6-16　沈阳理工大学调研情况

课程类型	课程名称
基础课	工程力学、电路理论、电子技术、计算机网络、数值计算方法、工程制图、工程经济学、技术经济学、项目管理、生产运作管理、单片机原理与应用
专业课	机械设计、机器人基础原理、机器人系统设计与应用、机器人驱动与运动控制、机器人电气控制与 PLC、自动控制理论、机器视觉、机器人计算机控制技术、面向对象程序设计
选修课	MATLAB 及工程应用、计算机辅助设计、虚拟样机设计、电气 CAD、移动机器人技术、有限元基础及应用、现场总线技术、工业机器人虚拟仿真技术、机器人智能控制技术、嵌入式机器人操作系统及应用、人机交互技术、人工智能原理、机器学习、仿生机器人技术、多旋翼无人机技术、计算机网络与通信
实践环节	三维工程软件实训、工程制图课程设计、机械设计课程设计、机器人电气控制与 PLC 项目训练、机器人系统设计课程设计、机器人驱动与运动控制课程设计、机器人控制技术课程设计、面向对象程序设计项目训练、金工实习、认知实习、生产实习、综合创新实践、创新创业训练、劳动教育、毕业设计
课程特色：总学分 170 学分，面向智能制造及武器装备领域，以机器人机械系统与机构设计、机器人驱动与运动控制系统设计、机器人智能控制与系统集成技术等为专业特色，相关课程及知识体系适应高素质应用型人才培养的需要	

（6）徐州工程学院（2017），见表 6-17。

表 6-17　徐州工程学院调研情况

课程类型	课程名称
基础课	机械制图、工程力学、电路、电子技术、机械设计基础、微机原理及应用、电气控制与PLC、液压与气压传动
专业课	控制工程基础、机器人传感器与检测技术、现代控制理论、机器人学基础、机器人驱动与运动控制、工业机器人现场编程、工业机器人离线编程与仿真、机器视觉与图像处理、工业机器人系统集成
选修课	电子线路设计、嵌入式系统原理与应用、C++ 程序设计、机器人建模与仿真、机器人操作系统、人工智能导论、移动机器人技术
实践环节	认识实习、金工实习、电子工艺实习、微机原理及应用课程设计、维修电工技能实训、电气控制与PLC课程设计、机器人项目综合设计、生产实习、工业机器人综合实训、毕业设计
课程特色：总学分170学分，以知识面宽、实践能力强、综合素质高为导向，构筑“通识教育-学科教育-专业教育”“基本实践能力-综合实践能力-应用职业技能”的课程体系和实践体系，实现人才培养与社会需求之间的有效对接	

（7）北京信息科技大学（2020），见表 6-18。

表 6-18　北京信息科技大学调研情况

课程类型	课程名称
基础课	C语言程序设计B、数值计算方法与应用、工程材料、工程力学A、电工技术基础、电子技术基础、机械设计基础A、互换性与技术测量、自动控制原理、机器人技术基础A、单片机原理及应用、电路分析与应用（双语）、Linux操作系统、Python编程
专业课	传感与检测技术、液压与气压传动、机器人感知技术、电气控制与PLC应用、机器人操作系统基础（ROS）、图像处理与模式识别、移动机器人通信技术、机器智能、嵌入式系统、移动机器人定位与导航技术、机器人伺服控制机械产品三维建模、机器人建模与仿真、机器人伺服控制、人机工程学B
选修课	创客机器人DIY、三维建模及智能制造体验、机器人机构创意设计制作与科技训练、智能车模块化设计与调试、设计艺术创意初步、新能源绿色校园风光储充综合应用、计算机建模与仿真
实践环节	C语言程序设计实践、金工实习B、制图专用周B、电工电子实习A、机械设计基础课程设计、单片机原理及应用课程设计、单片机原理及应用课程设计、机器人感知课程设计、生产实习、工业机器人工作站系统集成、毕业实习和设计、机电程序设计实践（双语）、运动控制系统编程实训、服务机器人技术综合实训、科研训练项目（1）、机器人设计与制作
课程特色：总学分170学分，机器人工程专业依托我校信息技术特色和优势，强调机械工程、仪器科学与技术和控制工程等多学科及技术领域的交叉融合，整合北京信息科技大学在机器人领域的学科优势、优秀师资力量、国家级实践基地等教学资源条件，采用本科生导师制等新的培养模式，培养机器人工程领域专门人才。本专业根据“宽口径、厚基础、强实践、求创新”的人才培养要求，依托学校信息特色，立足北京，服务区域，辐射全国，培养在机器人工程及相关领域从事机器人产品及系统的工程 设计、技术开发及生产运行管理等相关工作的应用型高级工程技术人才	

（8）常熟理工学院（2020），见表 6-19。

表 6-19　常熟理工学院调研情况

课程类型	课程名称
基础课	机器人工程专业导论、控制器编程基础、电路、机械基础、复变函数与积分变换、数字电路与 FPGA 设计、模拟电子技术、工程伦理与工程项目管理、自动控制原理、单片机原理及接口技术
专业课	电力拖动与运动控制、现代电气检测技术、工业机器人技术、移动机器人设计与实践、控制网络与通信、电气控制与 PLC 应用技术、机器人末端执行器设计与应用、工业机器人系统集成与应用、机器视觉算法与应用
选修课	机器人技术概论、控制电机及应用、工业机器人离线编程与仿真、ROS 机器人程序设计、特种机器人、机器人控制器设计与编程
实践环节	机械基础认识实习、专业认识实习、大学生电子设计创新训练、电工与电子工艺实训、机器人技术创新与实践、先进生产线综合性工程实践、毕业设计（论文）
课程特色：总学分 165 学分，本专业面向现代智能制造业培养适应地方经济社会发展需要，德智体美劳全面发展的社会主义事业合格建设者和可靠接班人，能够从事以工业机器人为主导的先进生产线系统设计、开发、集成、运行维护、工程管理等工作，能解决实际复杂工程问题的应用型工程师	

（9）南通大学（2022），见表 6-20。

表 6-20　南通大学调研情况

课程类型	课程名称
基础课	工程制图基础、复变函数与积分变换、电路原理、电路原理实验、数字逻辑电路、数字电子技术实验、模拟电子技术、模拟电子技术实验、自动控制原理、信号与系统（含离散数学）
专业课	机器人基础原理、伺服电机原理与驱动技术、MCU 原理及其应用、传感器与检测技术、数字图像处理、机器学习与模式识别、PLC 原理及应用
选修课	大学生创新创业教育实践、Matlab 程序设计、嵌入式数据结构与算法、故障诊断技术、现代控制理论、机器人驱动及运动控制、机器视觉、机器视觉技术实训、多机器人系统分析与控制、智能控制、机器人操作系统、工业计算机网络与通信、嵌入式系统、工业机器人、Python 工程应用、计算机图形学应用、机器人新技术专题、数控加工、AutoCAD 应用
实践环节	工程训练 A、控制系统设计与仿真（独立实践环节）、电子电路综合设计、机器人设计实训（SolidWorks）、MCU 应用课程设计、机器人 PLC 与人机界面控制课程设计、伺服系统课程设计、专业综合实验（独立实践环节）、生产实习、工程应用综合设计、毕业设计
课程特色：总学分 171 学分，围绕江苏省和长三角区域产业发展的总体目标与重点领域，瞄准以高端制造业为主的国民经济重要领域人才需求，依托区域机器人产业链完备优势，构建知识贯穿、学科融合的课程体系和实践教学体系，包括：提升核心素养的通识课程群、夯实学科根基的基础课程群、面向机器人产业的专业课程群，强化驱动技术、机器学习等产业基础课程，拓展机器视觉、多机器人系统控制等新兴产业课程	

（10）重庆理工大学（2023），见表 6-21。

表 6-21　重庆理工大学调研情况

课程类型	课程名称
基础课	程序设计Ⅰ、程序设计Ⅱ、竞赛机器人设计、机器人工程专业导论、机器人工程创新基础、工程制图、CAD 软件应用、工程力学、机械设计基础、机械制造技术基础、电工电子技术、机械控制工程、数据结构与算法、微控制器原理与应用
专业课	机器人学引论、机器人驱动与控制技术、机器人感知技术、人工智能技术基础、机器人系统设计与集成技术
选修课	机器人操作系统、工业机器人编程及应用、机器人智能控制技术、机器人视觉技术、移动机器人定位于导航技术、机器人机构学、机器人建模与仿真、并联机器人技术及应用、仿生机械学、机器人工程专业应用于科技协作
实践环节	机械制造基础训练、电子技能训练、机械设计基础课程设计、机器人工程实验 - 机构与结构、机器人工程实验 - 感知与控制、机器人系统设计与集成综合课程设计、专业实习、毕业设计
课程特色：总学分 176 学分，机器人工程专业积极对接重庆市汽车、电子信息等机器人应用企业以及智能机器人研发设计企业的人才需求，形成了面向智能制造和智能服务两大培养方向的专业定位以及“智能机器人集成应用”的培养特色，打造了以“四象一体、三进并行、两制融合”为主要特征的创新人才培养模式，全面培养“机器人 +”高素质应用型工程技术人才	

（11）天津理工大学（2021），见表 6-22。

表 6-22　天津理工大学调研情况

课程类型	课程名称
基础课	工程制图、工程力学、电工电子技术、机械原理、机械设计、机械制造技术基础、嵌入式系统原理与设计、自动控制原理
专业课	机器人技术基础、嵌入式系统原理与设计、自动控制原理、机器人驱动与控制技术、机器人机械系统设计、机器人传感器及其应用、机器人系统集成与应用、图像处理与机器视觉、机器学习与人工智能
选修课	机器人工程专业外语、科技论文规范写作、VC++ 语言程序设计、图像处理与机器视觉、机器学习与人工智能、工业机器人技术及应用、机器人控制系统的设计与 Matlab 仿真、特种机器人及其应用、机器人离线编程与仿真、机械精度设计、现代设计方法与应用
实践环节	机械制图与测绘、机器人专业认识实习、创新设计（机器人）、机器人结构设计课程设计、机器人运动控制课程设计、生产实习（机器人）、专业设计、工业机器人工程实训、毕业设计
课程特色：总学分为 167 学分。本专业适应国家特别是京津冀地区机器人相关应用行业的发展需要，培养在跨文化和多学科背景下，能够考虑社会、健康、安全、法律、文化及环境等因素，具有实践能力与创新精神，从事以机器人及相关领域的设计制造、技术开发、科学研究、工程应用等工作，能解决复杂工程问题的机器人工程师应用型高级工程技术人才	

（12）齐鲁工业大学（2020），见表 6-23。

表 6-23　齐鲁工业大学调研情况

课程类型	课程名称
基础课	高等数学、线性代数、大学物理、机械制图、工程力学、机械设计基础、电工与模拟电子技术、数字电子技术
专业课	自动控制原理、工程材料、测试技术与信号分析、微机原理与接口技术、液压与气压传动、机电传动控制、机器人机构学、机器人控制技术、机器人传感技术、工业机器人编程及应用、机器人制造系统集成
选修课	程序设计基础、微机原理与接口技术、测试技术与信号分析、工程材料、工程力学、液压与气压传动、数字信号处理、智能机器人导论、工业机器人故障诊断与维修、移动机器人定位与导航技术、面向对象程序设计、数控加工、图像处理与机器视觉、PLC 原理与应用、Matlab 编程与应用、机械优化设计、人机工程学、特种机器人及应用、机械制造技术基础
实践环节	工程训练、机械设计基础课程设计、电子技术综合课程设计、机器人设计与制作、工业机器人技术综合实训、生产实习、毕业实习、工程素养训练、毕业设计
课程特色：总学分 160 学分，以培养各类现代机器人机构及控制系统设计、研发、集成应用以及检测、生产运行与管理技术的应用型人才为目标。课程设置偏向机器人系统工程设计、开发及应用，包括机械类、电工电气类、机器人控制类课程等	

（13）金陵科技学院（2022），见表 6-24。

表 6-24　金陵科技学院调研情况

课程类型	课程名称
基础课	机械制图、模拟电子技术、数字电子技术、电路分析、自动控制原理、微机系统与接口技术、现代控制理论
专业课	机器人学、电机与拖动、机器人与 PLC 控制应用、机器人动力学与控制、嵌入式系统原理及应用、机器人视觉技术及应用、机器人机构学、伺服系统、传感器与检测技术
选修课	Python 程序设计、机器人故障诊断与维修、机器人编程与操作、专业英语与文献检索、移动机器人、无人机技术及应用
实践环节	模拟电子技术课程设计、数字电子技术课程设计、工业机器人技术综合设计、机器人轨迹规划和路径跟踪设计、机器人运动控制综合设计、嵌入式系统设计与开发、智能机器人系统综合设计、机器人故障诊断与维修设计、专业认知实习、金工实习、电工工艺实习、劳动与生产实习、综合劳动实践、毕业实习、毕业设计
课程特色：总学分 170 学分，在立足金陵科技学院“办新兴应用型大学，育新型应用型人才”办学定位的基础上，以江苏智能制造产业需求为导向，注重学生工程素质和实践创新能力的培养。在实验和实践中提升学生的能力，加强对理论知识的理解和把握，形成工程思维，从工程角度分析和解决实际问题	

（14）淮阴工学院（2020），见表 6-25。

表 6-25　淮阴工学院调研情况

课程类型	课程名称
基础课	工程制图、电工电子技术、机器人导论（双语）、C 语言程序设计、Python 程序设计III
专业课	液压与气动传动、机器人驱动与控制、工厂电气控制与 PLC、机器人执行器设计、工业网络与通信、工业机器人编程技术、机器人系统设计与应用、传感器与测试技术、工程力学、机械设计基础、机械制造技术基础、机器人学、嵌入式系统开发与应用、控制工程技术
选修课	工程有限元方法、虚拟仪器技术及应用、SolidWorks 基础设计、Creo 基础设计、数控技术及编程、机器人操作系统、移动机器人技术、机器人视觉、机器人系统仿真、智能制造技术基础
实践环节	工程制图课程设计、金工实习、电工电子实习、液压与气压传动课程设计、机械设计基础课程设计、嵌入式系统综合实践、工业网络与通信综合实践、工业网络与通信综合实践、工业机器人编程实践、工业机器人操作综合实践、毕业设计（论文）
课程特色：总学分 175 学分，本专业培养适应社会主义现代化建设需要，德、智、体、美、劳全面发展，知识、能力、素质协调统一，具有良好的道德文化素养、扎实的专业基础知识和较强的社会责任感，能适应行业和区域经济社会一线工作需要的“厚品德、强基础、善实践、会创新”的高素质应用型人才	

（15）河南工学院（2022），见表 6-26。

表 6-26　河南工学院调研情况

课程类型	课程名称
基础课	电路分析基础、C 程序设计、模拟电子技术、数字电子技术、自动控制原理、机器人工程学
专业课	电气控制与 PLC、机器人检测技术与传感器、单片机原理及接口技术、机器视觉及图像处理、机器人驱动与运动控制、机器人系统集成技术、机器学习与 Python 实践
选修课	嵌入式系统原理及应用、C 语言技术及其应用、机器人感知与交互、工业机器人工装设计
实践环节	电子实习、控制工程基础课程设计、工业机器人编程实训、机器人工程综合设计、机器人综合创新与应用
课程特色：总学分 176. 5 学分，立足机器人结构、传感与控制三大领域，聚焦机器人工程和信息系统的理论前沿和发展趋势，构建了具有鲜明专业特色的课程体系	

（16）沈阳工程学院（2020），见表 6-27。

表 6-27　沈阳工程学院调研情况

课程类型	课程名称
基础课	工程制图与 CAD、机械设计基础、模拟电子技术、数字电子技术、电路、机器人工程专业导论、电子 CAD、专业外语

续表

课程类型	课程名称
专业课	自动控制原理、单片机原理与应用、传感器技术、可编程控制器、机械设计基础、机器人学导论、智能制造技术、机器视觉、运动控制技术、机器人自动线安装、调试与维护、工业机器人工程应用虚拟仿真技术、工业机器人工作站系统集成
选修课	FMS 柔性控制系统安装与调试、液压与气动、计算机控制系统、嵌入式系统的 C 程序设计、运动控制技术、DSP 原理及应用
实践环节	模拟电子课程设计、单片机原理及应用综合实训、传感器技术综合实训、可编程控制器综合实训、智能机器人基础实训、工业机器人离线编程实训、毕业实习、毕业设计
课程特色：总学分 176 学分，面向智能制造等领域，培养从事工业机器人、智能机器人应用开发、机器视觉算法应用等工作的毕业生。专业课程体系分成嵌入式硬件与信息处理模块、控制理论与控制系统模块、工业机器人系统应用模块、专业综合应用能力模块。学生毕业后能够在企业从事智能硬件设计、系统集成、控制、调试、维护相关工作；也可继续攻读本专业或相关专业的硕士学位	

（17）南京理工大学泰州科技学院（2022），见表 6-28。

表 6-28　南京理工大学泰州科技学院调研情况

课程类型	课程名称
基础课	工程制图、电路、工程力学、机械设计基础、电机与拖动、自动控制原理、模拟电路与数字电路、电力电子技术
专业课	机器人技术基础、电气控制与 PLC、单片机原理及应用、机器人编程与仿真、机器人控制系统设计与仿真、机器视觉技术及应用、工业机器人系统集成设计、液压与气压传动、传感器与检测技术、三维数字化设计、数据采集与监视控制系统
选修课	数控技术与编程、智能机器人技术、Python 编程、移动机器人导论
实践环节	单片机与智能小车课程设计、机械设计课程设计、工业机器人示教编程、工业机器人典型应用工程实践（码垛、打磨、焊接）、系统集成课程设计、生产实习、毕业设计
课程特色：总学分 175 学分，坚持创新、融合的专业发展理念，构建“以跨学科平台为依托、以优势学科为主导”的应用型课程体系，利用 5 年左右的时间培育形成“交叉融合、协同育人、以赛促学、知行耦合”的专业特色，保障和提高专业人才培养质量	

（18）西安工程大学（2019），见表 6-29。

表 6-29　西安工程大学调研情况

课程类型	课程名称
基础课	工程制图、电路原理（A）、模拟电子技术（A）、数字电子技术（A）、ARM 嵌入式原理与应用
专业课	智能机器人导论、自动控制原理（B）、现代控制理论基础、机器人传感器技术与应用、信息通信与网络概论、数据结构与算法、机器人程序设计、计算机控制系统、机器视觉与图像处理、现代运动控制、智能信息处理、移动机器人技术及应用
选修课	机器人自主式技术、多源信息融合技术、机器人建模与仿真、随机过程引论、深度学习基础、机器人机械系统、机器人操作系统及设计

续表

课程类型	课程名称
实践环节	军训、模拟电子技术课程设计、数字电子技术课程设计、生产实践、工程训练（电子）B、数据结构与算法课程设计、移动机器人技术及应用课程设计、机器视觉与图像处理课程设计、ARM 嵌入式系统原理课程设计、毕业实践、工程训练（机械）C、专业综合设计Ⅰ～Ⅴ、毕业设计
课程特色：总学分 176. 5 学分，注重学科基础课，使学生有较扎实的专业基础知识。注意专业发展方向，进行课程的整合。结合计算机控制技术从事工业机器人和移动机器人的分析、设计、运行和研究，实现人才培养与社会需求之间的有效对接	

（19）江苏海洋大学（2020），见表 6-30。

表 6-30　江苏海洋大学调研情况

课程类型	课程名称
基础课	机器人工程导论、画法几何与工程制图 A（一）、画法几何与工程制图 A（二）、理论力学、材料力学、电工学与电子技术 B、机器人机构学 A、工业机器人基础、数值计算方法
专业课	机械设计基础、工程测试技术、控制工程基础、机电传动控制、单片机原理与接口技术 A、液压与气压传动 A、机器人视觉 A、工程项目管理、机床电气与 PLC 技术
选修课	UG 三维设计、SolidWorks 三维设计、互换性与技术测量 B、机械故障诊断、数控原理及控制系统、工业机器人操作与编程 A、工业机器人仿真 A、机械制造技术 D、机械工程专业英语、工业机器人系统集成、服务机器人 A、水下机器人 A、人工智能、大数据技术、3D 打印技术基础、文献检索
实践环节	制图测绘、电工学与电子技术 B 实验、机械设计基础课程设计 B、机器人工程专业认识实习、液压系统课程设计、单片机原理与接口技术实验、工业机器人实训、机械工程生产实习、控制技术课程设计、毕业实习与设计（论文）
课程特色：总学分 168+12 学分，贯穿“学生中心、成果导向、持续改进”理念于人才培养全过程，课程体系由“二阶段 + 四平台 + 八模块”组成，构建了通识、学科、专业、能力四位一体的理论与实践结合的教学体系。课程深度融入思政教育和创新创业教育，探索教育教学新形态。扎实推进“新工科”建设，实践教学比例不低于 30%，强化复合应用型本科人才的培养，实现人才培养与社会需求之间的有效对接	

（20）辽宁工业大学（2021），见表 6-31。

表 6-31　辽宁工业大学调研情况

课程类型	课程名称
基础课	画法几何与机械制图、工程力学、电工技术、电子技术、自动控制原理
专业课	工程力学、机械设计基础、电机驱动与运动控制、自动控制原理、机器人学基础、计算机控制技术、单片机原理及接口技术、机器人机械系统设计、机器人控制技术、机器人感知技术、机器视觉与图像处理、工业机器人编程技术、工业机器人系统集成、现代控制理论基础

续表

课程类型	课程名称
选修课	MATLAB及工程应用、计算机辅助设计、虚拟样机设计、电气CAD、移动机器人技术、有限元基础及应用、现场总线技术、工业机器人虚拟仿真技术、机器人智能控制技术、嵌入式机器人操作系统及应用、人机交互技术、人工智能原理、机器学习、仿生机器人技术、多旋翼无人机技术、计算机网络与通信
实践环节	机器人基础实训、生产实习、机器人综合实训、机器人控制技术课程设计、专业课程综合设计、毕业设计
课程特色：总学分172学分，以培养学生掌握机器人机械结构设计、驱动与控制技术、传感与测试技术等机器人领域的基础理论、专业知识为目标。课程设置偏向机器人系统的设计开发、集成应用等方面	

（21）沈阳工业大学（2021），见表6-32。

表6-32　沈阳工业大学调研情况

课程类型	课程名称
基础课	机械工程导论、工程制图、工程力学、电路分析基础、电子技术基础 、机械原理、C语言程序设计、自动控制原理、机械设计、微机原理及接口技术
专业课	机器人系统建模与仿真、机器人运动控制技术、机器人感知与控制技术、电气控制与PLC技术、机械制造技术基础、机器人视觉与图像处理 、流体力学与液气压传动、人工智能基础、机器人系统集成与应用
选修课	智能机器人设计、数控加工技术、智能制造系统、嵌入式系统基础、移动机器人基础、Matlab科学运算与工程应用
实践环节	机械制造工程训练（一）、机械制造工程训练（二）、电工工艺实习、机械原理课程设计、机械设计课程设计、电气控制与PLC课程设计、机器人系统建模与仿真课程设计、机器人系统课程设计、创新创业素质训练、机器人创新综合实践、生产实习、毕业设计
课程特色：总学分170学分，重点集中在智能机器人、机器人系统的理论教学与工程实践，使学生重点掌握机器人系统、机器人智能、智能制造系统等的理论知识与相关技术，具有相关领域的研发、维护和生产管理技能。体现“宽口径、强能力、重创新”的培养理念，构建科学的理论和实践教学课程体系。强化工程教育，通过产学合作、工学结合，着力培养学生的工程能力、应用能力和创新能力	

（22）北京石油化工学院（2023），见表6-33。

表6-33　北京石油化工学院调研情况

课程类型	课程名称
基础课	机械制图、液压与气压传动、单片机原理与接口技术、PLC控制系统、工程力学、工程材料与成型技术基础、C语言程序设计、Python语言程序设计
专业课	机械设计基础、电路分析、电子技术基础、机器人技术基础、自动控制原理、机器人伺服与智能控制、机器人智能感知技术、机器人操作系统（ROS）
选修课	机器人建模与仿真、特种机器人技术与应用、工业机器人集成技术、服务机器人及应用、图像处理与模式识别、数字信号处理、机器智能、人机工程学

续表

课程类型	课程名称
实践环节	认识实习、专业实习、岗位实习、工程训练、电子课程设计、单片机原理与接口技术主题实践、计算机辅助设计与工程图学训练、机械设计基础课程设计、机器人操作系统主题实践
课程特色：总学分 173 学分，以机器人技术的应用和实践能力的培养为主线，强化产学研合作和特种机器人应用能力的培养，与企业深度合作，共同打造机器人应用特色精品课程，开展订单式人才培养，培育社会亟需的机器人应用高端人才	

（23）江苏理工学院（2022），见表 6-34。

表 6-34　江苏理工学院调研情况

课程类型	课程名称
基础课	程序设计（C）、机械制图、电工与电子技术、理论力学、材料力学、机械原理、机械设计、机械精度设计与检测、流体力学、液压与气动技术、机械建模与仿真
专业课	机器人技术基础、控制技术基础、机器人视觉应用技术、电气控制与 PLC、机械制造技术基础、电机拖动基础、机器人 CAE 技术、机器人测试技术、单片机原理与接口技术、自动生产线技术、生产运作管理
选修课	虚拟仪器、智能制造技术、现代设计方法、人工智能技术、机械故障诊断
实践环节	现代工程启蒙实践、制图测绘、金工实习、电工电子实习、机械设计课程设计、生产实习、机器人生产线设计与实践、机器人 PLC 应用综合实践、机器人集成应用综合实践
课程特色：总学分 180 学分，以知识面宽、实践能力强、综合素质高为导向，构建“通识教育 - 学科基础 - 专业 - 实践”的课程体系、培养具备机械、控制、自动化等学科的基础理论和专业知识，能在机器人工程领域从事机器人设计开发、系统集成、检测与控制、部署与应用、运行管理等方面工作的应用型工程技术人才	

（24）临沂大学（2020），见表 6-35。

表 6-35　临沂大学调研情况

课程类型	课程名称
基础课	高等数学、普通物理、高等数学、线性代数、复变函数与积分变换、概率论与数理统计、机械设计基础、工程制图、C 语言程序设计、电路、电子技术
专业课	电路、电路实验、模拟电子技术、数字电子技术、电机与拖动、自动控制原理、单片机原理与应用技术实验、电力电子技术、运动控制系统、机器人及其控制技术、电气控制与 PLC、工业机器人设计与系统集成、VC++ 语言、数据库原理、机器人学、人工智能
选修课	计算机控制系统、检测技术与仪表、信号分析与处理、MATLAB 控制系统仿真、现代控制理论、过程控制技术、嵌入式系统基础、机器视觉、DSP 技术及应用、现场总线技术及应用、工业工程概论（工业工程）、机器人三维建模（3D 建模）、智能控制技术、机器人新技术专题（机器人技术）、质量管理与控制、市场营销

续表

课 程 类 型	课 程 名 称
实践环节	机器人工程专业认知实习或生产实习、机械设计实习、工程训练 II、电子工艺实训、电气控制与 PLC 课程设计、运动控制系统课程设计、机器人设计与开发、单片机原理与应用技术课程设计、毕业实习、毕业设计
课程特色：总学分 167. 5 学分，专业设置在电气工程与自动化学院，主要课程以电气类、控制类为主。课程设置偏重机器人控制技术、设计技术及机器人系统集成	

（25）广西科技师范学院（2018），见表 6-36。

表 6-36　广西科技师范学院调研情况

课 程 类 型	课 程 名 称
基础课	电路分析、工程制图、电路理论、模拟电子技术、数字电子技术、工程力学、机械设计基础、大学物理、工程力学及机械设计基础
专业课	自动控制原理、电机驱动与运动控制、单片机原理及应用、电气控制与 PLC、机器人机械基础与机构学、机器人操作与编程、机器人传感器与检测技术、图像处理与机器视觉
选修课	伺服电机与驱动技术、液压与气动、工业机器人故障诊断与维护、科技写作与文献检索、数据库技术、现代控制理论、汽车制造工艺
实践环节	工业机器人离线编程与仿真实训、机器人装配调试实训、工程实训、工业机器人系统集成创新设计综合实训、专业实习、毕业论文（设计）
课程特色：总学分 170 学分，本专业立足桂中，以服务广西及周边地区智能制造产业为己任，培养面向中国制造 2025 方面的紧缺机器人人才。构筑“通识教育 - 学科教育 - 专业教育”“基本实践能力 - 综合实践能力 - 应用职业技能”的课程体系和实践体系，实现人才培养与社会需求之间的有效对接。专业面向机器人行业，培养德智体美劳全面发展的，能在机器人工程领域从事工程设计与实施、产品研发、系统调试与维护和技术管理等工作的应用型高级专门人才	

（26）河南牧业经济学院（2020），见表 6-37。

表 6-37　河南牧业经济学院调研情况

课 程 类 型	课 程 名 称
基础课	机械制图、C 语言程序设计、电路原理、模拟电子技术、数字电子技术、机械基础、数据结构、机器人技术基础
专业课	自动控制原理、传感器与检测技术、单片机原理与接口技术、人工智能与机器学习、电气控制与 PLC 应用、现代控制理论、机器人驱动与运动控制、机器视觉应用
选修课	液压与气压传动、计算机辅助设计、工业机器人编程与仿真、工业机器人系统集成设计、面向对象编程技术、嵌入式系统、机器人系统建模、机器人控制系统设计、Linux 系统、Python 编程、工程力学、C++ 程序设计、MATLAB 语言与应用、机器人操作系统、ROS 机器人编程、导航与定位技术、机器人典型工艺应用
实践环节	金工实习、电子工艺实习、单片机原理与接口技术课程设计、电气控制与 PLC 应用课程设计、机器视觉应用课程设计、工业机器人系统集成课程设计

续表

课程类型	课程名称
课程特色：总学分 165 学分，将课程体系分为通识课程、基础课程、专业基础课程、专业核心课程、综合实践课程等 5 个层次，融入行业产业教学内容和实践项目（企业项目、科研项目、竞赛项目、创新创业项目等），实现全覆盖的创新创业能力培养。面向智能制造背景，以工业机器人为核心，根据产业链对人才能力和素质的需求，服务于现代牧业、食品加工、商贸物流产业链，促进牧工商一体化融合协调发展	

（27）上海工程技术大学（2022），见表 6-38。

表 6-38　上海工程技术大学调研情况

课程类型	课程名称
基础课	工程制图基础、大学化学、制造技术基础 A、电工技术、信息检索、材料力学、电子技术、工程制图及 CAD、热工学基础、工程流体力学、机械原理及零件、计算方法、控制工程基础、工程材料基础、互换性与技术测量
专业课	单片机原理及应用、机器人学基础、液压与气动、传感检测与测试技术、机器视觉与图像处理、机电传动控制、电气控制与 PLC 技术、机器人系统设计、工程经济与项目管理
选修课	机器人控制技术、机器人工程专业英语、特种机器人技术、机器人性能测试与健康评估、大型构件智能制造机器人技术、人工智能基础、机器人网络与通信技术、嵌入式系统
实践环节	单片机综合实验、机电系统控制综合实验、机械设计课程设计、机器人虚拟仿真实验、移动机器人综合实验、传感测试综合实验、机器人创新设计、机器人工程认知实习、工业机器人综合实验、机器人拆装与系统设计实验、毕业设计（论文）
课程特色：总学分 174 学分，本专业课程体系覆盖机械工程和控制科学与工程等主干学科，包括设计制造系列课程、控制系列课程和机器人系列课程等。学科基础课修读机械能源类学科基础平台课；专业课程包含了专业必修课、机器人类选修模块和智能与信息技术选修模块；实践环节包含了公共基础类实践、学科基础类实践、学科专业类实践和校企产学合作实践	

（28）辽宁工程技术大学（2022），见表 6-39。

表 6-39　辽宁工程技术大学调研情况

课程类型	课程名称
基础课	电工电子技术、机械原理与设计、自动控制原理、机器人学
专业课	计算机控制技术、人工智能、运动控制技术、机器视觉、工业机器人应用技术、传感器与检测技术
选修课	嵌入式系统设计、机器人操作系统、工业机器人离线编程与虚拟仿真
实践环节	电工电子实训、专业训练一（单片机、PLC 类）、专业训练二（机器人系统集成实践）
课程特色：总学分 183. 5 学分，面向智能制造、智能家居、智慧矿山，开展工业机器人、服务机器人、矿山特种机器人等产业化应用，在控制科学与工程基础上，融合机械工程、计算机科学与技术等多学科专业知识，构建涵盖结构、感知、执行、决策等机器人全领域的课程体系	

（29）郑州轻工业大学（2022），见表6-40。

表6-40　郑州轻工业大学调研情况

课程类型	课程名称
基础课	专业导论与工程伦理、工程制图、线性代数与空间解析几何、程序设计技术（C语言）、电路基础、复变函数与积分变换、概率论与数理统计、模拟电子技术、数字电子技术、自动控制原理
专业课	机器人机械设计基础、工程力学、机器人学、微控制器原理与接口技术、电机与拖动、机器人传感技术、电气控制及可编程控制器技术、机器人控制、机器人操作系统（ROS）
选修课	智能车创新设计、电子创新设计、电力电子技术C、液压与气压传动、机器人创新设计、机器视觉与图像处理、机器人通信技术、工业机器人原理及应用、自主移动机器人、并联机器人控制与应用、现代机器人技术、现代控制理论、人工智能基础、机器人路径规划、机器人故障诊断与维护、ADAMS机器人虚拟仿真、工业机器人应用与实践、嵌入式系统应用与实践、数据集成与管理、人机交互
实践环节	金工实习、认知实习、微控制器原理与接口技术课程设计、电子技术综合设计与实践、电气控制及可编程控制器课程设计、电工实习、电子实习、机器人感知控制系统课程设计、工业机器人系统集成课程设计、机器人系统综合训练、生产实习、毕业设计
课程特色：总学分171学分，根据强基础、宽口径、多学科交叉的原则，构筑“通识教育-学科教育-专业教育-自主发展”“集中实践-创新创业实践”的课程体系和实践体系，培养具有社会主义核心价值观，适应经济社会发展需要，勤奋务实，具有社会责任感、创新精神、良好品德修养和审美能力，德智体美劳全面发展，掌握机器人感知与控制技术、工业机器人系统集成技术，能够在机器人、人工智能、智能制造、信息与控制、新能源等技术行业领域从事系统设计与开发、应用研究、运营管理的高级工程技术人才	

（30）南宁学院（2022），见表6-41。

表6-41　南宁学院调研情况

课程类型	课程名称
基础课	高等数学BⅠ-Ⅱ、复变函数与积分变换、线性代数A、概率论与数理统计A、大学物理B、大学物理实验B
专业课	自动化导学与实践Ⅰ、自动化导学与实践Ⅱ、工程制图、Python程序设计、电工电子技术、C语言程序设计、自动控制原理、单片机原理及应用、工程力学、机械原理与设计、电气控制与PLC、工业机器人技术、机器人驱动与控制、机器人操作系统基础
选修课	人工智能与机器学习、机器视觉与数字图像处理、嵌入式系统基础、素质拓展（创新创业实践）、计算机控制技术、信号分析与处理、工业机器人系统集成与应用、三维数字化设计、TCP/IP网络、机器人传感技术、北斗卫星导航定位原理与方法、现代控制理论、运筹学、项目管理

续表

课 程 类 型	课 程 名 称
实践环节	劳动教育、社会实践、军事技能、工程训练Ⅱ、自动化基础实训、机器人综合实践Ⅰ、机器人综合实践Ⅱ、机器人综合实践Ⅲ、工程认知实习、机器人综合实践Ⅳ、工业机器人编程实训、机器人工程专业综合设计、毕业实习、毕业设计（论文）
课程特色：总学分 168 学分，本专业弱电与强电相结合，软件与硬件相结合，系统集成与装置研发相结合，理论研究与工程应用相结合，面向新工科建设，采用控制科学与工程、电气控制、机械工程、计算机科学技术等多学科交叉融合，对控制科学与工程、机电一体化技术、计算机科学与技术等机器人工程及相关领域进行应用、研究和创新	

2. 专业开设情况分析

机器人工程专业具有综合性和多学科交叉特性，调研中发现开设本专业的二级学院较多，包括自动化学院、机械工程学院、电气与自动化工程学院、电气与信息工程学院、机器人工程学院、智能制造工程学院、智能科学与控制工程学院、船舶与机电工程学院等，由此也能看出本专业的多学科交叉特点。

在调研过程中发现一些可以关注的共性问题：

（1）机器人工程专业涉及专业知识较多，课程设置关键在于协调自动化类、机械类、计算机类等相关课程。

（2）机器人种类繁多，需要平衡工业机器人、移动机器人以及机器人的智能化等领域的课程设置，明确培养定位。

（3）各高校实践教学环节的设置和条件参差不齐，为保障教学质量，还需要进一步规范和完善相关实践基本要求。

3. 课程体系设置分析

（1）专业大类基础课分析。

从调研结果可看出，开设于不同二级学院的机器人工程专业，在设置课程体系时会结合学院的学科专业基础和特色而有所侧重，如开设在自动化学院的机器人工程专业，会在电类基础课程上有所侧重，而开设在机械工程学院的机器人工程专业，更注重机械类基础课程的设置。从课程体系完整性上看，机器人工程专业大类基础课程应主要包括机械类基础、电类基础、程序设计基础等方面，为后续专业课的学习打下基础。

（2）专业课分析。

专业课主要培养学生在机器人领域内应具有的主干知识和可持续发展的能力，从调研结果来看，相关专业已开设的专业课基本围绕机器人机械结构、传感与检测、驱动与控制、信息处理、人工智能等知识单元构建课程，课程背景主要分为工业机器人和移动机器人两大模块，大多数高校以工业机器人为主构建课程体系，同时在选修课中辅以移动机器人进行拓展。也有高校将移动机器人相关课程作为必修课进行设置，如安徽工程大学（移动机器人定位与导航）、北京信息科技大学（移动机器人通信技术、移动机器人定位与导航技术）、常熟理工学院（移动机器人设计与实践）、西安工程大学（移动机器人技术及应用）等高校。

（3）选修课分析。

专业选修课可结合学校特色，充分体现专业特点和学生的个性化发展及就业需求，选修课可进一步体现移动机器人、机器人感知和控制等拓展内容，体现技术前沿和创新性，构建符合新工科特点的课程体系。从调研结果来看，各高校都开设了丰富的专业选修课，但同时要注意避免出现直接在自动化、机械、计算机相关专业课程上简单增加机器人课程的情况，而是应围绕培养目标，有目的地选择和拓展。

（4）实践环节分析。

从调研结果来看，各高校都开设了机器人相关的实践环节，如工业机器人编程实训、工业机器人系统集成、机器人工程综合设计、智能机器人综合实训等，实践环节的开展要避免出现仅简单操作的现象。实践环节的主要目的是实现知识、能力和素质的协调发展，加深学生对理论知识的理解，逐步提升学生的工程实践能力，增强学生的工程创新意识，同时可通过科技创新、学科竞赛等方式促进学生实践能力的提升。

6.6　培养方案构建建议

1. 能力需求

针对企业的高素质应用型机器人工程技术人才需求，机器人工程专业学生在毕业时应具备以下能力。

（1）知识的应用能力。

从多个层次培养学生掌握知识和运用知识的能力，要求学生具备机器人相关知识的应用能力，达到学以致用的目的。

（2）解决复杂工程问题的能力。

学生具备机器人及相关控制系统的技术开发、集成应用、系统运行、编程调试等解决实际复杂工程问题的能力。

（3）工程实践能力。

学生熟悉机器人相关的技术规范，能理解和评价机器人工程实践对环境、社会可持续发展的影响，具备独立解决机器人领域工程实践问题的能力。

（4）创意和创新能力。

学生能够根据需求确定工作目标，制定技术方案，进行机器人相关的系统设计，在设计中体现创新意识，初步具备创新能力。

（5）组织管理能力。

学生初步具备领导和管理意识，初步具备组织管理能力，能在实践活动或科技创新活动中体现组织管理能力。

（6）团队协作能力。

学生应具备人际交往能力和团队协作精神，能在多学科背景下的机器人实践中承担不同角色，并与成员协同合作。

（7）表达交流沟通能力。

学生能够就机器人及相关领域的问题与业界同行及社会公众进行有效沟通和交流，具备撰写报告、清晰表达等交流沟通能力。

（8）外语应用能力。

学生应具备跨文化交流的语言和书面表达能力，能就专业问题在跨文化背景下进行基本沟通和交流。

（9）跟踪前沿技术能力。

学生应具备一定的国际视野，具备跟踪和了解国内外机器人领域的发展动态和前沿技术的能力。

（10）终身学习能力。

学生应具备自主学习和终身学习的能力，具备适应社会发展的能力和自学能力，具备较强的提出问题、分析问题、解决问题的能力。

2. 培养目标

机器人工程专业应用型人才培养应基于自动化类、机械类、计算机类等相关知识体系，强调工程能力的培养，重视学习能力的培养以及知识、能力、素质协调发展。建议相关高校制定应用型人才培养目标可考虑以下特征：

（1）明确培养定位，培养应用型工程技术人才；

（2）面向行业应用，适应制造业自动化、数字化、信息化产业转型升级或产业发展需要；

（3）明确职业定位，主要集中在机器人系统或生产线设计与开发、系统集成、应用、运行、维护、技术服务等方面。

3. 课程体系

课程体系设置应能支撑毕业要求的达成，学生在毕业时应具备独立解决相关复杂工程问题的能力，具备工作、生活以及专业发展的能力。毕业生应具备良好的人文社会科学知识，扎实的自然科学知识，全面的专业大类基础知识和专业知识，同时应具有良好的道德素养、心理素质和强烈的社会责任感。课程体系设置可大致包括人文社会科学知识、自然科学知识、专业大类基础知识、专业知识以及相关的课外拓展等方面。

目前专业大类基础课存在课程内容陈旧、学时学分较多的问题，调研中发现一些研究型高校已做了一定的创新与改革。如浙江大学将电路与模拟电子技术课程合并重整，重新构建电路分析与模拟电子技术的核心概念与知识框架；将数电、计算机原理、单片机与嵌入式系统合并重整，以 8051 和 ARM 为基础芯片，建立嵌入式系统的整体概念，达到初步具备嵌入式系统的软硬件设计和开发能力。上述改革优化了课程体系，舍弃了与毕业要求无关或内容陈旧的知识点，删除课程间相互重复的教学内容。本次构建的应用型培养方案框架，仍然采用传统的独立课程设置，但各应用型高校也可结合专业情况在此改革思路下进行一些课程整合与调整，在优化过程中需考虑到课程整合不是课程的简单叠加，而是相关课程的融会贯通，需要根据实际情况酌情实施。

本次构建的框架方案中，专业核心课主要从工业机器人结构、传感与检测、驱动与控制、通信、智能等方面设置，包括微处理器原理与应用、自动控制原理、电机驱动与运动控制、电气控制与 PLC、机器人技术基础、机器人传感器与检测技术、工业现场总线技术、人工智能与机器学习。其中，微处理器原理与应用课程应侧重学生基础实践能力的培养，可以采用口袋实验室等方式，边理解边操作，强化学生的动手能力，为后续实践环节奠定基础；机器人技术基础课程涵盖了工业机器人机构学、运动学、动力学、轨迹规划以及控制等基础知识，主要以工业机器人涉及的知识单元为主。在电机驱动与运动控制、电气控制与 PLC、工业现场总线技术的课程讲授中，可结合机器人实际应用展开，除了专业核心课程以外，还可以通过设置专业导论、学科前沿等课程引导学生热爱专业，了解技术前沿。

本次构建的框架方案中，共列出了五类专业选修课程，分别是机器人机械设计类课程、机器人控制技术类课程、机器人感知技术类课程、机器人程序设计类课程以及移动机器人类课程。开设在具有一定行业背景的高校和学院的机器人工程专业，可以通过相关选修课程强化特色。框架方案中列出的选修课可以根据各个学校的专业需求适当选择，比如在工业机器人相关必修课程基础之上，可以开设移动机器人、服务机器人等课程，对包括水下、空中等各类机器人的传感、导航、定位、控制、交互等相关知识进行补充和拓展，满足学生的学习需求。

本次构建的框架方案中，考虑构建以嵌入式系统实践、电气控制与PLC系统实践、运动控制系统实践为基础，以工业机器人相关实践为主体，以机器人控制系统设计与仿真实践、机器人操作系统实践等为拓展的多层次机器人实践教学体系。在教学实施过程中，可通过实践教学方式改革、实践考核方式改革等方面进一步完善实践教学。同时，引导和鼓励本专业学生积极参与各类课外实践活动和科技创新活动，着力培养学生的实践能力和创新精神，促进学生全面发展。

附录 A

机器人工程专业应用型本科人才培养用人单位调研问卷

尊敬的用人单位：

感谢贵单位在百忙中参与机器人工程专业应用型本科人才培养需求调查。本问卷主要用于了解机器人工程专业应用型本科毕业生的社会需求，以及企业对本专业应用型本科毕业生应具备的知识和能力的要求。贵单位的参与对完善本专业人才培养方案、提高人才培养质量等有重要意义。请贵单位根据实际情况完成问卷，并对本专业的人才培养提出意见和建议。由衷地感谢贵单位的支持和合作！

机器人工程专业应用型人才培养方案构建工作组

1. 单位名称
2. 单位所在区域

A. 东北
B. 华北
C. 华中
D. 华东
E. 华南
F. 西北
G. 西南
H. 其他

3. 单位所在城市
4. 贵单位的性质是

A. 国有企业
B. 民营企业
C. 外资企业

D. 合资企业

E. 其他

5. 单位规模

A. 50 人以下

B. 51 ～ 100 人

C. 101 ～ 200 人

D. 201 ～ 500 人

E. 500 人以上

6. 单位荣誉（可多选）

A. 上市企业

B. 高新技术企业

C. 专精特新企业

D. 产教融合型企业

E. 其他

7. 单位业务范围（可多选）

A. 机器人核心零部件制造商

B. 机器人本体制造商

C. 机器人系统集成商

D. 机器人终端用户

E. 其他

8. 贵单位招聘机器人技术领域应届毕业生的主要层次（可多选）

A. 高职

B. 本科

C. 研究生

D. 其他

9. 贵单位招聘机器人工程专业（应用型）本科毕业生，提供的岗位包括（可多选）

A. 研发设计（机械）

B. 研发设计（电气）

C. 研发设计（软件）

D. 生产制造

E. 技术支持

F. 操作维护

G. 系统测试

H. 市场服务

I. 售后服务

J. 管理

K. 其他

10. 贵单位认为机器人工程专业（应用型）本科毕业生可从事的具体岗位包括（可多选）

A. 工业机器人零部件设计

B. 工业机器人本体制造

C. 工业机器人系统集成

D. 非标自动化系统设计及集成

E. 工业机器人等专用设备安装调试

F. 机器视觉应用及开发

G. 智能机器人系统开发

H. 机器人设备及系统运维

I. 机器人销售及市场服务

J. 机器人售后及技术支持

K. 其他

11. 贵单位认为机器人工程专业（应用型）本科毕业生必备的知识包括（可多选）

A. 工程制图、工程力学基础知识

B. 机械基础、机器人传动机构、夹具设计等机械领域知识

C. 电工电子等电类基础知识

D. 电气控制与 PLC 相关技术

E. 嵌入式系统程序设计及应用技术

F. 机器人驱动与运动控制技术

G. 机器人建模及控制技术

H. 机器人传感器、机器视觉、导航等感知技术

I. 计算机网络、工业互联网等信息通信技术

J. 机器人操作系统及应用

K. 机器学习等人工智能知识

L. 工业机器人编程与操作

M. 工业机器人系统集成及相关解决方案

N. 数控机床、智能装备、智能制造等基础知识

O. 其他

12. 贵单位认为机器人工程专业（应用型）本科毕业生应具备的软件技能包括（可多选）

A. SolidWorks 等制图软件

B. Altium Designer 等 PCB 设计软件

C. 嵌入式系统程序设计

D. C++ 编程

E. Python 编程

F. ROS 编程

G. PLC 编程

H. 其他

13. 针对机器人工程专业（应用型）本科毕业生，贵单位认为毕业生应具备的能力包括（可多选）

A. 知识的应用能力

B. 解决复杂工程问题的能力

C. 工程实践能力

D. 创意和创新能力

E. 组织管理能力

F. 团队协作能力

G. 表达交流沟通能力

H. 外语应用能力

I. 跟踪前沿技术能力

J. 终身学习能力

K. 其他

14. 贵单位认为针对机器人工程专业（应用型）本科人才培养，校企合作有效方式包括（可多选）

A. 建设产教融合专业

B. 实施卓越工程师培养计划

C. 实施企业订单班或冠名班

D. 共建校企合作实习基地

E. 学校聘请企业兼职教师

F. 学校承担企业相关科研项目

G. 学生进企业实习

H. 学生在企业完成毕业设计

I. 其他

15. 贵单位认为目前机器人工程专业（应用型）本科毕业生在工作中存在的不足有（可多选）

A. 专业理论知识不足

B. 实践操作能力不足

C. 综合素质不高

D. 创新意识或创新能力不强

E. 责任心不足

F. 团队协作及沟通交流能力不足

G. 行业标准及法律法规意识不强

H. 其他

16. 请贵单位根据实际情况，从单位用人需求等方面对机器人工程专业（应用型）本科人才培养提出意见和建议。

附录B

2015—2022年新增备案机器人工程本科专业高校

2015年度普通高等学校新增备案本科专业名单（1所）

序号	主管部门、学校名称	专业名称	专业代码	学位授予门类	修业年限	备注
1	东南大学	机器人工程	080803T	工学	四年	新专业

2016年度普通高等学校新增备案本科专业名单（25所）

序号	主管部门、学校名称	专业名称	专业代码	学位授予门类	修业年限	备注
	教育部					
1	东北大学	机器人工程	080803T	工学	四年	
2	湖南大学	机器人工程	080803T	工学	四年	
	北京市					
3	北京信息科技大学	机器人工程	080803T	工学	四年	
	辽宁省					
4	辽宁科技学院	机器人工程	080803T	工学	四年	
5	沈阳科技学院	机器人工程	080803T	工学	四年	
	吉林省					
6	吉林工程技术师范学院	机器人工程	080803T	工学	四年	
	黑龙江省					
7	哈尔滨远东理工学院	机器人工程	080803T	工学	四年	
8	哈尔滨华德学院	机器人工程	080803T	工学	四年	
	江苏省					
9	常熟理工学院	机器人工程	080803T	工学	四年	
10	南京工程学院	机器人工程	080803T	工学	四年	
11	三江学院	机器人工程	080803T	工学	四年	
	安徽省					
12	安徽工程大学	机器人工程	080803T	工学	四年	
13	安徽三联学院	机器人工程	080803T	工学	四年	
	江西省					
14	南昌理工学院	机器人工程	080803T	工学	四年	

续表

序　　号	主管部门、学校名称	专 业 名 称	专 业 代 码	学位授予门类	修 业 年 限	备　　注
			山东省			
15	山东管理学院	机器人工程	080803T	工学	四年	
			湖北省			
16	武汉商学院	机器人工程	080803T	工学	四年	
			广东省			
17	广州大学	机器人工程	080803T	工学	四年	
18	广东白云学院	机器人工程	080803T	工学	四年	
19	广东工业大学华立学院	机器人工程	080803T	工学	四年	
20	北京理工大学珠海学院	机器人工程	080803T	工学	四年	
21	华南理工大学广州学院	机器人工程	080803T	工学	四年	
			广西壮族自治区			
22	广西科技大学	机器人工程	080803T	工学	四年	
			重庆市			
23	重庆文理学院	机器人工程	080803T	工学	四年	
			陕西省			
24	西安文理学院	机器人工程	080803T	工学	四年	
25	西安航空学院	机器人工程	080803T	工学	四年	

2017 年度普通高等学校新增备案本科专业名单（60 所）

序　　号	主管部门、学校名称	专 业 名 称	专 业 代 码	学位授予门类	修 业 年 限	备　　注
			教育部			
1	中国矿业大学	机器人工程	080803T	工学	四年	
2	河海大学	机器人工程	080803T	工学	四年	
3	合肥工业大学	机器人工程	080803T	工学	四年	
			工业和信息化部			
4	北京航空航天大学	机器人工程	080803T	工学	四年	
			北京市			
5	北京工业大学	机器人工程	080803T	工学	四年	
			天津市			
6	天津理工大学	机器人工程	080803T	工学	四年	
7	天津职业技术师范大学	机器人工程	080803T	工学	四年	
			河北省			
8	石家庄学院	机器人工程	080803T	工学	四年	
9	燕京理工学院	机器人工程	080803T	工学	四年	

续表

序号	主管部门、学校名称	专业名称	专业代码	学位授予门类	修业年限	备注
			山西省			
10	太原工业学院	机器人工程	080803T	工学	四年	
			辽宁省			
11	沈阳理工大学	机器人工程	080803T	工学	四年	
12	沈阳工程学院	机器人工程	080803T	工学	四年	
13	辽宁理工学院	机器人工程	080803T	工学	四年	
14	沈阳工学院	机器人工程	080803T	工学	四年	
			吉林省			
15	长春工业大学人文信息学院	机器人工程	080803T	工学	四年	
			黑龙江省			
16	哈尔滨商业大学	机器人工程	080803T	工学	四年	
17	黑龙江东方学院	机器人工程	080803T	工学	四年	
			江苏省			
18	南京信息工程大学	机器人工程	080803T	工学	四年	
19	淮阴工学院	机器人工程	080803T	工学	四年	
20	南通大学	机器人工程	080803T	工学	四年	
21	金陵科技学院	机器人工程	080803T	工学	四年	
22	徐州工程学院	机器人工程	080803T	工学	四年	
23	南京理工大学泰州科技学院	机器人工程	080803T	工学	四年	
24	泰州学院	机器人工程	080803T	工学	四年	
25	南通理工学院	机器人工程	080803T	工学	四年	
			安徽省			
26	滁州学院	机器人工程	080803T	工学	四年	
27	皖西学院	机器人工程	080803T	工学	四年	
28	铜陵学院	机器人工程	080803T	工学	四年	
			福建省			
29	泉州信息工程学院	机器人工程	080803T	工学	四年	
			江西省			
30	江西科技学院	机器人工程	080803T	工学	四年	
31	江西应用科技学院	机器人工程	080803T	工学	四年	
			山东省			
32	山东交通学院	机器人工程	080803T	工学	四年	
33	齐鲁工业大学	机器人工程	080803T	工学	四年	
34	潍坊科技学院	机器人工程	080803T	工学	四年	

续表

序号	主管部门、学校名称	专业名称	专业代码	学位授予门类	修业年限	备注
35	山东师范大学历山学院	机器人工程	080803T	工学	四年	
	河南省					
36	周口师范学院	机器人工程	080803T	工学	四年	
37	新乡学院	机器人工程	080803T	工学	四年	
38	洛阳理工学院	机器人工程	080803T	工学	四年	
39	商丘工学院	机器人工程	080803T	工学	四年	
40	河南工学院	机器人工程	080803T	工学	四年	
	湖北省					
41	武汉科技大学	机器人工程	080803T	工学	四年	
42	湖北工业大学	机器人工程	080803T	工学	四年	
43	武昌首义学院	机器人工程	080803T	工学	四年	
44	湖北工业大学工程技术学院	机器人工程	080803T	工学	四年	
	湖南省					
45	湖南科技大学	机器人工程	080803T	工学	四年	
	广东省					
46	韶关学院	机器人工程	080803T	工学	四年	
47	广东技术师范学院	机器人工程	080803T	工学	四年	
48	广东科技学院	机器人工程	080803T	工学	四年	
49	广东技术师范学院天河学院	机器人工程	080803T	工学	四年	
50	广州航海学院	机器人工程	080803T	工学	四年	
	重庆市					
51	重庆邮电大学	机器人工程	080803T	工学	四年	
52	重庆理工大学	机器人工程	080803T	工学	四年	
53	重庆邮电大学移通学院	机器人工程	080803T	工学	四年	
54	重庆大学城市科技学院	机器人工程	080803T	工学	四年	
55	重庆工程学院	机器人工程	080803T	工学	四年	
	四川省					
56	成都信息工程大学	机器人工程	080803T	工学	四年	
57	成都理工大学工程技术学院	机器人工程	080803T	工学	四年	
58	四川大学锦城学院	机器人工程	080803T	工学	四年	
	陕西省					
59	西安交通大学城市学院	机器人工程	080803T	工学	四年	
	新疆维吾尔自治区					
60	新疆工程学院	机器人工程	080803T	工学	四年	

2018 年度普通高等学校新增备案本科专业名单（101 所）

序　　号	主管部门、学校名称	专业名称	专业代码	学位授予门类	修业年限	备　　注
		教育部				
1	北京大学	机器人工程	080803T	工学	四年	
2	北京科技大学	机器人工程	080803T	工学	四年	
3	北京化工大学	机器人工程	080803T	工学	四年	
4	中国矿业大学（北京）	机器人工程	080803T	工学	四年	
5	浙江大学	机器人工程	080803T	工学	四年	
6	华南理工大学	机器人工程	080803T	工学	四年	
7	重庆大学	机器人工程	080803T	工学	四年	
8	电子科技大学	机器人工程	080803T	工学	四年	
		工业和信息化部				
9	哈尔滨工业大学	机器人工程	080803T	工学	四年	
10	哈尔滨工程大学	机器人工程	080803T	工学	四年	
11	南京理工大学	机器人工程	080803T	工学	四年	
		国家民族事务委员会				
12	大连民族大学	机器人工程	080803T	工学	四年	
		北京市				
13	北京联合大学	机器人工程	080803T	工学	四年	
14	北京建筑大学	机器人工程	080803T	工学	四年	
15	北京石油化工学院	机器人工程	080803T	工学	四年	
		天津市				
16	天津科技大学	机器人工程	080803T	工学	四年	
		山西省				
17	太原科技大学	机器人工程	080803T	工学	四年	
18	山西农业大学信息学院	机器人工程	080803T	工学	四年	
19	山西应用科技学院	机器人工程	080803T	工学	四年	
20	山西能源学院	机器人工程	080803T	工学	四年	
		内蒙古自治区				
21	内蒙古工业大学	机器人工程	080803T	工学	四年	
		辽宁省				
22	沈阳工业大学	机器人工程	080803T	工学	四年	
23	大连交通大学	机器人工程	080803T	工学	四年	

续表

序号	主管部门、学校名称	专业名称	专业代码	学位授予门类	修业年限	备注
24	辽宁工业大学	机器人工程	080803T	工学	四年	
25	沈阳城市学院	机器人工程	080803T	工学	四年	
吉林省						
26	长春理工大学	机器人工程	080803T	工学	四年	
27	东北电力大学	机器人工程	080803T	工学	四年	
28	长春工程学院	机器人工程	080803T	工学	四年	
黑龙江省						
29	哈尔滨理工大学	机器人工程	080803T	工学	四年	
30	佳木斯大学	机器人工程	080803T	工学	四年	
31	黑龙江工程学院	机器人工程	080803T	工学	四年	
上海市						
32	上海理工大学	机器人工程	080803T	工学	四年	
江苏省						
33	江苏科技大学	机器人工程	080803T	工学	四年	
34	淮海工学院	机器人工程	080803T	工学	四年	
35	南京林业大学	机器人工程	080803T	工学	四年	
36	南京晓庄学院	机器人工程	080803T	工学	四年	
37	江苏理工学院	机器人工程	080803T	工学	四年	
38	南京信息工程大学滨江学院	机器人工程	080803T	工学	四年	
39	江苏师范大学科文学院	机器人工程	080803T	工学	四年	
40	江苏科技大学苏州理工学院	机器人工程	080803T	工学	四年	
41	西交利物浦大学	机器人工程	080803TH	工学	四年	
浙江省						
42	浙江理工大学	机器人工程	080803T	工学	四年	
43	浙江科技学院	机器人工程	080803T	工学	四年	
44	浙江师范大学	机器人工程	080803T	工学	四年	
45	嘉兴学院	机器人工程	080803T	工学	四年	
46	衢州学院	机器人工程	080803T	工学	四年	
安徽省						
47	安徽理工大学	机器人工程	080803T	工学	四年	
48	蚌埠学院	机器人工程	080803T	工学	四年	
49	安徽科技学院	机器人工程	080803T	工学	四年	
50	淮南师范学院	机器人工程	080803T	工学	四年	
51	安徽新华学院	机器人工程	080803T	工学	四年	

续表

序　号	主管部门、学校名称	专业名称	专业代码	学位授予门类	修业年限	备　注
福建省						
52	莆田学院	机器人工程	080803T	工学	四年	
53	厦门华厦学院	机器人工程	080803T	工学	四年	
54	厦门大学嘉庚学院	机器人工程	080803T	工学	四年	
55	阳光学院	机器人工程	080803T	工学	四年	
江西省						
56	新余学院	机器人工程	080803T	工学	四年	
57	江西理工大学	机器人工程	080803T	工学	四年	
58	江西工程学院	机器人工程	080803T	工学	四年	
山东省						
59	山东科技大学	机器人工程	080803T	工学	四年	
60	青岛科技大学	机器人工程	080803T	工学	四年	
61	济南大学	机器人工程	080803T	工学	四年	
62	青岛理工大学	机器人工程	080803T	工学	四年	
63	临沂大学	机器人工程	080803T	工学	四年	
64	青岛黄海学院	机器人工程	080803T	工学	四年	
65	青岛理工大学琴岛学院	机器人工程	080803T	工学	四年	
66	济南大学泉城学院	机器人工程	080803T	工学	四年	
67	山东华宇工学院	机器人工程	080803T	工学	四年	
河南省						
68	河南科技大学	机器人工程	080803T	工学	四年	
69	河南理工大学	机器人工程	080803T	工学	四年	
70	河南工程学院	机器人工程	080803T	工学	四年	
71	安阳工学院	机器人工程	080803T	工学	四年	
72	郑州工业应用技术学院	机器人工程	080803T	工学	四年	
73	河南牧业经济学院	机器人工程	080803T	工学	四年	
74	黄河交通学院	机器人工程	080803T	工学	四年	
湖北省						
75	武汉纺织大学	机器人工程	080803T	工学	四年	
76	武汉工程大学	机器人工程	080803T	工学	四年	
77	湖北理工学院	机器人工程	080803T	工学	四年	
78	黄冈师范学院	机器人工程	080803T	工学	四年	
79	武汉生物工程学院	机器人工程	080803T	工学	四年	
80	文华学院	机器人工程	080803T	工学	四年	

续表

序　　号	主管部门、学校名称	专 业 名 称	专 业 代 码	学位授予门类	修 业 年 限	备　　注
81	武昌工学院	机器人工程	080803T	工学	四年	
	湖南省					
82	湖南工程学院	机器人工程	080803T	工学	四年	
83	湖南工学院	机器人工程	080803T	工学	四年	
84	湖南交通工程学院	机器人工程	080803T	工学	四年	
	广东省					
85	南方科技大学	机器人工程	080803T	工学	四年	
86	桂林电子科技大学	机器人工程	080803T	工学	四年	
87	广西科技师范学院	机器人工程	080803T	工学	四年	
88	梧州学院	机器人工程	080803T	工学	四年	
	重庆市					
89	长江师范学院	机器人工程	080803T	工学	四年	
	四川省					
90	西南石油大学	机器人工程	080803T	工学	四年	
91	攀枝花学院	机器人工程	080803T	工学	四年	
92	电子科技大学成都学院	机器人工程	080803T	工学	四年	
93	四川大学锦江学院	机器人工程	080803T	工学	四年	
94	四川工业科技学院	机器人工程	080803T	工学	四年	
	贵州省					
95	贵州大学明德学院	机器人工程	080803T	工学	四年	
	云南省					
96	昆明理工大学	机器人工程	080803T	工学	四年	
97	滇西科技师范学院	机器人工程	080803T	工学	四年	
	陕西省					
98	西安工程大学	机器人工程	080803T	工学	四年	
99	西安工业大学	机器人工程	080803T	工学	四年	
	甘肃省					
100	兰州理工大学	机器人工程	080803T	工学	四年	
101	兰州城市学院	机器人工程	080803T	工学	四年	

2019 年度普通高等学校新增备案本科专业名单（62 所）

序　　号	主管部门、学校名称	专 业 名 称	专 业 代 码	学位授予门类	修 业 年 限	备　　注
	教育部					
1	华北电力大学	机器人工程	080803T	工学	四年	

续表

序　号	主管部门、学校名称	专业名称	专业代码	学位授予门类	修业年限	备　注
2	中国石油大学（北京）	机器人工程	080803T	工学	四年	
3	吉林大学	机器人工程	080803T	工学	四年	
4	西安电子科技大学	机器人工程	080803T	工学	四年	
5	长安大学	机器人工程	080803T	工学	四年	
工业和信息化部						
6	南京航空航天大学	机器人工程	080803T	工学	四年	
7	西北工业大学	机器人工程	080803T	工学	四年	
北京市						
8	北京吉利学院	机器人工程	080803T	工学	四年	
天津市						
9	天津农学院	机器人工程	080803T	工学	四年	
10	天津理工大学中环信息学院	机器人工程	080803T	工学	四年	
河北省						
11	河北工程大学	机器人工程	080803T	工学	四年	
12	燕山大学	机器人工程	080803T	工学	四年	
山西省						
13	中北大学	机器人工程	080803T	工学	四年	
14	太原理工大学	机器人工程	080803T	工学	四年	
辽宁省						
15	沈阳航空航天大学	机器人工程	080803T	工学	四年	
16	辽宁石油化工大学	机器人工程	080803T	工学	四年	
17	大连东软信息学院	机器人工程	080803T	工学	四年	
吉林省						
18	北华大学	机器人工程	080803T	工学	四年	
19	白城师范学院	机器人工程	080803T	工学	四年	
20	长春大学	机器人工程	080803T	工学	四年	
21	长春理工大学光电信息学院	机器人工程	080803T	工学	四年	
22	吉林建筑科技学院	机器人工程	080803T	工学	四年	
23	长春建筑学院	机器人工程	080803T	工学	四年	
上海市						
24	上海应用技术大学	机器人工程	080803T	工学	四年	
江苏省						
25	盐城工学院	机器人工程	080803T	工学	四年	
26	无锡太湖学院	机器人工程	080803T	工学	四年	

续表

序号	主管部门、学校名称	专业名称	专业代码	学位授予门类	修业年限	备注
			浙江省			
27	浙江工业大学	机器人工程	080803T	工学	四年	
28	浙江海洋大学	机器人工程	080803T	工学	四年	
29	浙江水利水电学院	机器人工程	080803T	工学	四年	
			安徽省			
30	安徽大学	机器人工程	080803T	工学	四年	
31	安徽工业大学	机器人工程	080803T	工学	四年	
32	安徽信息工程学院	机器人工程	080803T	工学	四年	
33	马鞍山学院	机器人工程	080803T	工学	四年	
			福建省			
34	福州大学	机器人工程	080803T	工学	四年	
35	闽南理工学院	机器人工程	080803T	工学	四年	
			江西省			
36	江西理工大学应用科学学院	机器人工程	080803T	工学	四年	
			山东省			
37	滨州学院	机器人工程	080803T	工学	四年	
38	菏泽学院	机器人工程	080803T	工学	四年	
39	枣庄学院	机器人工程	080803T	工学	四年	
40	烟台大学	机器人工程	080803T	工学	四年	
41	青岛恒星科技学院	机器人工程	080803T	工学	四年	
42	烟台大学文经学院	机器人工程	080803T	工学	四年	
			河南省			
43	河南工业大学	机器人工程	080803T	工学	四年	
44	南阳理工学院	机器人工程	080803T	工学	四年	
45	郑州科技学院	机器人工程	080803T	工学	四年	
46	商丘学院	机器人工程	080803T	工学	四年	
			湖北省			
47	荆楚理工学院	机器人工程	080803T	工学	四年	
48	武汉科技大学城市学院	机器人工程	080803T	工学	四年	
49	武汉工商学院	机器人工程	080803T	工学	四年	
			湖南省			
50	怀化学院	机器人工程	080803T	工学	四年	
51	湖南工业大学	机器人工程	080803T	工学	四年	

续表

序号	主管部门、学校名称	专业名称	专业代码	学位授予门类	修业年限	备注
			广东省			
52	岭南师范学院	机器人工程	080803T	工学	四年	
53	深圳大学	机器人工程	080803T	工学	四年	
54	仲恺农业工程学院	机器人工程	080803T	工学	四年	
55	广东工业大学	机器人工程	080803T	工学	四年	
56	东莞理工学院城市学院	机器人工程	080803T	工学	四年	
			陕西省			
57	西安理工大学	机器人工程	080803T	工学	四年	
58	西京学院	机器人工程	080803T	工学	四年	
			甘肃省			
59	天水师范学院	机器人工程	080803T	工学	四年	
60	兰州理工大学技术工程学院	机器人工程	080803T	工学	四年	
			宁夏回族自治区			
61	宁夏理工学院	机器人工程	080803T	工学	四年	
			新疆维吾尔自治区			
62	新疆大学	机器人工程	080803T	工学	四年	

2020 年度普通高等学校新增备案本科专业名单（53 所）

序号	主管部门、学校名称	专业名称	专业代码	学位授予门类	修业年限	备注
			教育部			
1	东北林业大学	机器人工程	080803T	工学	四年	
2	华东理工大学	机器人工程	080803T	工学	四年	
3	江南大学	机器人工程	080803T	工学	四年	
4	山东大学	机器人工程	080803T	工学	四年	
5	武汉理工大学	机器人工程	080803T	工学	四年	
6	华中农业大学	机器人工程	080803T	工学	四年	
			河北省			
7	河北水利电力学院	机器人工程	080803T	工学	四年	
8	保定学院	机器人工程	080803T	工学	四年	
			山西省			
9	山西农业大学	机器人工程	080803T	工学	四年	
			辽宁省			
10	辽宁工程技术大学	机器人工程	080803T	工学	四年	

续表

序　　号	主管部门、学校名称	专业名称	专业代码	学位授予门类	修业年限	备　　注
11	大连工业大学艺术与信息工程学院	机器人工程	080803T	工学	四年	
吉林省						
12	长春工业大学	机器人工程	080803T	工学	四年	
上海市						
13	上海海洋大学	机器人工程	080803T	工学	四年	
14	上海大学	机器人工程	080803T	工学	四年	
15	上海工程技术大学	机器人工程	080803T	工学	四年	
江苏省						
16	江苏大学	机器人工程	080803T	工学	四年	
17	中国矿业大学徐海学院	机器人工程	080803T	工学	四年	
18	南京理工大学紫金学院	机器人工程	080803T	工学	四年	
浙江省						
19	宁波大学科学技术学院	机器人工程	080803T	工学	四年	
20	温州理工学院	机器人工程	080803T	工学	四年	
安徽省						
21	阜阳师范大学	机器人工程	080803T	工学	四年	
22	安徽师范大学皖江学院	机器人工程	080803T	工学	四年	
福建省						
23	三明学院	机器人工程	080803T	工学	四年	
江西省						
24	南昌工程学院	机器人工程	080803T	工学	四年	
25	南昌交通学院	机器人工程	080803T	工学	四年	
山东省						
26	青岛大学	机器人工程	080803T	工学	四年	
27	潍坊学院	机器人工程	080803T	工学	四年	
28	齐鲁理工学院	机器人工程	080803T	工学	四年	
河南省						
29	郑州轻工业大学	机器人工程	080803T	工学	四年	
30	河南科技学院	机器人工程	080803T	工学	四年	
31	黄淮学院	机器人工程	080803T	工学	四年	
湖北省						
32	长江大学	机器人工程	080803T	工学	四年	
33	武昌理工学院	机器人工程	080803T	工学	四年	

续表

序 号	主管部门、学校名称	专业名称	专业代码	学位授予门类	修业年限	备 注
34	湖北大学知行学院	机器人工程	080803T	工学	四年	
35	长江大学工程技术学院	机器人工程	080803T	工学	四年	
36	武汉工程科技学院	机器人工程	080803T	工学	四年	
	湖南省					
37	长沙理工大学	机器人工程	080803T	工学	四年	
38	湖南农业大学	机器人工程	080803T	工学	四年	
39	湖南理工学院	机器人工程	080803T	工学	四年	
40	南华大学	机器人工程	080803T	工学	四年	
41	长沙学院	机器人工程	080803T	工学	四年	
	广东省					
42	华南农业大学	机器人工程	080803T	工学	四年	
	广西壮族自治区					
43	桂林理工大学	机器人工程	080803T	工学	四年	
44	南宁学院	机器人工程	080803T	工学	四年	
	四川省					
45	西南科技大学	机器人工程	080803T	工学	四年	
46	成都大学	机器人工程	080803T	工学	四年	
47	成都工业学院	机器人工程	080803T	工学	四年	
	贵州省					
48	凯里学院	机器人工程	080803T	工学	四年	
	陕西省					
49	陕西科技大学	机器人工程	080803T	工学	四年	
50	西安邮电大学	机器人工程	080803T	工学	四年	
51	西安外事学院	机器人工程	080803T	工学	四年	
52	西安交通工程学院	机器人工程	080803T	工学	四年	
53	西安明德理工学院	机器人工程	080803T	工学	四年	

2021 年度普通高等学校新增备案本科专业名单（21 所，其中二学位 1 所）

序 号	主管部门、学校名称	专业名称	专业代码	学位授予门类	修业年限	备 注
	工业和信息化部					
1	北京理工大学	机器人工程	080803T	工学	四年	
	北京市					
2	北京建筑大学	机器人工程	080803T	工学	二年	二学位

续表

序　　号	主管部门、学校名称	专 业 名 称	专 业 代 码	学位授予门类	修 业 年 限	备　　注
河北省						
3	邢台学院	机器人工程	080803T	工学	四年	
辽宁省						
4	辽宁科技大学	机器人工程	080803T	工学	四年	
5	大连海洋大学	机器人工程	080803T	工学	四年	
6	沈阳大学	机器人工程	080803T	工学	四年	
黑龙江省						
7	齐齐哈尔工程学院	机器人工程	080803T	工学	四年	
江苏省						
8	苏州大学	机器人工程	080803T	工学	四年	
9	南京工业大学	机器人工程	080803T	工学	四年	
浙江省						
10	宁波工程学院	机器人工程	080803T	工学	四年	
湖北省						
11	湖北汽车工业学院	机器人工程	080803T	工学	四年	
湖南省						
12	湖南工商大学	机器人工程	080803T	工学	四年	
13	湘潭理工学院	机器人工程	080803T	工学	四年	
14	湖南应用技术学院	机器人工程	080803T	工学	四年	
广东省						
15	广东东软学院	机器人工程	080803T	工学	四年	
16	珠海科技学院	机器人工程	080803T	工学	四年	
17	广东理工学院	机器人工程	080803T	工学	四年	
广西壮族自治区						
18	贺州学院	机器人工程	080803T	工学	四年	
19	广西民族大学相思湖学院	机器人工程	080803T	工学	四年	
甘肃省						
20	兰州工业学院	机器人工程	080803T	工学	四年	
新疆维吾尔自治区						
21	新疆理工学院	机器人工程	080803T	工学	四年	

2022 年度普通高等学校新增备案本科专业名单（19 所，其中二学位 1 所）

序号	主管部门、学校名称	专业名称	专业代码	学位授予门类	修业年限	备注
	山西省					
1	山西工程技术学院	机器人工程	080803T	工学	四年	
	辽宁省					
2	沈阳理工大学	机器人工程	080803T	工学	二年	二学位
3	大连工业大学	机器人工程	080803T	工学	四年	
	黑龙江省					
4	东北石油大学	机器人工程	080803T	工学	四年	
	上海市					
5	上海师范大学	机器人工程	080803T	工学	四年	
	江苏省					
6	苏州科技大学	机器人工程	080803T	工学	四年	
7	南京航空航天大学金城学院	机器人工程	080803T	工学	四年	
8	南京工业大学浦江学院	机器人工程	080803T	工学	四年	
	浙江省					
9	绍兴文理学院	机器人工程	080803T	工学	四年	
	福建省					
10	闽江学院	机器人工程	080803T	工学	四年	
	江西省					
11	南昌工学院	机器人工程	080803T	工学	四年	
	河南省					
12	中原工学院	机器人工程	080803T	工学	四年	
	湖北省					
13	武汉文理学院	机器人工程	080803T	工学	四年	
14	湖北商贸学院	机器人工程	080803T	工学	四年	
15	湖北文理学院理工学院	机器人工程	080803T	工学	四年	
	广东省					
16	东莞理工学院	机器人工程	080803T	工学	四年	
17	广州应用科技学院	机器人工程	080803T	工学	四年	
18	深圳技术大学	机器人工程	080803T	工学	四年	
	陕西省					
19	西安建筑科技大学	机器人工程	080803T	工学	四年